OBESIDAD

M. FOZ y X. FORMIGUERA

OBESIDAD

M. FOZ y X. FORMIGUERA

Harcourt

Madrid - Barcelona - Boston - Filadelfia
Londres - Orlando - Sidney - Tokio - Toronto

Es una publicación
Harcourt

Ediciones Harcourt, S.A.
Harcourt International
División Iberoamericana

EdiDe: Coordinación y producción editorial
Casanova, 191, 3º-1ª
08036 Barcelona

ISBN: 84-8174-313-5

Depósito legal: B-38.528-99

Impreso en España por Grafos, S.A. Arte sobre papel
Zona Franca, sector C, calle D, nº 36. 08040 Barcelona

Autores

Antoni Alastrué Vidal — Jefe de Sección de Cirugía General. Hospital Universitario «Germans Trias i Pujol». Badalona. Barcelona.

Marià Alemany Lamana — Catedrático de Bioquímica y Biología Molecular.
Departamento de Bioquímica y Biología Molecular.
Universidad de Barcelona.

Montserrat Barbany Cahiz — Médico nutricionista.
Barcelona.

Marc Antoni Broggi Trias — Jefe de Servicio de Cirugía General. Hospital Universitario «Germans Trias i Pujol». Badalona. Barcelona.

Guillem Cuatrecasas Cambra — Médico Residente de Endocrinología. Hospital Universitario «Germans Trias i Pujol». Badalona. Barcelona.

José Antonio Fernández López — Profesor Titular de Bioquímica y Biología Molecular.
Departamento de Bioquímica y Biología Molecular.
Universidad de Barcelona.

Xavier Formiguera Sala Coordinador de la Unidad de Trastornos de la Alimentación. Servicio de Medicina Interna. Hospital Universitario «Germans Trias i Pujol». Badalona. Barcelona.

Mario Foz Sala Catedrático de Medicina de la Universidad Autónoma de Barcelona (UAB). Jefe de Servicio de Medicina Interna. Hospital Universitario «Germans Trias i Pujol». Badalona. Barcelona.

Miguel González González Cirujano plástico. Barcelona.

Vicente González-Mestre Jefe de Servicio de Cirugía Plástica. Hospital Universitario «Germans Trias i Pujol». Badalona. Barcelona.

Blanca Martínez Álvarez Psicóloga clínica. Barcelona.

Xavier Remesar Betlloch Profesor Titular de Bioquímica y Biología Molecular. Departamento de Bioquímica y Biología Molecular. Universidad de Barcelona.

Miquel Rull Lluch Médico Adjunto del Servicio de Cirugía General. Hospital Universitario «Germans Trias i Pujol». Badalona. Barcelona.

Lluís Salleras Sanmartí Catedrático de Medicina Preventiva y Salud Pública. Universidad de Barcelona. Director General de Salud Pública. Departamento de Sanidad y Seguridad Social. Generalitat de Catalunya.

Lluís Sánchez Planell

Profesor Titular de Psiquiatría
de la Universidad Autónoma
de Barcelona (UAB).
Jefe de Sección de Psiquiatría.
Hospital Universitario «Germans Trias
i Pujol». Badalona. Barcelona.

Lluís Serra Majem

Catedrático de Medicina Preventiva
y Salud Pública.
Director del Departamento
de Ciencias Clínicas.
Universidad de Las Palmas de Gran
Canaria.
Director del Grupo de Investigación
en Nutrición Comunitaria.
Universidad de Barcelona.
Universidad de las Palmas
de Gran Canaria.

Prólogo

En el año 1994 Ediciones Doyma publicó la monografía «Obesitat» en lengua catalana. El libro formaba parte de la colección «Monografies mèdiques» de la «Acadèmia de Ciències Mèdiques de Catalunya i de Balears» y obtuvo un apoyo del Departamento de Cultura de la «Generalitat de Catalunya». El citado libro tuvo una amplia difusión y aceptación, y su edición se agotó a los dos años de su publicación.

El proyecto de editar la monografía en versión castellana ha sufrido diversos retrasos, producidos, en parte, por ciertas visicitudes editoriales. Finalmente, cuatro años después de la inicial edición catalana, tenemos la gran satisfacción de poder prologar esta edición castellana que en realidad representa un nuevo libro, ya que los grandes avances producidos durante este tiempo en diversos campos de la obesidad han obligado a realizar profundas modificaciones en algunos textos y a redactar dos capítulos nuevos.

Por fortuna, en los últimos años se ha producido un gran incremento en el interés por la obesidad por parte de investigadores básicos, epidemiólogos y clínicos. En el campo de la investigación básica, diversos avances han producido un aumento del interés por el tema por parte de los genetistas, biólogos moleculares y bioquímicos. El descubrimiento del gen *ob* y de la proteína que codifica, la leptina, ha constituido un apasionante tema de estudio en los últimos años, y otros espectaculares avances, como el realizado muy recientemente del gen que codifica la proteína desacopladora 2, ha mantenido muy vivo el interés de los investigadores sobre el tema de la obesidad.

En el campo de la epidemiología clínica los estudios realizados en los últimos años han llamado la atención sobre el alarmante aumento de la prevalencia de la obesidad que se ha producido en algunos países del mundo desarrollado como EE.UU., Canadá o Reino Unido. Este aumento de prevalencia del proceso puede representar un grave y creciente problema de salud y un importante aumento en los costes sanitarios.

Los clínicos, por su parte, que están asumiendo paulatinamente la realidad de que la obesidad representa un importante reto para la salud, y la trascendencia del exceso de grasa de distribución central, asociado al síndrome plurimetabólico, como factor de riesgo cardiovascular, están siguiendo con sumo interés los datos epidemiológicos que se publican y los avances que se producen en investigación básica, en espera de que se puedan mejorar en breve los recursos a utilizar en el tratamiento de este proceso morboso.

El grave problema sociosanitario de la obesidad obliga a una toma de conciencia colectiva sobre el tema para conseguir un aumento de la eficacia en la prevención y tratamiento de este proceso. Esta toma de conciencia debería afectar a la administración sanitaria, a los profesionales de las ciencias de la salud, muy especialmente a los médicos, y también a la población en general. La lucha contra la obesidad exige la participación activa, con un importante nivel de motivación por parte de los médicos de atención primaria. A este profesional es a quien va dirigido fundamentalmente este libro.

Para elaborar esta monografía hemos tenido la satisfacción de contar con la colaboración de diversos expertos que abordan los diferentes aspectos de la obesidad con gran experiencia y autoridad sobre el tema. Algunos de ellos (A. Alastrué, M. Barbany, M.A. Broggi, M. González, V. González-Mestre, G. Cuatrecasas, M. Rull, B. Martínez Álvarez y Ll. Sánchez Planell) son o han sido miembros o eficaces colaboradores de la Unidad de Trastornos de la Alimentación del Hospital Universitario «Germans Trias i Pujol» de Badalona. Otros expertos que no trabajan en nuestro hospital (M. Alemany, J.A. Fernández López, X. Remesar, Ll. Salleras y Ll. Serra) mantienen con nuestro grupo una fértil y estimulante colaboración científica.

Queremos agradecer a los autores A. Jiménez, M. Bacardí y P. Cervera el permiso para la publicación parcial de las tablas de composición calórica de los alimentos que se incluyen al final de la monografía. Creemos que este anexo tiene que ser de indudable utilidad en la tarea de cierta complejidad de elaborar una dieta hipocalórica adecuada para cada enfermo obeso.

Deseamos que la publicación de esta monografía sea útil a nuestros profesionales de ciencias de la salud en los aspectos de comprender mejor la complejidad de la etiopatogenia de este trastorno metabólico, su importancia sobre la salud pública y la necesidad de mejorar la eficacia y el rigor científico en las intervenciones preventivas y terapéuticas en la lucha contra la obesidad.

M. Foz y X. Formiguera

Índice de capítulos

CAPÍTULO 1

Obesidad: concepto, clasificación y métodos de valoración

X. Formiguera Sala

Concepto de obesidad

Conceptualmente la obesidad se define como el aumento de las reservas energéticas del organismo en forma de grasa. Es, por lo tanto, un incremento de la cantidad de tejido adiposo del cuerpo. De forma deliberada hemos omitido en esta definición la palabra *peso*, ya que un aumento del peso del cuerpo puede que no se deba en exclusividad a un incremento de la cantidad de grasa corporal. Un buen ejemplo de lo dicho hasta ahora son las personas que practican el culturismo, quienes poseen una masa muscular muy desarrollada, lo que se traduce siempre en un aumento de peso, sin que esto indique que se trate de una forma de obesidad.

Desde un punto de vista antropométrico, consideramos que una persona es obesa cuando su peso –con las limitaciones que comporta sólo la valoración del peso– es superior al 120% del peso teórico o ideal, de acuerdo con las tablas de peso normal para una población determinada y teniendo en cuenta también la edad, el sexo y la altura del individuo. Si utilizamos el índice de masa corporal (IMC) como medida del grado de obesidad, podemos decir que una persona padece sobrepeso o es obesa cuando su IMC es igual o superior a 25 kg/m^2. Estos criterios son los que sigue la OMS y que, en Mayo de 1993, fueron adoptados por la Sociedad Española para el estudio de la Obesidad (SEEDO).

Muchas veces se utiliza el término *sobrepeso* en la bibliografía cuando el IMC se halla comprendido entre 25 y 30 kg/m^2 y *obesidad* cuando es superior a 30 kg/m^2. Hay que tener en cuenta que esta diferenciación es totalmente arbitraria y, en nuestra opinión, el uso del término «sobrepeso» puede llevar a una confusión, pues no siempre el sobrepeso es sinónimo de obesidad. Así, es fácil suponer que una persona con una ascitis debida a una cirrosis hepática puede tener sobrepeso sin que sea obesa. De la misma forma, los individuos con edemas de cualquier etiología también pueden sufrir sobrepeso sin que esto sea indicativo de obesidad.

Clasificación de la obesidad

Existen diversas maneras de clasificar «las obesidades», según la característica que se considere. Podemos hacer una clasificación *anatómica* cuando tenemos en cuenta distintas características del tejido adiposo o la distribución regional del mismo en el cuerpo. Según la edad de aparición o la etiología, también podemos establecer distintas categorías de obesos, finalmente, podemos clasificar la obesidad según su magnitud, medida por el porcentaje de sobrepeso, o por el IMC.

Diferencias anatómicas

Según el número de adipocitos. El tamaño de los adipocitos es muy variable según la región del cuerpo que se considere, por lo que, para saber el número total de adipocitos del cuerpo, hay que calcular la media del volumen celular de las distintas partes del cuerpo. Así, se estima que el número de adipocitos del cuerpo humano oscila entre 40 y 60×10^9.

Hay que tener en cuenta, además, que el número de adipocitos puede aumentar en el transcurso de la vida y muy en especial durante la última etapa de la infancia y durante la pubertad. En las obesidades de inicio puberal, éste puede multiplicarse por cinco, momento en que hacemos alusión a la obesidad *hiperplásica* o *hipercelular*. Este tipo de obesidad suele iniciarse durante la infancia y, casi siempre, el sobrepeso es superior al 75% del peso teórico. Contrariamente, cuando se inicia en la edad adulta o durante un embarazo, se trata de una obesidad *hipertrófica*, con un incremento del tamaño de los adipocitos pero no de su número. La obesidad hiperplásica se corresponde en general con la obesidad central o androide y con frecuencia se acompaña de complicaciones metabólicas (diabetes mellitus tipo 2, hiperlipemia, hiperuricemia) y/o vasculares (hipertensión arterial [HTA], cardiopatía isquémica, accidente cerebrovascular). De todas formas, la dificultad mencionada con anterioridad, de calcular el número de adipocitos y su escasa trascendencia clínica han convertido esta clasificación en obsoleta.

Según la distribución del tejido adiposo. La distribución regional de la grasa puede valorarse de forma sencilla calculando la relación entre perímetro de la cintura y el de la cadera.

La figura 1.1 es un nomograma que nos permite calcular con facilidad esta relación, diferenciando de esta forma la obesidad *androide* de la *ginoide*.

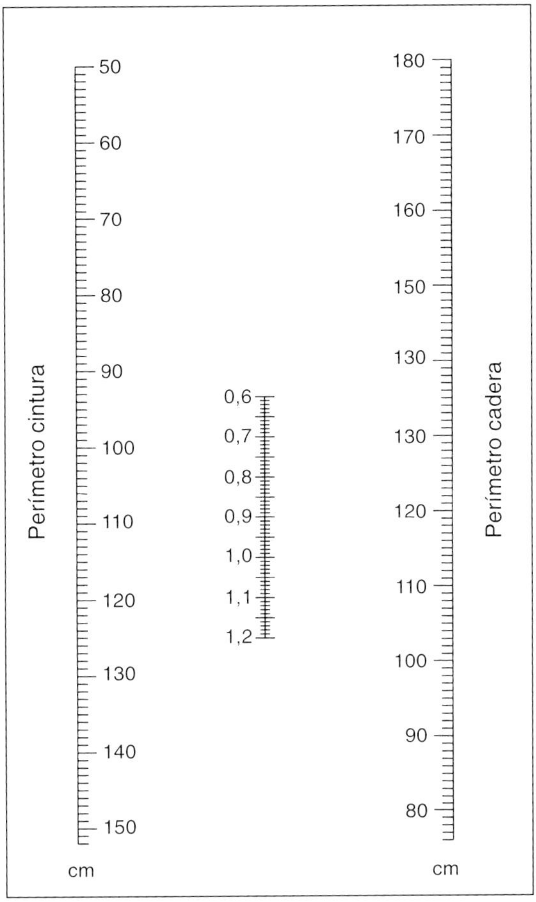

Figura 1.1. *Nomograma que permite determinar con facilidad el índice cintura/cadera. Uniendo con una línea los valores del perímetro de la cintura y el de la cadera de las dos escalas laterales, el punto en que esta línea corta la escala central marca el valor de la relación cintura/cadera. (Modificada de Bray, 1987.)*

La diferencia entre estos dos tipos de obesidad es fundamental pues la primera suele acompañarse de complicaciones metabólicas y/o vasculares, aunque el sobrepeso no sea muy importante. En la tabla 1.1 se relacionan los términos sinónimos para ambos tipos de obesidad.

Diferencias según la edad de comienzo

Obesidad infantil y puberal. La obesidad puede iniciarse a cualquier edad. La existencia de la misma durante el primer año de vida no predice de forma necesaria la posibilidad de ser obeso durante la vida adulta. Un segundo período de aparición de la obesidad se sitúa entre los 4 y los 11 años. A esta edad puede haber un aumento progresivo de peso hasta superar el límite

TABLA 1.1
Sinónimos de los tipos de obesidad según la distribución regional de la grasa

Central	*Periférica*
Androide	Ginoide
Faciotroncular	Gluteofemoral
En forma de manzana	En forma de pera

máximo considerado normal para la edad. Habitualmente, esta obesidad *progresiva* persiste durante toda la vida y se acompaña de hiperplasia de los adipocitos.

La pubertad es una época proclive para el comienzo de la obesidad, en especial en el sexo femenino. En este tipo de obesidad puberal la edad de la menarquia suele ser menor a la de las adolescentes no obesas.

Obesidad de comienzo en la vida adulta. La mayoría de las personas obesas empiezan a serlo después de la pubertad. Menos de la tercera parte de los adultos obesos fueron niños que sufrieron de obesidad. Los primeros años de la vida adulta son, en este sentido, muy importantes, tanto para los varones como para las mujeres. En estas últimas los embarazos son cruciales para la aparición o no de la obesidad. En el caso de los varones el inicio de la actividad laboral junto con un cambio en el estilo de vida orientado a un mayor sedentarismo son determinantes para el inicio de la obesidad.

Obesidad: factores etiológicos

Hoy día sabemos que la obesidad se produce cuando coinciden en una persona determinada la predisposición genética y los factores ambientales «facilitadores» o desencadenantes. Los hallazgos recientes del grupo de Friedman en Estados Unidos de un gen defectuoso en los ratones *ob* y de su homólogo en la especie humana confirman plenamente la existencia de una predisposición genética, por lo menos en determinados obesos. La influencia de factores genéticos y ambientales en la génesis de la obesidad es aproximadamente igual en la mayoría de obesos, de tal forma que podemos decir que la genética proporciona la capacidad de ser obeso mientras que el ambiente determina el momento de aparición de la enfermedad y su magnitud. Al parecer, la genética es más importante que el ambiente en cuanto a cómo se distribuye regionalmente el tejido adiposo.

La evidencia clínica diaria sugiere la existencia de una predisposición genética. Así, conocemos la existencia de familias enteras en las que la mayoría de sus componentes son obesos. Sin embargo, las observaciones familiares tienen el inconveniente de que es imposible considerar por separado las influencias genéticas de las ambientales, puesto que los miembros de una misma familia comparten factores ambientales idénticos (alimentación, estilo de vida, etc.). Los estudios de adopción permiten separar estos dos factores y estudiarlos de forma independiente. Así, Stunkard, en un estudio realizado a 800 individuos adoptados, llega a la conclusión que la herencia tiene un papel muy importante en cuanto a la posibilidad de ser obeso. Así mismo, los estudios clínicos realizados sobre gemelos idénticos evidencian la existencia de una predisposición genética.

Zhang et al (diciembre de 1994) hallaron un gen defectuoso en los ratones *ob* que, junto a la tipificación del gen homólogo en la especie humana, son cruciales para explicar la influencia genética –por lo menos en determinados casos de obesidad– y confirman plenamente todas las evidencias clínicas previas. Con posterioridad, el mismo grupo de investigadores de la Universidad Rockefeller de Nueva York, liderado por Friedman, sintetizó y describió la hormona codificada por el gen *ob* a la que llamaron *leptina* (del griego *leptos* = delgado). Este hallazgo, inicio de una avalancha de publicaciones científicas, ha permitido comprobar que, la mayoría de las obesidades humanas, no se deben a un defecto del gen de la leptina, sino a la existencia de una resistencia a la misma, probablemente por un defecto en el gen del receptor de la leptina (gen *db*). Es decir, que estableciendo un paralelismo con la diabetes, podríamos considerar la mayoría de las obesidades humanas de tipo 2. Sin embargo, recientemente, se han descrito 2 casos en una misma familia de obesidad asociada a un defecto en el gen *ob*, con una carencia total de leptina.

Más recientemente, en febrero de 1997, el grupo de Ricquier ha descrito en ratones la existencia de un defecto en el gen que codifica la UCP2, proteína que se expresa en el tejido adiposo blanco y que interviene de forma decisiva en los mecanismos de control de la termogénesis, regulando la producción de calor a partir de la grasa. Un defecto en el gen de la UCP2 conllevaría una disminución de la utilización de la grasa como sustrato de la termogénesis, con el consiguiente aumento de los depósitos de grasa del animal. En los capítulos 3 y 5 se desarrollan en detalle los conceptos citados.

Algunos casos de obesidad se producen por un factor etiológico único o dominante. Con este criterio puede elaborarse una *clasificación etiológica* de la obesidad que se expone a continuación.

Obesidades «genéticas». Algunas enfermedades genéticas, poco frecuentes, cursan con obesidad entre otros síntomas. Éste es el caso del síndrome de Prader-Willi y del síndrome de Alström, por citar dos de las menos raras. A menudo, en estos síndromes congénitos, la obesidad se acompaña de otros trastornos (retraso mental, hipogonadismo, sindactilia o polidactilia, diabetes mellitus, etc.).

Obesidades neuroendocrinológicas. La obesidad *hipotalámica* es rara en el ser humano, pero fácil de desarrollar en el animal de laboratorio lesionando el núcleo ventromedial (NVM) del hipotálamo. La lesión del NVM en el animal provoca una hiperfagia y como consecuencia, la obesidad. En el hombre, situaciones patológicas como tumores, cirugía, traumatismos y procesos inflamatorios que afecten al NVM pueden ser la causa de una obesidad de este tipo. Además de la hiperfagia, otros síntomas que sugieren una causa hipotalámica de la obesidad son la cefalea (65%), alteraciones visuales (64%), amenorrea o impotencia (51%), somnolencia (36%) y polidipsia-poliuria (31%).

La obesidad *ovárica* que se observa en el síndrome de Stein-Leventhal, se caracteriza por oligomenorrea o amenorrea, hirsutismo y aumento progresivo de peso, apareciendo toda esta sintomatología poco después de la menarquia. La causa de la alteración endocrinológica del ovario no es bien conocida y con frecuencia existe también una hiperfunción adrenal.

La *hiperinsulinemia* puede intervenir en la aparición de una obesidad. Esto es evidente en los diabéticos tipo 2 con hiperinsulinemia, el 80% de los cuales son obesos. Así mismo, los pacientes con diabetes mellitus tipo 2 a los que hay que insulinizar experimentan un aumento progresivo de peso. Esto se debe a que la insulina es una hormona con un poder anabolizante elevado que favorece la síntesis de grasa y su depósito en el tejido adiposo.

La *hiperfunción suprarrenal*, con aumento de la producción de corticoides, como sucede en la enfermedad o síndrome de Cushing, conlleva un incremento de peso con una distribución característica de la grasa en la región faciotroncular del cuerpo.

El *hipotiroidismo* a menudo se acompaña de aumento del peso corporal, pero, aunque hay un ligero incremento de la cantidad de tejido adiposo, el principal causante del aumento ponderal en el hipotiroidismo es la retención hídrica en el espacio intersticial.

Obesidad por inactividad física. La extensión progresiva del sedentarismo en la población en general, relacionado con la utilización cada día mayor de aparatos ahorradores de energía humana (automóviles, ascensores, lavadoras, mandos a distancia, etc.) que caracteriza en buena medida la vida moderna es, en parte, la causa del progresivo incremento de la prevalencia de obesidad en el mundo occidental o «civilizado». Los estudios epidemiológicos demuestran que la mayor prevalencia de obesidad se aprecia en los grupos de individuos con una profesión sedentaria.

Obesidad y dieta. La relación entre la obesidad y la dieta es muy clara, no sólo por el tipo de alimento sino por la cantidad y la frecuencia de las comidas.

La relación entre la composición de la dieta y el grado de obesidad se hace patente en los animales de experimentación alimentados con la llamada dieta de cafetería (véase capítulo 4).

TABLA 1.2
Relación entre el peso y la costumbre de «picar»

Peso inicial (kg)	*Hábito de «picar» (%)*
< 90	50
91-100	57,1
101-110	72,7
> 110	90,9

El aumento de la cantidad total de alimento ingerido diariamente o la sobrealimentación es con frecuencia un factor desencadenante de obesidad en la infancia. Los niños alimentados con leche artificial son significativamente más obesos que los que ingieren leche materna. Así mismo, durante la vida adulta, un aumento de la ingesta provoca un incremento en el peso, en especial en los individuos genéticamente predispuestos.

La relación entre la frecuencia de las comidas y la obesidad es un problema no resuelto. Parece ser que las personas que comen sólo dos o tres veces al día son más obesas que las que realizan 5 comidas al día. Pero, por otra parte, el hábito de «picar» es frecuente en los obesos. En unas observaciones personales no publicadas encontramos una clara relación positiva entre el hábito de «picar» y la magnitud de la obesidad (tabla 1.2).

Obesidad inducida por medicamentos. Varias sustancias empleadas como medicamentos pueden provocar obesidad. Éste es, por ejemplo, el caso de los glucocorticoides empleados como inmunosupresores para tratar enfermedades autoinmunes, en pacientes con órganos trasplantados, como antinflamatorios en enfermedades reumáticas o como broncodilatadores en el asma bronquial. Entre sus efectos secundarios destaca la obesidad de tipo faciotroncular, como la que aparece en la enfermedad de Cushing.

Los antidepresivos tricíclicos, y en particular la amitriptilina, pueden producir aumento de peso, a veces muy marcado, en los pacientes que los utilizan como tratamiento antidepresivo. Las fenotiacinas también pueden favorecer el depósito de grasa en el tejido adiposo.

Los estrógenos, solos o en combinación, formando parte de los anticonceptivos orales, son a menudo los causantes de un aumento de peso, aunque parece ser que en estos casos éste se debe más a la retención hídrica que a un incremento del tejido adiposo.

Las hidracidas, empleadas en el tratamiento de la tuberculosis, son las causantes del aumento de peso que presentan casi todos los enfermos al poco tiempo de empezar el tratamiento.

La nicotina tiene una acción agonista sobre los receptores β_3 capaz de incrementar el gasto energético, aparte de los efectos supresores del apetito. La suma de estas dos acciones puede explicar el aumento de peso que, por lo general, experimentan los que abandonan el hábito de fumar.

Factores sociales relacionados con la obesidad. La prevalencia de obesidad es superior entre las personas con un nivel socioeconómico bajo que entre las que tienen un nivel elevado. Así, Wadden y Stunkard encuentran solamente un 4% de obesos entre los sujetos con un nivel educacional superior en comparación con un 36% en los que poseen un nivel socioeconómico más bajo.

Factores psicológicos y obesidad. Sabemos que las personas obesas son capaces de comer por cualquier motivo además de porque tienen apetito. Este tipo de obesidad, conocida como «reactiva», es el resultado del aumento de la ingesta total diaria como reacción a determinadas situaciones ambientales consideradas como emocionalmente adversas. No vamos a extendernos más sobre este tema ya que en el capítulo 7 se tratan, con la debida exhaustividad estas interesantes relaciones.

En la tabla 1.3 se resume la clasificación de la obesidad según su etiología.

Valoración de la obesidad

Para valorar la obesidad hay que tener en cuenta no sólo los aspectos antropométricos, midiendo la magnitud de la misma y la distribución de la grasa en el cuerpo, sino que hay que valorar también los posibles factores genéticos, intentar esclarecer la etiología e investigar la existencia de complicaciones y enfermedades asociadas.

Una correcta valoración del problema de la obesidad como enfermedad debe seguir ineludiblemente varias etapas sucesivas.

Anamnesis

En primer lugar haremos una anamnesis general, pero centrando nuestra atención en los antecedentes familiares de obesidad con la finalidad de obtener datos que nos informen sobre una posible predisposición genética.

El interrogatorio se dirigirá también hacia la búsqueda de las causas desencadenantes, como embarazos o menarquia en las mujeres, supresión o disminución importante de la actividad física habitual, abandono del hábito de fumar, intervenciones quirúrgicas, tratamientos farmacológicos, etc.

Un apartado importante dentro del conjunto de la anamnesis es el interrogatorio detallado sobre el comportamiento alimentario: horario y duración de las comidas, preferencias gastronómicas, ingesta de bebidas alcohólicas, necesidad de comer fuera de casa, hábito de «picar» y alimentos preferidos al «picar», hambre vespertina o nocturna, comportamiento com-

TABLA 1.3
Clasificación etiológica de la obesidad

Obesidades genéticas
- Obesidad «esencial» con predisposición genética
- Síndromes congénitos que cursan con obesidad
  - De Prader-Willi
  - De Alström
  - De Bardet-Biedl
  - De Cohen
  - De Carpenter

Obesidades neuroendocrinológicas
- Obesidad hipotalámica
- Obesidad ovárica (síndrome de Stein-Leventhal)
- Obesidad con hiperinsulinemia (diabetes mellitus tipo 2)
- Síndrome de Cushing
- Hipotiroidismo

Obesidades por inactividad física
- Dependientes de la edad
- Forzosa (postoperatoria)
- Relacionada con un estilo de vida sedentario

Obesidades por desequilibrio nutricional o ingesta exagerada
- Ingesta de alimentos con un elevado contenido de grasas saturadas
- Polifagia
- Costumbre de «picar»

Obesidades inducidas por medicamentos
- Glucocorticoides
- Estrógenos (anticonceptivos orales)
- Antidepresivos tricíclicos
- Fenotiacinas
- Hidracidas
- Supresión de la nicotina (dejar de fumar)

Obesidades relacionadas con aspectos socioculturales

Obesidades «reactivas» a situaciones emocionales conflictivas

pulsivo o auténticamente bulímico con pérdida total del control sobre el acto de comer, presencia de sentimientos de culpabilidad después del «atracón», vómito autoprovocado o espontáneo, etc.

Finalmente, la anamnesis se dirigirá a detectar la presencia de síntomas clínicos que sugieran complicaciones de la obesidad: polidipsia y poliuria, dispesia a las grasas, trastornos del sueño (ronquidos, apneas nocturnas, hipersomnia diurna), cefaleas, episodios previos de monoartritis aguda.

Antropometría

La antropometría es un método que nos permite medir indirectamente el grado de obesidad de un individuo en términos de percentiles de adiposidad, de grasa corporal total y calcular la cantidad total de grasa del cuerpo. Se trata de un método sencillo, con muy pocas dificultades técnicas, no es caro ni invasivo y el equipo necesario se transporta con facilidad.

Peso y talla. La determinación precisa del peso y la talla de un individuo nos permitirá compararlo con unas tablas antropométricas en las que se tiene en cuenta también el sexo y la edad.

El peso hay que determinarlo en una báscula «romana». El paciente estará en ropa interior y descalzo. La altura hay que medirla con la persona de pie, descalza, con los talones juntos y el cuerpo estirado en sentido vertical.

Con estos dos parámetros, tan sencillos de obtener, podremos valorar ya la obesidad con métodos comparativos y calcular el IMC.

Métodos comparativos. Permiten medir la magnitud de la obesidad comparando el peso de un persona con unas tablas antropométricas elaboradas a partir del estudio de una población determinada. Relacionan diversas variables, como la edad, el sexo, la altura y la complexión física. Las tablas más utilizadas son las elaboradas en Estados Unidos por la compañía de seguros Metropolitan Life Insurance Company, la última edición de las cuales data de 1983. Sin embargo, para nosotros, tienen el inconveniente de que están hechas con individuos norteamericanos y, por cuestiones de tipo racial, no se extrapolan en su totalidad a la población española.

En España disponemos de las tablas de Alastrué, elaboradas con la población autóctona y que por este motivo reflejan mejor lo que ocurre en nuestro país que las americanas (tablas 1.4 y 1.5).

Cálculo del índice de masa corporal. El IMC es sinónimo de índice de Quetelet (IQ), en honor del astrónomo belga que en 1869 describió por primera vez esta relación entre la altura y el peso y que, posteriormente, en 1972, fue redescubierta por Keys. Se trata de la relación P/A^2 en la que P es el peso (en kg) y A es la altura (en m). La facilidad para calcular este índice y la buena correlación que tiene con el porcentaje de tejido adiposo corporal han hecho que, hoy día, el cálculo del IMC se haya adoptado internacionalmente como medida de la

TABLA 1.4

Peso (en kg) para una determinada altura y subgrupos de edad de los varones de Cataluña

Talla (m)	*Subgrupos de edad*							
	16-19 (n = 795)	*20-24 (n = 1.828)*	*25-29 (n = 2.904)*	*30-39 (n = 3.813)*	*40-49 (n = 2.492)*	*50-59 (n = 1.988)*	*60-69 (n = 432)*	*>70 (n = 180)*
1,53		56,66	60,53	58,50	62,11	61,05	60,72	50,33
		4,45	5,01	4,33	5,04	5,29	5,97	4,18
1,54		57,00	61,90	61,64	63,08	62,53	60,66	56,16
		1,00	8,27	6,13	6,30	5,43	5,64	7,75
1,55		57,75	63,00	62,25	63,27	65,93	62,00	58,33
		4,57	3,85	5,77	5,60	8,64	6,03	8,11
1,56		58,71	63,00	62,41	66,38	65,67	62,66	61,40
		4,33	8,25	5,47	5,83	7,64	2,05	4,31
1,57	58,72	59,50	63,14	62,45	67,80	67,00	63,83	62,66
	3,16	4,27	4,45	6,72	4,51	10,65	5,77	7,93
1,58	59,00	61,00	63,90	65,20	68,17	67,30	63,81	61,66
	1,41	3,89	9,74	7,22	7,20	8,59	6,53	13,22
1,59	60,66	62,92	64,56	65,58	66,00	70,62	63,08	62,33
	2,86	7,03	5,50	6,39	7,91	8,86	9,45	6,59
1,60	60,25	60,73	65,28	66,85	70,94	69,96	66,00	64,57
	2,16	5,19	7,08	6,12	8,29	10,46	3,65	8,46
1,61	60,60	63,10	65,45	67,48	70,42	71,11	67,50	65,66
	1,74	6,51	6,84	8,00	8,84	7,34	2,29	11,26
1,62	61,33	63,34	67,17	69,66	70,38	71,38	67,50	66,33
	10,96	4,91	7,97	7,41	9,52	7,52	6,80	1,24
1,63	61,00	65,23	68,10	70,13	71,73	71,44	66,80	64,44
	4,13	6,96	8,43	8,62	10,18	8,24	5,60	6,13
1,64	64,60	65,92	69,49	70,16	72,01	72,22	68,55	65,60
	6,19	6,01	9,77	7,61	9,43	9,23	11,37	7,86
1,65	64,61	66,61	69,85	71,23	74,17	72,86	70,00	68,33
	5,73	7,81	8,63	8,69	8,05	6,43	5,45	2,62
1,66	64,58	66,54	69,50	71,20	73,94	72,39	72,58	69,50
	4,53	7,74	8,33	7,10	10,88	7,30	8,67	6,87
1,67	66,50	67,85	69,47	70,76	73,28	73,91	73,00	71,40
	5,56	6,40	8,53	10,83	8,26	9,43	6,55	2,33
1,68	66,44	67,20	69,89	72,23	74,29	74,46	73,46	71,33
	5,78	7,12	7,22	7,00	9,19	0,00	11,43	2,06
1,69	66,56	67,76	71,36	72,40	73,44	76,21	74,00	71,85
	3,96	8,60	9,43	8,88	7,86	8,91	6,22	11,51
1,70	66,22	68,34	71,66	74,33	73,40	76,73	74,20	72,00
	5,60	8,85	8,40	8,58	12,41	10,28	3,91	11,02
1,71	66,73	70,50	73,76	74,70	74,81	77,86	74,40	72,60
	9,28	9,94	9,14	8,74	8,04	7,77	9,60	7,91

(Continúa)

TABLA 1.4
Peso (en kg) para una determinada altura y subgrupos de edad de los varones de Cataluña ***(cont.)***

Talla (m)	*Subgrupos de edad*							
	16-19 (n = 795)	*20-24 (n = 1.828)*	*25-29 (n = 2.904)*	*30-39 (n = 3.813)*	*40-49 (n = 2.492)*	*50-59 (n = 1.988)*	*60-69 (n = 432)*	*>70 (n = 180)*
1,72	68,50	69,32	73,69	75,56	76,89	78,67	74,00	72,33
	6,32	8,79	9,49	9,28	9,95	11,10	6,22	0,47
1,73	70,70	71,46	74,32	76,50	77,95	78,89	75,37	
	7,90	8,74	7,97	9,01	8,30	12,50	8,03	
1,74	69,33	72,75	73,28	76,42	77,70	80,09	76,60	
	9,36	7,92	8,36	7,91	11,40	9,56	3,39	
1,75	69,11	72,71	76,41	77,16	79,06	83,71	76,16	
	7,87	7,93	10,70	9,28	10,70	6,32	4,98	
1,76	69,00	73,21	76,78	76,81	80,82	84,00	77,60	
	4,88	8,70	7,81	7,59	6,01	7,28	7,70	
1,77	69,00	74,70	77,76	79,19	83,72	85,13	77,00	
	6,05	7,27	9,38	7,39	6,79	8,57	8,31	
1,78	70,93	75,61	80,02	79,60	84,18	85,22	80,75	
	5,11	6,95	9,39	10,10	7,11	7,11	8,81	
1,79	73,18	75,88	80,11	84,02	84,27	85,16	81,71	
	8,81	8,03	8,55	7,67	9,31	7,35	9,43	
1,80	74,00	77,97	80,57	79,85	84,33	87,50		
	8,34	9,95	9,46	8,40	11,73	2,21		
1,81	75,80	77,94	81,00	79,47	84,77	87,88		
	8,30	11,40	9,41	10,02	5,99	9,33		
1,82	77,50	77,16	81,06	80,25	85,16	86,00		
	1,50	4,54	8,80	7,36	7,79	7,03		
1,83	81,33	80,45	82,90	82,64	87,75	89,00		
	2,05	10,75	8,81	8,97	2,58	8,48		
1,84	80,25	81,50	83,33	84,27	86,00	92,00		
	2,58	2,50	1,24	6,07	4,60	10,20		
1,85		84,00	83,56	84,80	86,35	93,33		
		0,00	6,41	3,91	7,33	5,43		
1,86	86,00	88,00	83,83	85,54	90,66			
	6,00	8,00	8,57	2,53	7,40			
1,87		86,00	86,00	84,00	92,20			
		3,96	8,00	4,74	11,85			
1,88	97,50			85,00	91,25			
	6,50			6,01	5,88			

(Media y desviación estándar). Según Alastrué et al, 1982.

TABLA 1.5
Peso (en kg) de mujeres de Cataluña según la altura y subgrupos de edad

Talla (m)	*Subgrupos de edad*							
	16-19 (n = 857)	*20-24 (n = 1.887)*	*25-29 (n = 1.342)*	*30-39 (n = 1.298)*	*40-49 (n = 7 87)*	*50-59 (n = 755)*	*60-69 (n = 331)*	*>70 (n = 249)*
1,45	49,75	49,85	51,94	51,71	61,03	59,50	50,25	47,94
	4,46	4,22	6,14	4,86	8,63	8,46	7,18	7,71
1,475	49,75	50,11	54,34	56,35	62,73	60,96	56,04	51,59
	3,58	3,58	7,59	6,78	9,57	7,17	15,99	10,10
1,50	49,37	50,11	54,13	56,33	62,19	59,85	57,28	58,00
	4,02	8,55	4,57	10,92	8,30	8,91	9,79	6,87
1,51	50,93	51,33	54,30	56,23	63,29	60,69	58,90	57,33
	5,39	5,09	6,87	9,99	8,66	7,53	6,43	7,13
1,52	51,16	51,85	54,94	56,42	63,84	61,90	60,16	58,88
	9,15	6,45	6,17	6,66	9,34	5,44	9,80	10,21
1,53	51,78	52,11	54,23	58,05	64,50	61,87	61,62	58,20
	5,24	4,51	11,44	7,24	7,46	7,26	8,32	10,55
1,54	52,54	53,29	55,27	58,22	64,17	62,25	63,81	61,20
	6,68	6,68	8,28	7,95	10,93	6,82	12,74	12,04
1,55	53,29	54,25	55,41	58,40	64,77	62,37	63,00	61,40
	6,94	7,10	9,05	5,28	8,01	4,99	9,07	3,61
1,56	53,20	54,63	55,47	58,86	65,30	62,27	62,57	60,50
	7,26	7,67	6,73	8,57	7,41	8,71	7,63	6,52
1,57	55,54	55,08	55,88	59,40	65,31	64,79	64,25	60,33
	4,30	9,17	7,45	6,26	9,12	9,00	8,04	9,46
1,58	55,89	55,08	55,97	59,76	66,25	65,12	66,61	62,80
	5,99	6,81	7,80	9,29	8,72	8,69	9,29	13,07
1,59	56,54	55,37	57,06	60,02	66,66	65,00	67,30	63,42
	6,51	6,33	6,59	7,91	4,39	7,94	8,24	5,52
1,60	57,15	55,83	58,46	59,44	67,80	68,83	67,00	64,00
	5,84	7,61	6,90	5,37	10,15	6,82	4,00	3,03
1,61	57,39	54,82	58,96	60,85	66,68	70,52	67,15	
	5,15	5,72	6,36	7,83	9,42	10,66	7,87	
1,62	57,46	55,94	58,96	60,80	66,82	70,23	67,00	
	6,00	8,27	6,45	7,11	5,27	4,20	6,80	
1,63	57,72	57,78	59,62	59,88	67,37	70,80	69,60	
	4,63	6,96	6,62	6,94	10,14	8,51	9,15	
1,64	58,50	58,17	59,18	61,30	69,18	71,16		
	7,25	5,62	13,82	7,70	6,39	8,29		
1,65	58,92	58,86	59,92	62,00	69,58	72,83		
	3,09	8,13	8,58	7,23	8,33	9,47		

(Continúa)

TABLA 1.5
Peso (en kg) de mujeres de Cataluña según la altura y subgrupos de edad *(cont.)*

Talla (m)	*Subgrupos de edad*							
	16-19 (n = 857)	*20-24 (n = 1.887)*	*25-29 (n = 1.342)*	*30-39 (n = 1.298)*	*40-49 (n = 787)*	*50-59 (n = 755)*	*60-69 (n = 331)*	*>70 (n = 249)*
1,66	59,00	66,31	60,69	62,66	69,62	73,42		
	2,87	9,58	9,05	13,59	6,63	7,70		
1,67	59,57	61,38	61,18	63,44	70,00	72,33		
	2,55	5,29	16,34	8,22	3,26	2,86		
1,68	60,25	63,20	63,58	66,00	70,33	73,00		
	7,32	5,89	6,38	5,41	7,67	1,00		
1,69	60,44	65,90	64,20	69,63	71,91	73,66		
	3,37	12,34	6,30	6,96	7,95	5,24		
1,70	61,12	65,33	67,85	69,80	71,66	76,33		
	6,06	4,92	12,33	9,41	9,10	3,68		
1,71	61,25	65,11	68,00	71,00	71,75			
	2,16	5,30	10,04	0,81	6,21			
1,72		65,33	68,00	72,60	71,66			
		4,56	6,83	9,66	3,09			
1,73		65,60	70,85	72,33	72,33			
		3,92	8,52	3,09	6,01			
1,74		66,50	71,20	72,25				
		3,20	6,07	2,27				
1,75			71,50					
			1,11					

(Media y desviación estándar). Según Alastrué et al, 1982.

obesidad. Es válido para personas adultas entre los 20 y los 65 años, es independiente del sexo pero varía según la edad (tabla 1.6).

A pesar de que la obesidad es un *continuum*, desde el punto de vista clínico y especialmente con propósitos terapéuticos, es útil establecer una clasificación de la obesidad basada en grados. Así, Garrow establece tres categorías distintas de obesidad según el IMC. De todas formas, de acuerdo con las directrices de la SEEDO, creemos que es más operativo clasificarla en cuatro grados (tabla 1.7).

La figura 1.2 es un nomograma que permite determinar con facilidad el IMC de un determinado individuo.

Valoración de la distribución regional de la grasa. Esta información es básica para conocer si estamos ante una obesidad de tipo androide o ginoide. La di-

TABLA 1.6
Índice de Quetelet deseable según la edad

Edad	*Índice de Quetelet (kg/m²)*
19-24	19-24
25-34	20-25
35-44	21-26
45-54	22-27
55-64	23-28
65 o más	24-29

TABLA 1.7
Clasificación de la obesidad, en grados, según el índice de masa corporal (SEEDO, 1996)*

Grado de obesidad	*Valor del IMC (kg/m²)*
Normalidad	20-25
Obesidad de grado I (sobrepeso)	27-29,9
Obesidad grado II	30-34,9
Obesidad grado III	35-39,9
Obesidad de grado IV (mórbida)	≥ 40

* El intervalo de valores del IMC (índice de masa corporal) comprendido entre 25-26,9 kg/m² podría coincidir con una prolongación de la tipificación como normopeso en aquellas personas en las que no coexistan otros factores de riesgo. En caso contrario, este valor ponderal podría representar un problema de salud asociado.

ferenciación entre estos dos tipos tiene un gran interés ya que, como veremos más adelante, el pronóstico en cuanto a la posibilidad de complicaciones es totalmente distinto dependiendo del tipo de obesidad, dato muy importante en el momento de decidir la pauta terapéutica.

La valoración de la distribución regional de la grasa puede hacerse midiendo la relación entre el perímetro de la cintura y el de la cadera o la relación entre el pliegue tricipital y el subescapular medidos con un lipocalibrador y expresados en milímetros. De todas formas, el método más aceptado internacionalmente es la relación cintura/cadera.

El perímetro de la cintura se mide con una cinta métrica inextensible en el punto medio entre la arcada costal inferior y la cresta ilíaca. El de la cadera es la medida más ancha obtenida a nivel bitrocantéreo.

De acuerdo con la relación cintura/cadera (Ci/Ca), pueden establecerse dos tipos de obesidad. En la tabla 1.8 se detallan los valores de esta relación para varones y mujeres según los datos que se desprenden de varios estudios

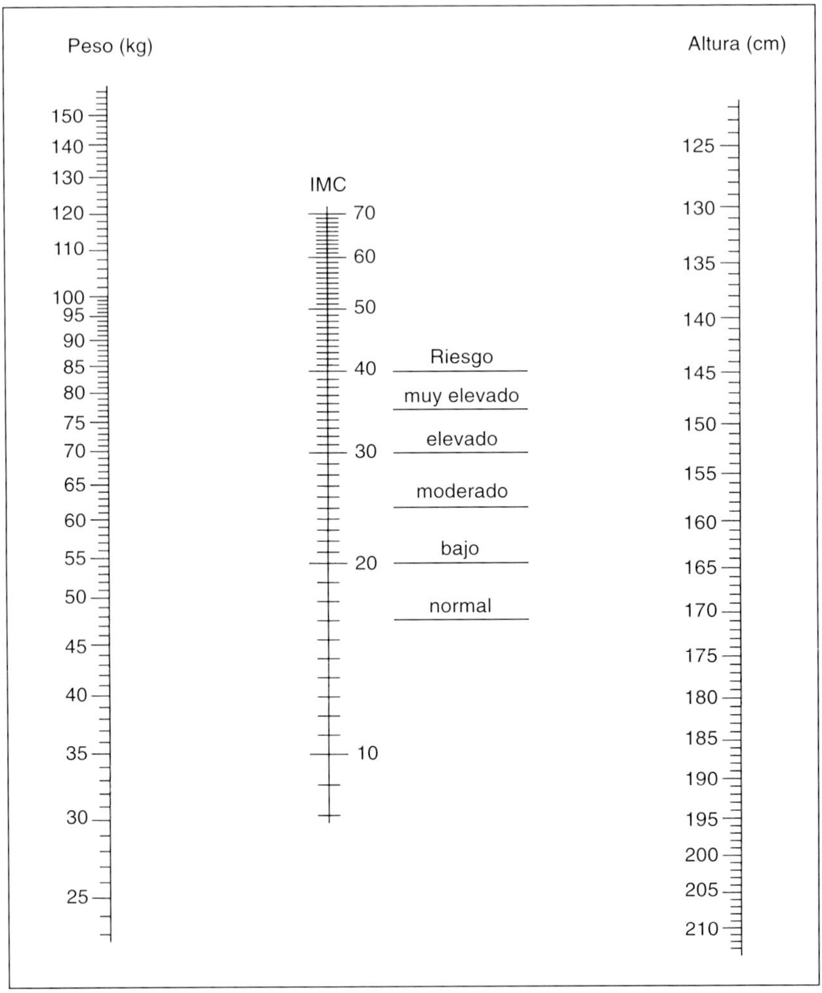

Figura 1.2. *Nomograma para calcular el índice de masa corporal (IMC). Uniendo con una línea los valores del peso (en kg) y de la altura (en cm) de las dos escalas laterales el punto donde esta línea corta la escala central marca el valor del IMC. (Modificada de Bray, 1987.)*

epidemiológicos llevados a cabo en distintas comunidades del Estado español. En la figura 1.3 representamos de forma esquemática estos dos tipos de obesidad.

Medida de los pliegues cutáneos. Cuando medimos el pliegue cutáneo estamos midiendo en realidad el doble del grosor de la epidermis, la fascia subya-

TABLA 1.8
Valoración del tipo de obesidad según la relación cintura/cadera en la población española (SEEDO, 1996)

Tipo de obesidad	*Relación cintura/cadera*	
	Varón	*Mujer*
Androide	> 1	> 0,90
Ginoide	< 1	< 0,90

cente y el tejido adiposo subcutáneo. La medida se hace con la ayuda de un pequeño aparato llamado *lipocalibre* o *lipocalibrador*. Se trata, en esencia, de una especie de pie de rey en el que sus brazos transmiten una presión constante sobre las puntas gracias a un sistema de muelles. El grosor del pliegue cutáneo puede medirse en cualquier parte del cuerpo donde pueda tomarse un pliegue, pero existen lugares específicos que han sido elegidos por su alta correlación con la grasa corporal total y con el porcentaje de grasa medido con métodos más directos. Éste es el caso del pliegue del tríceps y el de la re-

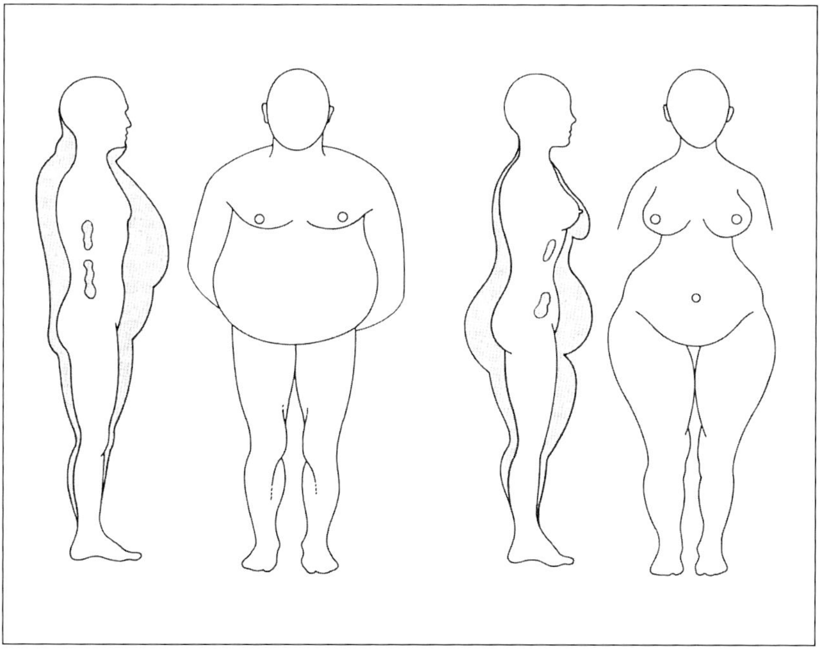

Figura 1.3. *Esquema que representa la distribución de la grasa en la obesidad androide (izquierda) y ginoide (derecha). Obsérvese que en la obesidad androide el contenido de grasa intrabdominal es superior al que hay en la obesidad de tipo ginoide. (Modificada de Vague, 1991.)*

gión subescapular, que tienen una buena correlación con el porcentaje de grasa y con la grasa corporal total, independientemente del sexo. También podemos medir los pliegues en la región bicipital y en la suprailíaca. Tanto el pliegue tricipital como el bicipital deben medirse en el punto medio del brazo, entre el acromion y el olécranon.

Existen varias ecuaciones matemáticas que permiten calcular, a partir de la suma del valor de los cuatro pliegues cutáneos (bicipital, tricipital, subescapular y suprailíaco), el porcentaje de grasa del cuerpo. La más utilizada es la de Durnin y Womersley:

$$\% \text{ de grasa} = (4{,}95/d - 4{,}50) \times 100$$

donde d es la densidad ($d = c - m \times \log \text{pliegues}$).

La crítica más importante que podemos hacer a la plicometría es que permite medir la grasa subcutánea pero no la visceral. Otro error puede producirse en los grandes obesos, en los que el grosor del pliegue cutáneo a menudo excede la apertura máxima del lipocalibrador (50 mm). Este hecho conduce a que se produzca un error por defecto a la hora de valorar la grasa corporal mediante esta técnica.

Estimación de la composición corporal

Es evidente que el mejor método para valorar la obesidad será el que nos permita medir con mayor precisión la cantidad de tejido adiposo del cuerpo humano. Sabiendo que no hay ningún método que nos dé una precisión del 100%, existen algunos que, con mayor o menor precisión, sirven para medir la cantidad de tejido adiposo del cuerpo y , por lo tanto, la obesidad. La tabla 1.9 es una relación de los principales métodos que existen para medir la composición corporal valorando con una escala de 1 a 5 puntos el coste económico, la dificultad práctica y la precisión para medir la masa libre de grasa y la grasa. Es obvio que el método que con un coste y dificultad menores nos proporciona una precisión mayor es el de la impedancia bioeléctrica. Los demás o bien son poco precisos o requieren un utillaje muy caro o son muy complejos. Por todo esto, en los últimos años la medida de la impedancia bioeléctrica, que a continuación describimos en detalle, es el método más utilizado.

Impedancia bioeléctrica tetrapolar

Este método se basa en emplear el agua y los electrólitos –que están presentes solamente en los tejidos libres de grasa– como conductores de la electricidad. Los triglicéridos y el componente graso del tejido adiposo son en general, malos conductores ya que no tienen ni agua ni iones. Por lo tanto, la impedancia bioeléctrica es potencialmente capaz de valorar la masa libre de grasa

TABLA 1.9
Métodos de determinación de la composición corporal

Método	*Coste*	*Dificultad*	*Precisión*	
			MLG	*MA*
Agua tritiada	3	3	3	3
Potasio corporal	4	4	4	3
Densitometría				
Por inmersión	3	4	5	5
Pletismografía	4	3	5	5
Lipocalibrador	1	2	2	2
Activación neutrones	5	5	5	5
Absorción fotónica	4	4	4	4
Eléctricos				
Conductividad	5	1	4	4
Impedancia	2	1	4	4
TC	5	5	(?)	(?)
Ecografía	4	3	3	3
RM	5	5	(?)	(?)

MLG: masa libre de grasa; MA: masa adiposa.

(MLG) lo que nos permitirá calcular el porcentaje de masa adiposa (MA) restando del total la MLG.

Fundamentos teóricos de la impedancia bioeléctrica tetrapolar. La impedancia bioeléctrica tetrapolar (IBT) se basa en la conducción de una corriente eléctrica aplicada en el cuerpo humano. La introducción de una corriente eléctrica alterna produce una resistencia al paso de la misma. En general se considera que, a bajas frecuencias, ésta discurre sólo a través de los fluidos extracelulares, mientras que a altas frecuencias atraviesa todos los compartimientos.

La conducción de una corriente eléctrica depende del volumen y de la distribución del fluido y de los electrólitos del conductor. La hipótesis de que las medidas obtenidas mediante IBT están relacionadas con el volumen del tejido conductor y, por lo tanto, con la MLG se basa en el principio de que la impedancia de un conductor isotrópico depende de factores específicos como la longitud, la configuración, el área de la sección y la frecuencia de la señal. Si utilizamos una frecuencia de señal constante y asumimos que la configuración del conductor es relativamente continua, la impedancia bioeléctrica al flujo de la corriente estará en relación con el volumen del conductor biológico:

$$Z = pL^2/V$$

donde Z es la impedancia (en ohmios), p es la resistividad (en ohmios por cm), L es la longitud del conductor (que se asume que es la altura) en cm y V es el volumen en centímetros cúbicos o litros. A pesar de las dificultades que podemos encontrar para aplicar estas relaciones a un sistema con una geometría y características complejas como es el cuerpo humano, se ha utilizado este modelo para desarrollar fórmulas matemáticas que relacionen la impedancia obtenida con las variables de la composición corporal.

Instrumentos y medidas. La determinación de la impedancia bioeléctrica se realiza mediante un pletismógrafo de impedancia tetrapolar conectado a cuatro electrodos de superficie. Estos últimos sirven para minimizar la impedancia de contacto y las interacciones superficie-electrodo. El paciente puede permanecer vestido pero descalzo y debe estar en decúbito supino sobre una litera o cama. La medición hay que hacerla después de 2-4 horas desde la última comida que habrá sido ligera, sin haber hecho un ejercicio físico intenso y después de 24 horas sin haber ingerido bebidas alcohólicas. La piel debe estar seca, sin sudor. Los electrodos, de láminas de aluminio, se colocan sobre la línea media de la cara dorsal de la mano y del pie, distalmente sobre la línea de unión metacarpo y metatarsofalángica y proximalmente entre las epífisis distales del cúbito y del radio y entre los dos maléolos distales del tobillo, previa aplicación de una fina capa de gel conductor (en la actualidad existen electrodos provistos con gel conductor autoadherente). La corriente alterna de 800 μA a 50 kHz se introduce a través de los electrodos distales de la mano y del pie y la caída de voltaje se detecta en los electrodos proximales. La impedancia (Z) se divide en sus componentes geométricos: resistencia (R) y reactancia (Xc) donde:

$$Z^2 = R^2 + Xc^2$$

La reproductibilidad técnica de las determinaciones de IBT es la que determina su valor en las aplicaciones biológicas. El error de mediciones repetidas de R determinada dos veces al día durante 11 días se sitúa entre el 0,5 y el 1%.

Los estudios de la variabilidad biológica de los valores de R en seres humanos evidencia desviaciones intraindividuales mínimas. Así, Lukaski et al, en un estudio realizado a 14 varones durante 5 días, encontraron un coeficiente de variación de los valores de R de tan sólo el 2%.

Los estudios de validación del método en adultos, en comparación con el método universalmente aceptado de la densitometría, demuestran una total correlación entre ambos métodos y permiten afirmar que con la IBT se consigue medir con fiabilidad la MLG.

La IBT puede utilizarse también como método indirecto para medir la grasa corporal a partir de ésta y del valor de la MLG calculada. La comparación de la media del porcentaje de grasa corporal obtenida mediante el método densitométrico y la calculada con IBT demuestra que no hay diferencias significativas entre los dos métodos. El error estándar entre la estimación por densitometría y por IBT es del 2,9%.

Sin embargo, parece ser que, en individuos delgados, la IBT sobrevalora el porcentaje de grasa corporal mientras que en aquellos con obesidad mórbida la IBT subestima el porcentaje de grasa. Este hecho fue comprobado por Segal et al, quienes demostraron que, cuando se valora la MLG mediante IBT, existe un error dependiente del grado de obesidad. Éste proviene, muy probablemente, de la aceptación del modelo bicompartimental de la composición corporal: grasa y MLG. En los obesos, la relación agua extracelular/intracelular está aumentada, lo que puede ser la causa del error que se advierte en el método.

Otras exploraciones útiles en la valoración de la obesidad

La obesidad, tal como se comenta ampliamente en el capítulo 5, se acompaña a menudo de otras enfermedades, en especial las propias del área metabólica y cardiovascular. Para valorar correctamente la existencia y la magnitud de estas posibles patologías asociadas podemos utilizar varias técnicas diagnósticas. Las más útiles aparecen detalladas a continuación.

Análisis de laboratorio. Para valorar con precisión al paciente obeso necesitaremos análisis de laboratorio completos que incluyan como mínimo un hemograma y una bioquímica general. Es imprescindible determinar la glucemia, el colesterol total y sus fracciones (HDL, LDL y VLDL), los triglicéridos, el ácido úrico y un perfil renal (urea y creatinina) y hepático (GOT, GPT y GGT), sin olvidarnos de las proteínas totales y de la albúmina. En pacientes con obesidad de tipo central no es raro encontrar la glucemia basal con unos valores mayores que los del límite superior de la normalidad. En estos casos, la determinación de la insulinemia basal y una prueba de sobrecarga oral de glucosa nos ayudarán a diagnosticar una posible situación de resistencia a la insulina.

Las determinaciones hormonales (perfil tiroideo, estudio funcional suprarrenal o hipofisario, testosterona, etc.) no deben incluirse dentro de la rutina analítica habitual, reservándose para aquellos casos en los que la historia clínica y la exploración física permitan establecer un grado de sospecha razonable de la existencia de una disfunción endocrina eventual.

Exploraciones radiológicas. Una radiografía del cráneo en posición anteroposterior y lateral, centrada en la silla turca, permitirá valorar aumentos eventuales del tamaño selar indicativos de la existencia de tumores de la región hipotálamo-hipofisaria o de una «silla turca vacía», situación que no es excepcional en los obesos.

En caso de sospecha se solicitará la práctica de una tomografía computarizada (TC) o de una exploración mediante resonancia magnética (RM).

En los obesos con un IMC > 29,9 kg/m^2 y en cualquier persona con una obesidad central, sea cual sea su IMC, es recomendable la práctica de una *ecografía abdominal* para descartar la existencia de una esteatosis hepática (frecuente) y/o una litiasis biliar. Es una exploración no invasiva, poco molesta para el paciente y con una elevada rentabilidad diagnóstica. También una *ecografía pélvica* nos puede confirmar una sospecha de poliquistosis ovárica.

Cuando la anamnesis sugiera un síndrome de apneas del sueño (SAS) hay que remitir al paciente a un centro donde le puedan practicar un estudio poligráfico del sueño o polisomnografía. Ésta consiste en un registro simultáneo y continuo –mientras el paciente está durmiendo–, del EEG, ECG, movimientos torácicos respiratorios y de la saturación de oxígeno mediante un oxímetro de pulso o auricular. De esta forma, se puede valorar y estudiar si el paciente sufre apneas durante el sueño, su frecuencia, duración, si se acompañan o no de trastornos del ritmo cardíaco y la importancia de la disminución de la saturación de oxígeno durante las mismas (desaturación).

Ante la más leve sospecha de insuficiencia respiratoria, solicitaremos la práctica de unas pruebas funcionales respiratorias (PFR) para descartar la existencia de una insuficiencia ventilatoria restrictiva frecuente en pacientes con obesidad de tipo androide y con IMC superior a 30 kg/m^2.

Se da por supuesto que en caso de sospecha de cualquier otra enfermedad, relacionada o no con la obesidad, solicitaremos la práctica de las exploraciones complementarias adecuadas para confirmar –o en su caso descartar– la sospecha diagnóstica (gammagrafía o ecografía tiroidea, TC suprarrenal, etc.).

Bibliografía general

Alastrué A, Sitges A, Jaurrieta E, Sitges A. Valoración de los parámetros antropométricos en nuestra población. Med Clin (Barc) 1982; 78: 407-415.

Bouchard C, Pérusse L, LeBlanc C, Tremblay A, Thériault G. Inheritance of the amount and distribution of human body fat. In J Obes 1988; 12: 205-215.

Bray G. The obese patient. En: Major problems in internal medicine. Filadelfia: W.B. Saunders, 1976.

Garrow JS. A working definition of obesity: grades 0-III. En: Garrow JS, editor. Obesity and related diseases. Londres: Churchill Livingstone, 1988; 1-5.

Keys A, Fidanza F, Karvonen MJ, Kimura N, Taylor HL. Indices of relative weight and obesity. J Chronic Diseases 1972; 25: 329-343.

Krotkiewski M, Björntorp P, Sjonstrom L et al. Impact of obesity on metabolism in men and women. J Clin Invest 1985; 72: 1.150.

Lukaski HC, Bolonchuck WW. Theory and validation of the tetrapolar bioelectrical impedance method to assess human body composition. En: Ellis KJ, Yasumura S, Morgan WD, editores. In vivo body composition studies. Londres: Institute of Physical Sciences in Medicine, 1987.

Lukaski HC, Johnson PE, Bolonchuck WW et al. Assessment of fat free mass using bioelectrical impedance measurements of human body. Am J Clin Nutr 1985; 41: 810.

Ravussin E, Swinburn AB. Pathophysiology of obesity. Lancet 1992; 340: 404-408.

Segal KR, Van Loan M, Fitzgerald Pl et al. Lean body mass estimation by bioelectrical impedance: A four-site cross-validation. Am J Clin Nutr 1988; 47: 7-14.

Sociedad Española para el Estudio de la Obesidad (SEEDO). Consenso español 1995 para la evaluación de la obesidad y para la realización de estudios epidemiológicos. Med Clin (Barc) 1996; 107: 782-787.

Stunkard AJ, Sorensen TIA, Harris C et al. An adoption study of human obesity. N Eng J Med 1986; 314: 193-198.

Wadden TA, Stunkard AJ. Social and phychological consequences of obesity. Ann Inter Med 1985; 103: 1.062-1.067.

Zhang Y, Proenca R, Maffei M, Barone M, Leopold L, Friedman JM. Positional cloning of the mouse obese gene and its human homologue. Nature 1994; 372: 425-432.

Halaas JL, Gajiwala KS, Maffei M et al. Weight-reducing effects of the plasma protein encoded by the obese gene. Science 1995; 269: 543-546.

CAPÍTULO 2

Epidemiología de la obesidad

L. Serra Majem y L. Salleras Sanmartí

Definición y usos de la epidemiología

La epidemiología tiene dos utilidades bien diferenciadas, una como ciencia básica y otra como ciencia aplicada. La primera estudiaría las causas de la obesidad y su relación con otras enfermedades y trastornos a partir de inferencias derivadas de la observación o la experimentación.

Como ciencia aplicada, la epidemiología se pondría a disposición del planificador sanitario, estudiando la distribución de la obesidad y el exceso de peso y sus determinantes en una población, estimando la magnitud del problema y evaluando el resultado de intervenciones preventivas que persigan una disminución de la obesidad en la población (cribado o detección precoz, promoción de la actividad física o fomento de hábitos alimentarios saludables, etc.).

Existen diversos tipos de estudios epidemiológicos que, globalmente, se pueden dividir en: no experimentales u observacionales (estudios ecológicos, transversales, caso-control o cohortes) y experimentales (ensayo clínico y ensayo comunitario aleatorio o no aleatorio).

Para conocer la distribución de la obesidad en la población, la epidemiología utiliza estudios de prevalencia, transversales o *cross-sectional;* la prevalencia expresa el número de personas que padecen una patología o que tienen un factor de riesgo determinado en una población y en un momento concreto y se expresa en porcentaje. Por lo tanto, un individuo obeso con un índice de masa corporal (IMC) de 34 que pierda peso y se mantenga en un IMC de 26 –si se define la obesidad en un IMC ≥ 30– dejará de ser un caso prevalente y lo continuará siendo si definimos la obesidad en un IMC ≥ 25. La incidencia se define, en cambio, como el número de casos nuevos de una enfermedad durante un período determinado, que generalmente es de un año, y se expresa en tantos por 1.000 o en tantos por 100.000; la incidencia es de difícil

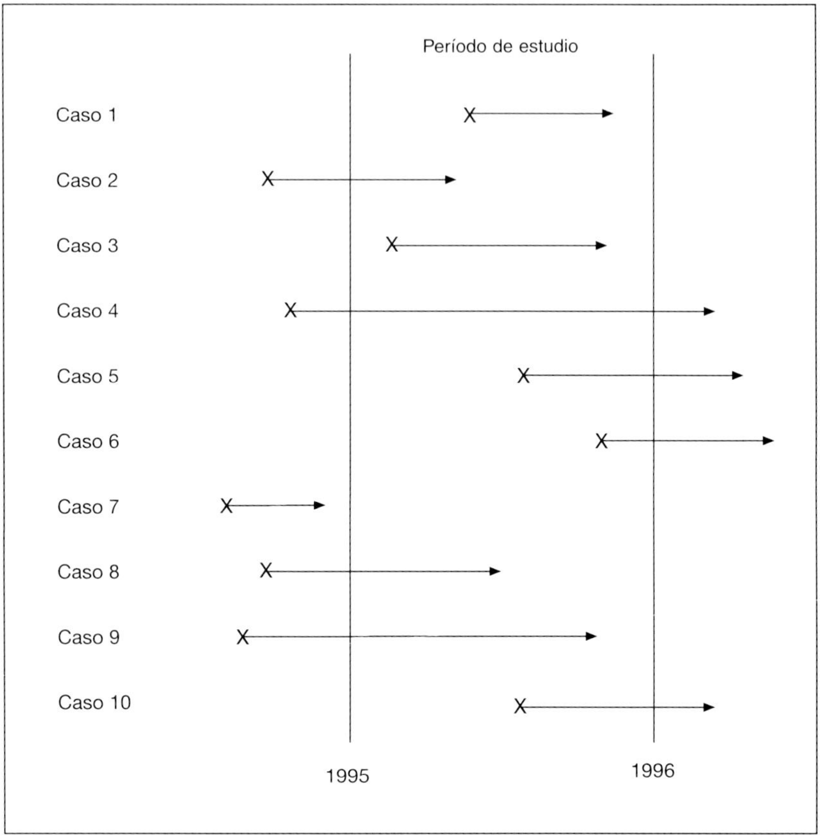

Figura 2.1. *Esquematización del significado de incidencia y prevalencia en la evolución de 10 casos de una enfermedad (sobre una población de 1.000 personas, la incidencia durante el año 1995 sería de 5/1.000 y la prevalencia a 1 de enero de 1996 del 4/1.000).*

aplicación en la obesidad, ya que su definición se efectúa a partir de establecer un punto de corte en una variable continua (IMC) (fig. 2.1).

En la figura 2.2 se enumeran las etapas a seguir en la planificación de una encuesta epidemiológica. Deben determinarse los objetivos en relación a la evaluación de la composición corporal, el crecimiento, etc. y, a partir de éstos, diseñar el protocolo de estudio. Este protocolo debe incluir la elección de un tipo de estudio y la descripción de la población inferencial, la muestra, determinando la forma de selección, las fuentes y el tamaño muestral, definir los instrumentos para la medición de la obesidad y el cuestionario, y estudiar el análisis estadístico que se quiere llevar a cabo, así como los costes, los recur-

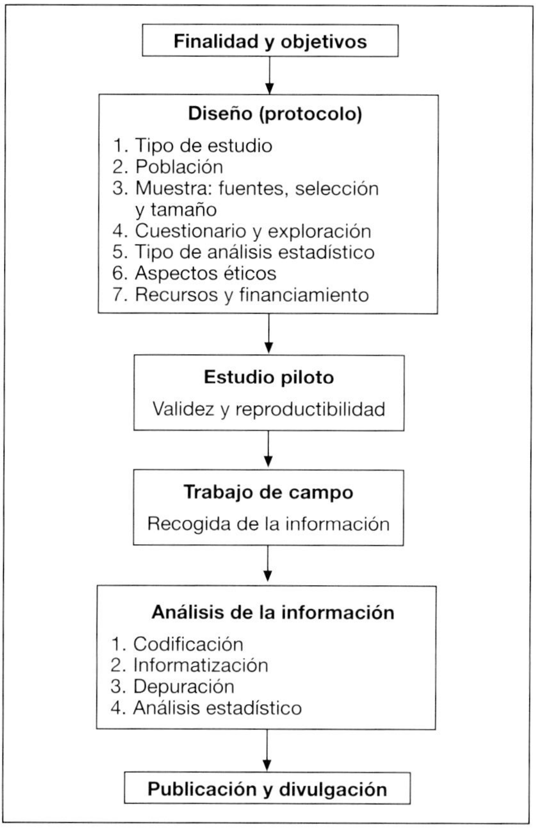

Figura 2.2. *Etapas en la planificación de una encuesta epidemiológica.*

sos de que se dispone y la factibilidad operativa del estudio. En una fase piloto deben evaluarse el instrumento de medida y la organización del trabajo de campo, así como la capacitación de los encuestadores.

Es en el muestreo donde generalmente los investigadores ponen más interés, pero no en las fuentes ni en la forma de elección de la muestra, sino sobre todo en el tamaño, cuando en realidad la forma de elección de la muestra es quizá el aspecto más importante que nos permitirá o no generalizar los hallazgos. El muestreo puede ser probabilístico (aleatorio simple, sistemático, estratificado o por conglomerados), o no probabilístico (mediante voluntarios o de conveniencia; por ejemplo, asistentes a un centro de salud, miembros de una mutua, etc.). Un tipo de muestreo u otro, más que el tamaño de la muestra, condicionarán las conclusiones del estudio y la generalización de las mismas a la población general, ya que, juntamente con la participación, determinan la representatividad del estudio, punto fundamental de los estudios transversales.

Medición de la obesidad en los estudios epidemiológicos

La obesidad ha sido reconocida como un importante problema nutricional y de salud en la mayoría de los países industrializados; no obstante, hasta ahora no se han llevado a cabo estudios homologados y estandarizados en estos países que permitan comparar sus tasas de exceso de peso y obesidad. Esto dificulta enormemente definir la magnitud del problema. La elección de una definición epidemiológica es muy importante y, en este sentido, en la primera conferencia internacional sobre el control del peso, celebrada en Montreux, Suiza (1985), se llegó a la conclusión de que la definición más simple y aceptada del peso ideal venía determinada por un IMC o *body mass index* (BMI) (peso en kilogramos dividido por la altura en metros al cuadrado, también denominado índice de Quetelet) de 20 a 25. Esto concuerda con las recomendaciones anteriores de la Conferencia Fogarty en Estados Unidos y con el informe del Real Colegio de Médicos Británico.

Muchos trabajos han utilizado el peso y la talla en la evaluación del estado nutricional en niños en el Tercer Mundo como indicador de la malnutrición proteicocalórica. El efecto de la nutrición sobre la altura es complejo, y la sobrealimentación puede adelantar el crecimiento, pero también puede adelantar la maduración ósea y el cierre de las epífisis. Es poco probable que en sociedades avanzadas, como la nuestra, exista un porcentaje importante de la población en el que la restricción energética o de algún nutriente pueda provocar una limitación del crecimiento, si bien este hecho no era poco frecuente durante la posguerra (años treinta y cuarenta). En las poblaciones ricas o avanzadas la talla viene determinada predominantemente por factores genéticos y el efecto de la nutrición sobre la misma es complejo.

La evaluación antropométrica del estado nutricional en los estudios epidemiológicos está condicionada por las limitaciones del trabajo de campo, el transporte de material, etc., y generalmente debemos establecer si pretendemos medir el crecimiento o la composición corporal. Básicamente, los índices más utilizados son, aparte del peso y la talla, la circunferencia del brazo, el perímetro cintura-cadera, la distancia intercondílea y los pliegues cutáneos. Otros métodos existentes no tienen aplicabilidad en los estudios epidemiológicos y su uso se restringe a la clínica y al laboratorio.

La medida del peso en niños mayores y adultos en los estudios de campo impide a menudo a utilizar básculas romanas, que son los aparatos de elección en clínica, pues acostumbran a ser demasiado pesadas y grandes, así como delicadas y difíciles de transportar. En estos casos, es preferible utilizar básculas de baño electrónicas que, a pesar de ser menos precisas y exactas, soportan mejor el transporte. Nuestro equipo investigador tiene experiencia en la utilización de ambos tipos de báscula y en 1983-1984 se utilizó una báscula romana concebida específicamente para el estudio de los trastornos ocasionados por la deficiencia de yodo en Cataluña, en la que se había reducido dos terceras partes de la barra vertical, con lo que se obtuvo una báscula de 50 cm de altura y un peso aproximado de 30 kg. No obstante, el transporte la inutilizaba en numerosas ocasiones. Últimamente, en la encuesta nutricional de la población catalana (1992) se han utilizado 36 básculas electrónicas de un peso inferior a 3 kg y fácilmente transportables.

Las básculas deben ser utilizadas sobre una superficie perfectamente plana y horizontal, y el 0 debe comprobarse antes de cada pesada. La persona que se pesa debe estar descalza, en ropa interior, habiendo orinado y en ayunas, y nunca deben hacerse correcciones por la ropa que pueda llevar. Debe anotarse el peso con la precisión que indique la báscula (generalmente ± 0,1 kg) y la hora en que se realiza la medición. Ésta debe ser calibrada periódicamente, sobre todo si se transporta con frecuencia.

En niños (menores de 2 años) y recién nacidos, la medida de peso es más compleja en los estudios epidemiológicos, y requiere generalmente de mecanismos de suspensión. La talla se mide en estas edades con el niño en decúbito.

Para medir la estatura en los estudios epidemiológicos se recomienda la utilización de un tallímetro (o estadiómetro) enrollable portátil, sobre todo si debe medirse fuera de consultorios médicos o centros de salud. Lo más útil es utilizar tallímetros portátiles como el de la figura 2.3, que deben fijarse adecuadamente a la pared en que situaremos al individuo.

Los demás índices (perímetro cintura-cadera, pliegues cutáneos, etc.) requieren, en el trabajo de campo, condiciones de aplicación similares a las requeridas en la clínica; los pliegues cutáneos son probablemente la forma más simple y sencilla de evaluar la grasa corporal, pero tiene un mayor riesgo de error de medición que el peso o la talla; además, no existe un consenso sobre

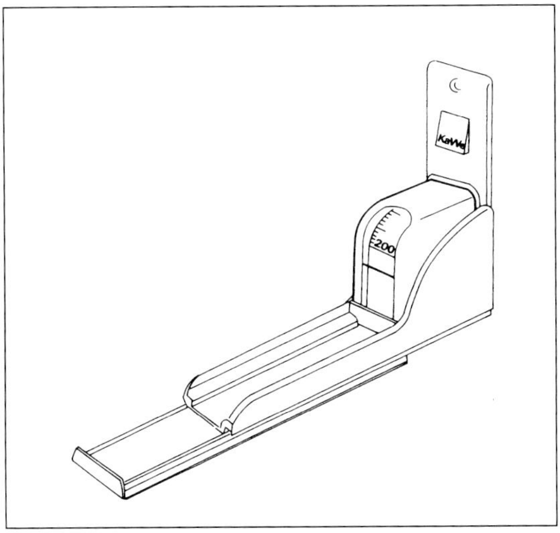

Figura 2.3. *Tallímetro portátil.*

el número de pliegues que deben determinarse y cuáles son las mejores ecuaciones para valorar la grasa corporal a partir de éstos. Los pliegues más utilizados son el tricipital, el bicipital, el subescapular y el suprailíaco o abdominal. Para medirlos utilizamos un *caliper* o compás que requiere un aprendizaje muy extenso y que acostumbra a comportar una variabilidad interobservacional en su medida tan elevada, que lo hace inviable en los estudios epidemiológicos en que participen diversos encuestadores.

De hecho, la variabilidad en los resultados de la medición de los pliegues cutáneos viene determinada fundamentalmente por el lugar preciso donde se mide (una variación del punto de medición de 2,5 cm en el pliegue del tríceps puede producir que varíe el valor del pliegue en un 50%), y también por la forma de pinzar la piel, la profundidad de colocación del *caliper* y la presión del mismo y el tiempo de lectura.

La Sociedad Española para el Estudio de la Obesidad ha publicado los procedimientos que se deberían seguir en la evaluación antropométrica tanto clínica como epidemiológica, estableciendo los indicadores mínimos junto a los métodos de medición y los criterios de interpretación.

Índice peso/talla

El IMC mencionado con anterioridad es la razón entre el peso y la talla más utilizada en adultos. Estos índices miden el peso corrigiendo por la altura, asumiendo que están altamente correlacionados con la obesidad. Se utilizan en estudios epidemiológicos nutricionales como medidas indirectas de la obesidad, ya que la medida del peso y la talla es sencilla, rápida, no invasiva y más precisa que la de los pliegues cutáneos. No obstante, y dado que los índices peso/talla no pueden diferenciar entre el exceso de peso producido por el exceso de grasa, una hipertrofia muscular o un edema, es conveniente utilizar una medida más directa de la obesidad, como los pliegues cutáneos, cuando sea factible.

Para que puedan utilizarse para estimar la grasa corporal, las combinaciones peso/talla deben estar, en primer lugar, altamente correlacionadas con el porcentaje de grasa corporal (medida por densitometría, pliegues cutáneos, resistencia eléctrica o impedancia magnética) y, en segundo lugar, no deben guardar relación con la talla.

Generalmente, estos índices miden el peso relativo (en comparación con un peso estándar) o simplemente una relación peso/talla sin relativizarlo con un patrón. El peso relativo es la relación entre el peso observado y el deseado por aquel individuo en función de su sexo y talla y, a veces, también de la edad y de su complexión física. Las tablas de referencias se obtienen de grandes poblaciones como la del Metropolitan Life Insurance Company o la American Cancer Society. A menudo se cree que las tablas o patrones de referen-

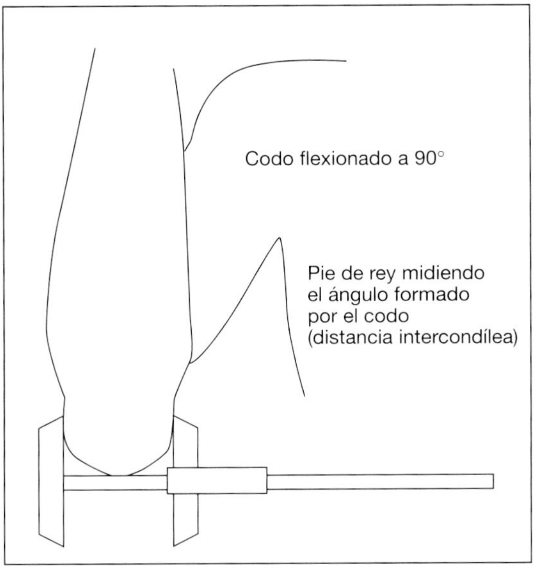

Figura 2.4. *Medición de la distancia intercondílea.*

cia se obtienen de estudios transversales en los que se excluyen todas aquellas patologías que según un criterio propio pueden interferir en el peso y el estado nutricional, cuando en realidad se obtienen de estudios de cohortes o de seguimiento como los estudios de las compañías de seguros, que permiten asignar un peso a una talla y un sexo determinado, en el que se observa una menor mortalidad y, por lo tanto, un mejor estado de salud. Dichos índices dan un porcentaje de sobrepeso sobre el peso deseable para aquella población. Tienen el inconveniente de que es poco probable encontrar valores de referencia en todas las poblaciones y que es difícil compararlos entre diversos estudios, pues las poblaciones de referencia utilizadas pueden ser diferentes. En cambio, para los índices peso/talla, es factible la comparación entre diversos estudios y sólo es necesario que las condiciones de medición hayan sido similares.

En algunas tablas de referencia se matizan los valores de peso ideal en función de la complejidad física, que generalmente se expresa en tres categorías: ligera, mediana y fuerte o robusta. Normalmente, la clasificación en categorías de complexión se hace sin criterios establecidos o conocidos y su validez es baja o nula, y no aporta ninguna mejora a los índices de peso/talla conocidos. Se ha postulado la medida de la distancia intercondílea mediante un pie de rey, como indicador de la complexión corporal, que ha sido incorporada a algunos estudios epidemiológicos nutricionales realizados en España (fig. 2.4).

Los índices peso/talla más utilizados se enumeran en la tabla 2.1. El índice de Quetelet ha sido reconocido como el mejor IMC para la población adulta de 20 a 65 años, ya que es bastante independiente de la altura y fácil de calcular, si bien en niños, en apariencia se correlaciona más con la altura. En Cataluña, según el trabajo de Font, el índice de Quetelet es el que mejor guarda relación con el peso y peor con la talla, y por tanto el índice de elección, en los varones y, en cambio, en las mujeres lo es el índice P/T o el $P/T^{1,5}$ (tablas 2.2 y 2.3).

En adultos, el índice de Quetelet se asocia con indicadores del estado de salud de la población, así como con el riesgo de mortalidad. Los niveles de clasificación del índice de Quetelet han sido muchos, aunque el más aceptado de forma universal es el que clasifica la obesidad en:

- Sobrepeso ($25 \leq BMI < 27$).
- Obesidad de grado I ($27 \leq BMI < 30$).
- Obesidad de grado II ($30 \leq BMI < 40$).
- Obesidad de grado III ($BMI \geq 40$) u obesidad mórbida.

Diversos autores, dada la complejidad de medir los pliegues cutáneos en los estudios epidemiológicos, han recomendado medir el perímetro cintura-cadera como indicador de la distribución de la grasa corporal (grasa intrabdominal y grasa subcutánea). Bjorntorp sugirió que un *ratio* de perímetro de la cintura en relación al de la cadera superior a 1,0 en varones y de 0,85 en mujeres era indicativo de un riesgo elevado de sufrir enfermedades cardiovasculares. Para la población española, la Sociedad Española para el Estudio de la Obesidad acordó los puntos de corte del índice cintura/cadera en 1,0 en varones y 0,9 en mujeres.

En niños, hasta los 18 años, es más conveniente medir el peso y la talla y compararlos con las tablas de crecimiento y ponderales que utilizar los índices antropométricos mencionados.

Validez de los índices de obesidad

La validez de las medidas de la composición corporal en los estudios epidemiológicos (peso, talla, pliegues cutáneos, perímetros, etc.) se puede efectuar comparándolas con métodos más precisos y exactos; la elección de estas técnicas de referencia es difícil y generalmente se utiliza la densitometría o pesada hidrostática que, a pesar de presentar problemas como la valoración de diferencias o variaciones en la densidad ósea, es el mejor método y el más utilizado. En la mayoría de los estudios realizados (tabla 2.4) el coeficiente de correlación entre la densitometría o pesada hidrostática y los pliegues cutáneos oscilaba entre 0,7 y 0,85, siendo del orden de 0,6 a 0,8 para el IMC y de 0,25 a 0,7 para el peso. Algunos autores han correlacionado estos parámetros con la tensión arterial, los triglicéridos, el colesterol y la glucemia, siendo el IMC el más relacionado. Los estudios que comparan el índice antropomé-

TABLA 2.1.
Índices peso/talla e indicadores antropométricos en los estudios epidemiológicos

Razón peso/talla = $\frac{P}{T}$

Índice peso/talla^{1,5} = $\frac{P}{T^{1,5}}$

Índice de Quetelet o IMC = $\frac{P}{T^2}$

Índice de Fels = $\frac{P^{1,2}}{T^{3,3}}$

Índice ponderal = $\frac{T}{\sqrt[3]{P}}$ o $\frac{P^{1/3}}{T}$

Peso relativo = $\frac{\text{P actual}}{\text{P habitual}}$ x 100

Índice de Benn's = $\frac{P}{T^P}$

Pérdida ponderal = $\frac{\text{P usual - P actual}}{\text{P usual}}$ x 100

Índice de Rohrer = $\frac{P}{T^3}$

P: peso en kilogramos; T: talla en metros.

TABLA 2.2.
Correlaciones entre diversos índices de masa corporal, peso y talla estratificados por grupos de edad. Población de Cataluña. Varones (1983-1985)

Grupos de edad (años)	*P/T*	*P/T²*	*P/T¹·⁵*	*P/T³*	*P¹/³/T*	*P¹·²/T³·³*
25-34						
Peso	0,9782	0,8955**	0,9457**	0,7442**	0,7259**	0,7906**
Talla	0,3282**	NS	0,2125*	NS	–0,2054*	NS
35-44						
Peso	0,9717**	0,8506**	0,9259**	0,6168**	0,6051**	0,6840**
Talla	0,4583**	NS	0,3227**	NS	NS	NS
45-54						
Peso	0,9720**	0,8626**	0,9293**	0,6658**	0,6554**	0,7216**
Talla	0,3726**	NS	0,2392*	–0,2186*	–0,2312*	NS
55-64						
Peso	0,9684**	0,8618**	0,9246**	0,6968**	0,6951**	0,7396**
Talla	0,2271**	NS	NS	–0,3076**	–0,3105**	–0,2481**
≥ 65						
Peso	0,9668**	0,8542**	0,9026**	0,6791**	0,6741**	0,7254**
Talla	0,2183*	NS	NS	–0,3340**	–0,3422**	–0,2715**

P: peso; T: talla; NS: no significativo.
* p < 0,01. ** p < 0,001.
Fuente: F. Font Boix (1993).

TABLA 2.3.
Correlaciones entre diversos índices de masa corporal, peso y talla estratificados por grupos de edad. Población de Cataluña. Mujeres (1983-1985)

Grupos de edad (años)	*P/T*	*P/T²*	*P/T¹·⁵*	*P/T³*	*P¹/³/T*	*P¹·²/T³·³*
25-34						
Peso	0,9756**	0,9020**	0,9445**	0,7927**	0,7729**	0,8244**
Talla	NS	NS	NS	–0,3636**	–0,3922**	–0,3109**
35-44						
Peso	0,9698**	0,8805**	0,9316**	0,7552**	0,7502**	0,7874**
Talla	NS	–0,2478**	NS	–0,4499**	–0,4616**	–0,4022**
45-54						
Peso	0,9755**	0,9026**	0,9445**	0,7964**	0,7905**	0,8250**
Talla	NS	–0,2262*	NS	–0,4161**	–0,4250**	–0,3710**
55-64						
Peso	0,9732**	0,8914**	0,9386**	0,7716**	0,7667**	0,8028**
Talla	NS	–0,1855*	NS	–0,3915**	–0,4022**	–0,3423**
≥ 65						
Peso	0,9791**	0,9133**	0,9517**	0,8101**	0,8094**	0,8360**
Talla	NS	NS	NS	–0,2500**	–0,2521**	–0,2034**

P: peso; T: talla; NS: no significativo.
* $p < 0{,}01$. ** $p < 0{,}001$.
Fuente: F. Font Boix (1993).

trico con la densitometría se han realizado, en general, en poblaciones que tienen una sobrerrepresentación de obesos, y debido a que el coeficiente de correlación está directamente relacionado en este caso con el grado de variabilidad interobservacional, el coeficiente obtenido sólo puede ser aplicable a una población de características similares en cuanto a la distribución de la obesidad y el sobrepeso. En la mayoría de los casos tampoco se efectúa un ajuste por la edad, con lo que se tiende a obtener correlaciones sobrevaloradas que disminuyen al presentarlas por grupos de 10 años de edad.

No obstante, los índices antropométricos, y en particular el IMC, son un reflejo válido del grado de obesidad.

Estimación del peso y la talla autorreferidos en los estudios epidemiológicos

En muchos estudios epidemiológicos en los que puede ser interesante conocer las cifras de obesidad y sobrepeso en función de los objetivos de los mismos, a menudo se pide al encuestado que conteste qué peso y estatura tiene,

TABLA 2.4.
Coeficientes de correlación entre la estimación de grasa corporal mediante la densitometría y los índices antropométricos (r de Pearson)

Fuente	*Muestra*	*P*	*P/T*	*P/T²*	*P/T³*	*Pliegue cutáneo*
Allen et al (1956)	55 varones	–	0,70	0,72	0,68	–
	26 mujeres	–	0,74	0,80	0,77	–
Parizkova (1961)	62 adolescentes	–	–	–	–	0,74 (tríceps) 0,80 (subescapular)
Seltzer et al (1965)	32 adolescentes obesas	–	–	–	–	0.69 (tríceps) 0,59 (subescapular)
Keys et al (1972)	180 estudiantes	–	0,83	0,85	0,79[b]	0,85[c]
	249 ejecutivos	–	0,66	0,67	0,66[b]	0,82[c]
Womersley & Durnin (1977)[a]	245 varones	–	0,68	0,71	0,72[b]	0,84
	324 mujeres	–	0,81	0,82	0,84[b]	0,86
Harsha, Frerichs & Berenson (1978)	242 niños de raza blanca y negra	0,32	–	–	–	0,81 (tríceps) 0,76 (subescapular)
Roche et al (1981)	68 niños (6-12 años)	0,33	0,73	0,68	0,74	0,84 (tríceps) 0,74 (subescapular)
	49 niñas (6-12 años)	0,23	0,69	0,55	0,62	0,83 (tríceps) 0,68 (subescapular)
	63 chicos (13-17 años)	0,30	0,71	0,61	0,71	0,78 (tríceps) 0,72 (subescapular)
	81 chicas (13-17 años)	0,72	0,77	0,77	0,74	0,83 (tríceps) 0,81 (subescapular)
	141 varones (18-49 años)	0,67	0,64	0,77	0,75	0,70 (tríceps) 0,75 (subescapular)
	135 mujeres (18-49 años)	0,70	0,69	0,76	0,75	0,77 (tríceps) 0,71 (subescapular)
Revicki & Israel (1986)	474 varones	0,66	0,70	0,71	0,69	0,84 (7 medidas)
		–	0,52[d]	0,58[d]	0,58[d]	

P: peso; T: talla.
[a] Cálculos a partir de Womezley et al, 1979. [b] Correlaciones para el índice ponderal. Talla/ $\sqrt[3]{\text{Peso}}$[c]. Suma de tríceps y subescapular. [d] Ajustado por la edad.
Fuente: W. Willett, 1990.

ya que la falta de recursos o tiempo impide pesar y medir a los individuos de la muestra. La validez de esta información ha sido estudiada por diversos autores. Aunque generalmente se acostumbra a infravalorar el propio peso en 1-3 kg en relación al peso real, la correlación entre ambos parámetros es muy elevada, de 0,99-0,98 en Estados Unidos y de 0,91-0,97 en Dinamarca. En otros estudios americanos se observa que los varones infraestimaban su peso en un 1,6% y las mujeres en un 3,1%, y sobrevaloraban la estatura en un 1,3% los primeros y en un 0,6% las segundas. En una muestra de neozelandeses la correlación entre medidas autoestimadas y directas fue de 0,96 para el peso, 0,98 para la talla, y 0,94 para el peso relativo. Los autores coinciden en que se tiende a infravalorar el peso relativo dado que se sobrestima la estatura y se subestima el peso y, por lo tanto, esto afecta a la clasificación de los individuos en función del IMC.

A partir de los datos de la Encuesta Nacional de Salud, según el peso y talla referidos por el encuestado, se estimó una prevalencia de obesidad para la población española mayor de 20 años del 7,8% (el 8,4% en las mujeres), cifra considerablemente inferior a las obtenidas en los estudios de nutrición. Aunque se ha descrito una buena correlación entre el peso y la talla referidos por el encuestado y los medidos con báscula y tallímetro, los mismos estudios constatan que al declarar su peso, las personas, tienden a subestimarlo y, por el contrario, sobrestiman la talla, introduciendo un sesgo considerable en el valor del IMC que se traduce en diferencias en torno a un 20% en la prevalencia de obesidad.

En definitiva, la autoestimación del peso y la talla puede ser útil para estudiar dichos parámetros en los estudios epidemiológicos, si bien su validez se ve cuestionada cuando lo que se pretende es determinar los IMC (p. ej., peso/talla [m^2]) para clasificar a los individuos en grados de obesidad. Este aspecto ha sido analizado recientemente en España por Quiles y Vioque.

Epidemiología de la obesidad en España y otros países

En España se han llevado a cabo estudios epidemiológicos en distintas comunidades autónomas, destacando los llevados a cabo en Cataluña, en el País Vasco, en la Comunidad Valenciana y en Madrid. Un reciente metanálisis de estos cuatro estudios realizado por Aranceta et al, denominado estudio SEEDO'97, ha obtenido como resultado una prevalencia global de obesidad en España del 13,4% (11,5% en varones y 15,2% en mujeres), aumentando con la edad y en personas con bajo nivel de instrucción (tabla 2.5).

Se pueden contabilizar tres estudios epidemiológicos de la población general adulta de Cataluña –que han incluido el peso y la talla– realizados por el Departamento de Sanidad y Seguridad Social de la Generalitat de Cataluña. El primero fue realizado en 1983-1985, con motivo del estudio sobre la

TABLA 2.5.
Prevalencia de obesidad en España (IMC ≥ 30) por grupos de edad y sexo

Grupos edad (años)	*Varones*	*Mujeres*	*Ambos sexos*
25-34	6,04 (4,07-8,01)	4,49 (2,89-6,09)	5,27 (4,00-6,50)
35-44	10,91 (8,14-13,6)	10,56 (8,14-12,9)	10,74 (8,9-12,5)
45-54	16,62 (13,0-20,1)	25,90 (22,2-29,5)	21,32 (18,7-23,8)
55-64	18,46 (13,6-23,2)	33,76 (28,5-39,0)	26,35 (22,7-29,9)
TOTAL	11,51 (10,0-12,9)	15,28 (13,8-16,7)	13,40 (12,3-14,4)

Las cifras entre paréntesis expresan el IC 95% (intervalo de confianza al 95%).
IMC: índice de masa corporal.
Fuente: Estudio SEEDO'97. Aranceta et al (en prensa).

prevalencia del bocio endémico en Cataluña, en una muestra aleatoria de 2.886 habitantes de más de 2 años de edad de toda Cataluña, excluyendo el área metropolitana de Barcelona; el segundo (1989) se llevó a cabo en una muestra de 704 individuos mayores de 15 años, como resultado de un estudio piloto sobre factores de riesgo cardiovascular, y el tercero (1992) se hizo en una muestra aleatoria de 2.744 personas mayores de 65 años, en una encuesta nutricional que se realizó en la población catalana. En el primer trabajo, la prevalencia de obesidad (IMC ≥ 30) fue del 11,5% (1983-1985), en el segundo fue del 11,9% (1989) y en el tercero del 11% (1992-1993). En estos 10 años, la obesidad parece haber disminuido de forma discreta en Cataluña, coincidiendo con un incremento evidente de la conciencia colectiva sobre este problema de salud pública y con una disminución importante del consumo medio de calorías. No obstante, dado que las muestras no eran idénticas, los resultados deben analizarse con precaución.

Banegas et al, en el estudio sobre factores de riesgo cardiovascular en la población española de 35-64 años, estimaron una prevalencia de obesidad (IMC ≥ 30) del 23,7% (un 18,3% en varones y un 27,4% en mujeres). En el colectivo muestral del estudio SEEDO'97 la prevalencia de obesidad estimada para el grupo de 35-60 años de edad fue del 17,68% (un 14,62% en varones y un 20,99% en mujeres), cifra inferior, aunque hemos de tener en cuenta que el intervalo de edad abarca sólo hasta los 60 años y que en el estudio de Banegas et al, se escogió únicamente una población demandante en atención primaria, con frecuencia más obesa que la no demandante. En León, en estudios realizados en atención primaria, se han llevado a cabo estimaciones de la prevalencia de obesidad superiores a las observadas (un 20,6% en varones y un 25,4% en mujeres). Datos obtenidos en Málaga sobre la población laboral activa entre 20-60 años situaban la prevalencia de obesidad en el 11,2%. Seidell y Deerenberg, a partir de una compilación de datos sobre obesidad en grupos de población entre 35 y 65 años de diferentes países europeos –principalmente procedentes del proyecto MONICA de la OMS–, concluyen que existe una gran variabilidad en la prevalencia de obesidad de unos países a otros, sobre todo en las mujeres. Estos autores observaron una prevalencia más elevada en los países del Norte y centro-Oeste europeo. En la tabla 2.6 se exponen los resultados de este estudio multicéntrico de la OMS denominado MONICA. Según los datos de este estudio, realizado en zonas geográficas limitadas de una serie de países con el objetivo de analizar y comparar los factores de riesgo cardiovascular, se observa que en Europa la máxima prevalencia de obesidad (BMI ≥ 30) en la población de 35-65 años se halla en la isla de Malta (tabla 2.6). Los países del Este tienen cifras de obesidad superiores al 20%, en tanto que los del Norte de Europa (exceptuando Finlandia) obtienen prevalencias inferiores al 15%. En los países del Este y en los mediterráneos las diferencias de obesidad entre sexos son mucho más acusadas, siendo de entre 1:1,5 y 1:2 la relación varones/mujeres, mientras que en los países del Norte de Europa se acercan a una relación 1:1. España presenta en este estudio una prevalencia del 17% –que puede considerarse intermedia– y que coincide con la obtenida en los estudios realizados en Cataluña para este grupo de edad. Kluthe y Shubert también apuntaron esta tendencia Norte-Sur tras el análisis de los datos del trabajo de los Siete Países, con una prevalencia del 13% en los varones del Norte de Europa, frente al 23,1% obtenido en los países del Sur. El criterio para definir la obesidad en este trabajo fue considerar un IMC ≥ 27.

Recientemente, se ha situado la proporción de individuos de Canadá entre 18-74 años con un IMC > 27 en un 35% para los varones y 27% para las mujeres. En países como Australia, Suecia o los Países Bajos se han estimado prevalencias de obesidad (IMC ≥ 30) inferiores a las observadas en los estudios realizados en España. En Finlandia datos referidos a 1992 estimaban la proporción de varones obesos (IMC ≥ 30) en un 19% y en un 18% para las mujeres. El análisis de estas cifras permite situar la prevalencia de obesidad en España en un punto intermedio entre los países del Norte de Europa, Francia y Australia con las proporciones de obesos más bajas que en Estados Unidos y los países del Este europeo, que presentan en la actualidad las mayores frecuencias. En Estados Unidos algunos datos sitúan la prevalencia de obesidad mórbida muy por encima del resto de los países, con un porcentaje del 8%.

Otros autores han aportado valores de referencia para las poblaciones laborales y la tercera edad para diversos indicadores antropométricos en España, si bien es difícil considerar estos trabajos como grupos poblacionales de

TABLA 2.6.
Prevalencia de obesidad (IMC ≥ 30) en la población de 35-64 años de edad, en algunos países europeos

País	*Prevalencia*	*Relación varón/mujer*
Malta	33	25/41
Checoslovaquia	26	21/41
Polonia	22	15/29
Hungría	20	17/22
Finlandia	19	18/20
Italia	19	16/22
España (SEEDO 1989-1994)	19	15/23
Alemania	18	16/19
Cataluña (1983)	17	13/21
España (1985)	17	9/24
Francia	16	15/17
Cataluña (1992)	16	12/20
Bélgica	16	14/19
Suiza	14	15/13
Escocia	13	11/16
Suecia	11	10/12
Islandia	11	11/11
Dinamarca	11	11/10

Elaboración propia con datos de: MONICA Project. *A worldwide monitoring system for cardiovascular diseases*. Wld Hlth Statist Anu, 1989 y otras fuentes. La muestra del estudio MONICA para España procede de dos comarcas catalanas.

referencia, ya que a menudo estos estudios acostumbran a tener problemas metodológicos en cuanto la elección de la muestra o están realizados en poblaciones determinadas que no tienen por qué ser extrapolables a la población general.

Prevención de la obesidad

Las encuestas alimentarias realizadas en España demuestran que la población ingiere en general más calorías de las necesarias, así como que consume un exceso de grasa. Por lo tanto, todos aquellos programas o campañas institucionales que se orienten a disminuir la aportación calórica y a la vez aumentar la actividad física serán beneficiosos para el conjunto de la población española. Los profesionales sanitarios deben aconsejar la moderación calórica en los obesos e incentivar el incremento de gasto energético mediante la promoción del ejercicio físico. Por otro lado, debe evitarse que las personas obesas inicien tratamientos de adelgazamiento autoprescritos o facilitados por personas que carecen de la acreditación profesional adecuada, ya que en este caso éstos pueden comportar un grave riesgo para la salud. En los niños, la lucha contra la obesidad debe incidir más en la actividad física que en la restricción calórica, excepto si hay otros factores de riesgo asociados o conductas alimentarias marcadamente patológicas.

Para la consecución de programas efectivos debe considerarse la obesidad como una enfermedad crónica y no una conducta anormal. Se necesitan estudios epidemiológicos que evalúen a largo plazo la efectividad de la detección y el tratamiento precoz de la obesidad, que en cualquier caso está plenamente justificada por los múltiples beneficios que comporta la reducción de peso en el adulto. Otro punto importante que apoya esta intervención es el hecho de que la historia natural de la obesidad demuestra cómo, tanto en varones como en mujeres, en los países desarrollados se produce un incremento del IMC durante el curso de la edad adulta. Este hecho ha quedado perfectamente manifestado en el Minesota Heart Survey.

El hecho de que una gran proporción de la población decida de forma voluntaria perder peso apoya también la decisión de incluir esta intervención en un programa preventivo. De hecho, el conocimiento sobre la eficacia de esta intervención (por prescripción médica o voluntaria), se limita al análisis de estudios retrospectivos, siendo muy escasa la información relativa a la pérdida voluntaria de peso en la población general. Un estudio realizado recientemente en Estados Unidos ha revelado que un 25% de los varones y un 40% de las mujeres intentan de forma habitual perder peso, obteniéndose la prevalencia máxima a los 40 años y el descenso de peso deseado de unos 12 kg por término medio (un 17% del peso en las mujeres y un 13% en los varones). Las personas sometidas a tratamientos dietéticos para adelgazar a largo plazo constituyen el 6% de los varones y el 11% de las mujeres. Por otro lado, de aquellos que intentaban perder peso en el plazo de un año lo consiguieron un 26% (el 25,3% en varones y el 27,3% en mujeres), siendo este porcentaje superior entre los individuos de raza blanca en comparación con los de raza negra. Estos datos constatan la importancia del problema de la obesidad y el exceso de peso, y ponen de manifiesto otro fenómeno que puede tener una gran transcendencia sanitaria: las sucesivas pérdidas y recuperaciones de peso en personas que lo intentan normalizar en repetidas ocasiones. De hecho, las oscilaciones de peso durante la vida adulta constituyen un factor de riesgo que en los últimos años se está estudiando en profundidad, y algunos autores opinan que a causa de los pocos estudios realizados sobre este tema parece más conveniente recomendar una pérdida de peso moderada en las personas obesas y con exceso de peso que el intento de alcanzar el peso ideal por todos los medios. La observación de que los individuos en los que el peso corporal fluctúa ampliamente son más propensos a padecer cardiopatía y muerte prematura, y el concepto de que el aumento de peso después de adelgazar es prácticamente inevitable, han sido utilizados como argumento en contra de los programas de reducción ponderal. Aparte de la disminución de las necesidades energéticas, también existen factores sociales y culturales, como el nivel educativo, el consumo elevado de alcohol, el paro y, en las mujeres, el número de hijos, que predisponen al aumento de peso. Por lo tanto, es importante evitar que los pacientes se sometan o sean sometidos a rigurosos regímenes para adelgazar que no preconicen el mantenimiento de la pérdida ponderal con el tiempo y que, por lo tanto, faciliten oscilaciones continuas del peso en el transcurso de la vida adulta.

Recientemente, se ha descrito en algún estudio de cohortes un incremento de la mortalidad en individuos que en los años precedentes habían perdido peso. Esto puede explicarse por el hecho de que no se distingue entre pérdida de peso voluntaria e involuntaria, y que muchos procesos que comportan la muerte se manifiestan con una pérdida de peso, a menudo de más del 10%. Por otro lado, es evidente que el riesgo individual de padecer diabetes, hipertensión o enfermedades coronarias disminuye con la pérdida de peso. La disminución moderada de peso (10%) en el obeso con diabetes no insulinodependiente, hipertensión o hiperlipemia mejora el control de la glucemia, reduce la tensión arterial y reduce las concentraciones de colesterol, respectivamente; también incrementa la longevidad en estos pacientes. Este hecho es particularmente importante, ya que pequeñas pérdidas ponderales pueden proporcionar beneficios sustanciales. Por otro lado, el peso y la talla son exploraciones complementarias útiles para el diagnóstico de otras enfermedades y, dada la elevada prevalencia de patologías crónicas (diabetes, hipertensión arterial, hipercolesterolemia) que requieren de un tratamiento dietético y un control ponderal, la medida del peso es una práctica médica habitual en la edad adulta.

El consejo dietético y la prescripción de ejercicio físico constituyen los pilares de la prevención y tratamiento de la obesidad, y deben fundamentarse en un cambio global de la conducta. La reducción moderada de la ingesta energética es el punto fundamental y el ejercicio físico representa con probabilidad un papel menor en la fase de pérdida de peso y mayor en la fase de mantenimiento. Respecto a los principios básicos que deben regir el tratamiento dietético de la obesidad, gran parte de los profesionales sanitarios tienen conceptos equivocados, ya que centran el mismo en una restricción de los hidratos de carbono (pan, arroz, patatas, legumbres, pastas), en lugar de centrarlo en una restricción de la ingesta de grasas, medida más eficaz y menos cetogénica.

Sin duda, los cambios en los estilos de vida que han acompañado al rápido proceso de urbanización en las últimas décadas son los causantes en buena parte de la extensión de la obesidad en el mundo desarrollado. En España existe una importante prevalencia de obesidad, más acusada en las mujeres, sobre todo a partir de los 45 años y en aquellas con menor nivel cultural.

Datos objetivos de otros países de nuestro entorno indican que el problema tiende a aumentar. Aunque se han identificado algunos factores que podrían estar implicados en la génesis de la sobrecarga ponderal, quedan aún muchos aspectos por concretar. La prevención primaria de la obesidad debería ocupar un lugar destacado en la lucha por reducir este factor de riesgo, con sus importantes repercusiones sanitarias, sociales y económicas. Las estrategias preventivas y de promoción de la salud deben estar encaminadas a fomentar hábitos dietéticos más saludables y a promocionar la práctica de ejercicio físico desde edades tempranas de la vida. Superada la etapa preventiva, el tratamiento de la obesidad es complejo y el porcentaje de fracasos a medio y largo plazo muy elevado.

Bibliografía general

Alastrué A, Sitges Serra A, Jaurrieta E, Sitges Creus A. Valoración de los parámetros antropométricos en nuestra población. Med Clin (Barc) 1982; 78: 407-415.

Álvarez Torices JC, Franch Nadal J, Álvarez Guisasola F, De Pablo Pons ML, Hernández Mejía R, Cueto Espinar A. La obesidad en la provincia de León. Distintos criterios, diferentes prevalencias. Aten Primaria 1992; 10: 1.013-1.018.

Aranceta J, Pérez C, Amela C, García Herrera R. Encuesta de nutrición de la Comunidad de Madrid. Madrid: Consejería de Salud de la Comunidad de Madrid, 1994.

Aranceta J, Pérez C, Marzana I, Egileor I, González de Galdeano L, Sáenz de Buruaga J. Encuesta de nutrición de la Comunidad Autónoma Vasca. Tendencias de consumo alimentario, indicadores bioquímicos y estado nutricional de la población adulta. Vitoria: Servicio de Publicaciones Gobierno Vasco, 1994.

Aranceta J, Pérez C, Serra Majem L et al. Prevalencia de obesidad en España. Estudio SEEDO'97. Med Clin (Barc) (en prensa).

Banegas Banegas JR, Villar Álvarez F, Pérez de Andrés C et al. Estudio epidemiológico de los factores de riesgo cardiovascular en la población española de 25 a 44 años. Rev San Hig Pub 1993; 67: 419-445.

Bender AE, Brookes LJ [eds.]. Body weight control. Proceedings of the First International Meeting on Body Weight Control, Montreux, Switzerland, April, 1985. Londres: Churchill Livingston, 1987.

Black W. Obesity: a report of the Royal College of Physicians. J Royal Coll Phys Lon 1983; 17: 5-64.

Bray GA [ed.]. Obesity in perspective. Proceedings of the 2nd Fogarty International Centre Conference on Obesity. Washington DC: US Department of Health, Education and Well Fare, 1975.

Bray GA. Barriers to the treatment of obesity. Ann Intern Med, 1991; 115: 152-153.

Bray GA. Fat distribution and body weight. Obes Res 1993; 1: 203-205.

Bray GA. Obesity: definition, diagnosis and disadvantages. Med J Austr 1985; 142: 2-8.

Brownell KD. Public health approaches to obesity and its management. Ann Rev Public Health, 1986; 7: 521-533.

Dwyer J. Policy and healthy weight. Am J Clin Nutr 1966; 63 (Supl): 415-418.

Esquius M, Schwartz S, López Hellin J, Andreu AL, García E. Parámetros antropométricos de referencia de la población anciana. Med Clin (Barc), 1993; 100: 692-698.

Font Boix F. Estudio epidemiológico sobre la prevalencia de obesidad y sobrepeso en Cataluña. Comparación de distintos índices antropométricos [Tesis doctoral]. Barcelona: Universidad de Barcelona, 1993.

Foster WR, Burton BT [eds.]. National Institutes of Health consensus conference: health implications of obesity. Ann Intern Med, 1985; 103: 977-1.077.

Garn SM, Leonard WR, Hawthrone VM. Three limitations of the body mass index. Amer J Clin Nutr 1986; 44: 996-997.

Garrow JS. Indices of obesity. Nutr Abst Rev (series A), 1983; 53: 697-708.

Garrow JS. Treatment of obesity. Lancet 1992; 340: 409-413.

Gibson RS. Principles of nutritional assessment. Nueva York: Oxford University Press, 1990.

Gurney M, Jonathan G. The global prevalence of obesity. World Health Statist Quart 1988; 41: 251-254.

Gutiérrez-Fisac JL, Regidor E, Rodríguez C. Prevalencia de obesidad en España. Med Clin (Barc) 1994; 102: 10-13.

Heini AF, Weinsler RL. Divergent trends in obesity and fat intake patterns: the American paradox. Am J Med 1997; 102: 259-264.

Hubert HB, Feinleib M, McNamara PM, Castelli WP. Obesity as an independent risk factor for cardiovascular disease: a 26-year-follow-up of participants in the Framingham Heart Study. Circulation 1983; 67: 968-977.

Jeffery RW, Forster JL, Johnson WG. Obesity as a public health problem. En: Advances in eating disorders. Vol I. Greenwich, CT: JAI Press Inc., 1987.

Jelliffe DB, Jelliffe EFP. Community nutritional assessment. Oxford: Oxford University Press, 1989.

Kannel WB, D'Agostino RB, Cobb J. Effect of weight on cardiovascular disease. Am J Clin Nutr 1996; 63 (Supl): 419-422.

Keys A. Overweight, obesity, coronary heart disease and mortality. Nutr Rev 1980; 38: 297-307.

Kluthe R, Schubert A. Obesity in Europe. Ann Int Med 1985; 103: 1.037-1.042.

Kuczmarski R, Flegal K, Campbell S, Johson C. Increasing prevalence of overweight among US adults. The National Health and Nutrition Examination Surveys, 1960 to 1991. JAMA 1994; 272: 205-211.

Kuskowska-Wolk A, Rossner S. Prevalence of obesity in Sweden: cross-sectorial study of representative adult population. J Intern Med 1990; 227: 241-246.

Laurier D, Guiguet M, Phong Chau N, Wells J, Valleron AJ. Prevalence of obesity: a comparative survey in France, the United Kingdom and the United States. Int J Obes 1992; 16: 565-572.

Lew E, Garfinkel L. Variations in mortality by weight among 750000 men and women. J Chron Dis 1979; 32: 563-576.

Lohman TG, Roche AF, Martorell R [eds.]. Anthropometric standardization reference manual. Champaign. III: Human Kinetics Books, 1988.

Lukaski HC. Methods for the assessment of human body composition: traditional and new. Am J Clin Nutr 1987; 46: 537-556.

MacDonald SM, Reeder BA, Chen Y, Despres JP. Obesity in Canada: a descriptive analysis. Canadian Heart Health Surveys Research Group. Can Med Ass J 1997; 57 (Supl 1): 3-9.
Mataix J, Llopis J. Evaluación del estado nutricional. En: Serra Majem L, Aranceta J, Mataix J, editores. Nutrición y salud pública. Métodos, bases científicas y aplicaciones. Barcelona: Masson S.A., 1995; 73-89.
Molarius A, Seidell JC, Kuulasmaa K, Dobson AJ, Sans S. Smoking and relative body weight: an international perspective from WHO MONICA project. J Epidemiol Community Health 1997; 51: 252-260.
Palta M, Princas RJ, Berman R, Hannan P. Comparison of self-reported and measured height and weight. Am J Epidemiol 1982; 115: 223-230.
Pamuk ER, Williamson DF, Madans J, Serdula MK, Kleinman JC, Byers T. Weight loss and mortality in a national cohort of adults, 1971-1987. Am J Epidemiol 1992; 136: 686-697.
Pietinen P, Vartiainen E, Mannisto S. Trends in body mass index and obesity among adults in Finland from 1972 to 1992. Int J Obes 1996; 20: 114-120.
Plans P, Serra L, Castells C, Lloveras G, Pardell H, Salleras L. Epidemiología de la obesidad en la población adulta de Cataluña. An Med Intern, 1992; 9: 478-482.
Quiles Izquierdo J, Vioque J. Prevalencia de obesidad en la Comunidad Valenciana. Med Clin (Barc) 1996; 106: 529-533.
Quiles Izquierdo J, Vioque J. Validez de los datos antropométricos declarados para la determinación de la prevalencia de la obesidad. Med Clin (Barc) 1996; 106: 725-729.
Ravusin E, Swinburn BA. Physiopathology of obesity. Lancet 1992; 340: 404-408.
Ricart W, González-Huix F, Conde V et al. Valoración del estado de nutrición a través de la determinación de los parámetros antropométricos: nuevas tablas en la población laboral de Cataluña. Med Clin (Barc) 1993; 100: 681-691.
Rosenbaum M, Leibel RL, Hirsch J. Obesity. N Engl J Med 1997; 337: 396-407.
Salas J, Font I, Canals J, Fernández J, Hennemberg M. Consumo, hábitos alimentarios y estado nutricional de la población de Reus. V. Energía y principios inmediatos. Med Clin (Barc) 1987; 88: 363-368.
Salvador G, Lloveras G, Serra Majem L et al. Protocols dietètics per a l'atenció primària: manual pel sanitari. Barcelona: Departamento de Sanidad y Seguridad Social, 1992.
Seidell JC. Time trends in obesity: an epidemiological perspective. Horm Metab Res 1997; 29: 155-158.
Seidell JC, Deerenberg I. Obesity in Europe. Prevalence and consequences for use of medical care. Pharmaco Economics 1994;5 (Supl 1): 38-44.
Serdula MK, Yvery D, Coates R, Freedman DS, Williamson DF, Byers T. Do obese children become obese adults? A review of the literature. Prev Med 1993; 22: 167-177.
Serra Majem L. A propósito de la validez de la autoestimación de peso y talla en los estudios de obesidad. Endocrinología 1993; 40: 334-335.
Serra Majem L, De Cambra S, Saltó E et al. Consejo y prescripción de ejercicio físico. Med Clin (Barc) 1994; 102 (Supl 1): 100-108.
Serra Majem L, Font F, García-Closas R et al. Cribado del exceso de peso. Med Clin (Barc) 1994; 102 (Supl 1): 56-61.

Serra Majem L, Lloveras G, Font F et al. Excés de pes. Salut Catalunya 1992; 7: 81-86.
Serra Majem L, Ribas L, García-Closas R et al. Avaluació de l'estat nutricional de la població catalana (1992-93). Avaluació del hàbits alimentaris, el consum d'aliments, energia i nutrients, i de l'estat nutricional mitjançant indicadors bioquímics i antropomètrics. Barcelona: Generalitat de Catalunya, Departament de Sanitat i Seguretat Social, 1996.
Serra Majem L, Ribas L, Lloveras G, Salleras L. Changing patterns of fat consumption in Spain. Eur J Clin Nutr 1993; 47 (Supl 1): 11-18.
Sociedad Española para el Estudio de la Obesidad (SEEDO). Consenso español 1995 para la evaluación de la obesidad y para la realización de estudios epidemiológicos. Med Clin (Barc) 1996; 107: 782-787.
Society of Actuaries. Built Study 1979. Chicago: Society Actuaries and Association of Life Insurance Medical Directors, 1979.
Stewart AL. The realiability and validity of self-reported weight and height. J Chron Dis, 1982; 35: 295-309.
Steward AW, Jackson RT, Ford MA, Blaglehole R. Understimation of relative weight by use of self reported height and weight. Am J Epidemiol 1987; 125: 122-126.
Stunkard AJ, Albaum JM. The accuracy of self-reported weight. Am J Clin Nutr 1981; 34: 1.593-1.599.
Willett W. Nutritional epidemiology. Nueva York: Oxford University Press, 1990.
Williamson DF, Serdula MK, Anda RF, Levy A, Byres T. Weight loss attempts in adults: Goals, duration and rate of weight loss. Am J Public Health 1992; 82: 1.251-1.257.

CAPÍTULO 3

Fisiopatología de la obesidad

M. Foz

Introducción

El estudio de la fisiopatología general de la obesidad plantea una situación paradójica, que también tiene unas repercusiones prácticas cuando se analiza la orientación básica de la terapéutica de la afección. Por una parte, con una visión simplista del problema, la fisiopatología básica de la obesidad es extraordinariamente sencilla y común a todos los casos. La causa constante del exceso de grasa corporal es que en el período en que se produce este hecho la *ingesta calórica* (IC) es elevada en relación al *requerimiento energético individual* (REI). Esta patogenia tan simple y tan constante en todos los casos de obesidad, y que queda esquematizada en la figura 3.1, puede llevarnos, no obstante, a conceptos inadecuados en la comprensión de la fisiopatología de la afección y, lo que es peor, en su orientación terapéutica, si no se analiza el problema con más profundidad. Así, en el ser humano, como en otros mamíferos, existe un complejo mecanismo de regulación que ajusta las variaciones de la ingesta y del gasto energético, de modo que la cantidad de grasa corporal –y por tanto el peso del organismo– se mantenga dentro de unos márgenes estrechos de variabilidad. La experiencia y la observación demuestran que una parte importante de la población mantiene su peso corporal sin esfuerzo y sin limitar de forma voluntaria su ingesta alimentaria. Pequeños aumentos de la ingesta calórica se acompañan de incrementos en el gasto energético y de un posterior ajuste en la ingesta y, por tanto, no se traducen en un aumento apreciable del peso corporal. Las fases más o menos largas de progresiva acumulación de grasa en el organismo que se conocen con el nombre de *fases dinámicas de la obesidad* no es probable que estén relacionadas con diferencias menores con la ingesta o en el gasto calórico, sino sobre todo con un desajuste o desequilibrio crónico entre estos dos componentes (Ravussin y Swinburn, 1992). Una hipótesis a tener en cuenta, y hasta cierto punto unitaria, para explicar la patogenia de la obesidad humana es la que propusie-

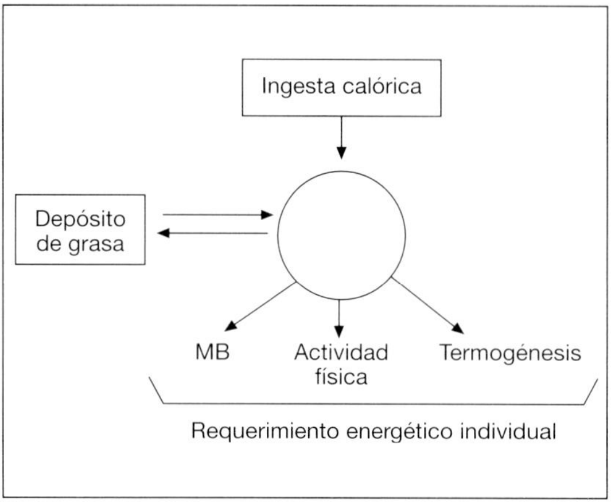

Figura 3.1. *Esquema del equilibrio calórico. MB: metabolismo basal.*

ron Bray et al (1989), que consistía en validar la existencia de un déficit del sistema adrenérgico que actuaría disminuyendo los mecanismos de la termogénesis. Una hipótesis parecida es la que publicaron Hirsh y Leibel (1991). Estos autores sugerían, basados en diversas observaciones, que la obesidad es una enfermedad del metabolismo energético, y que el paciente obeso cuando ha perdido peso se involucra en una situación de insuficiencia de la respuesta catecolaminérgica que explica la clara y casi constante tendencia a la recuperación de peso. De acuerdo con esta hipótesis, el exceso de ingesta en la obesidad no sería un fenómeno primario sino un trastorno secundario a la alteración del metabolismo energético.

Pese al interés de la teoría unificadora que acabamos de citar, y a la existencia de otras posiciones con tendencia a la simplificación del problema, poniendo más énfasis en la base genética o con más frecuencia en el exceso de la ingesta («son obesos porque comen demasiado»), para el autor resulta indudable que la obesidad es un síndrome heterogéneo y multifactorial. Aunque algunos de sus factores de producción y mantenimiento no sean bien conocidos en todos los casos de obesidad, se ha de intentar su identificación y valoración por sus posibles implicaciones terapéuticas.

La importancia de los *factores genéticos* en la patogenia de la obesidad está del todo comprobada en el momento actual. En los diversos modelos genéticos de obesidad en el animal de experimentación se puede constatar, como se expone en el capítulo 4, las diversas características que puede adoptar la obesidad genética. Así, la hiperfagia, por ejemplo, no siempre tiene la misma importancia en el inicio del proceso. En el ratón obeso *ob/ob* se inicia la obesidad en la etapa de lactancia sin que la leche ingerida sea superior a la que ingieren los ratones no obesos. En cambio, la hiperfagia es un factor decisivo en el inicio de la obesidad en otros modelos como en el de la rata

Zucker *fa/fa*. En cuanto a la obesidad humana, su componente genético y los mecanismos por los que se origina el exceso de grasa ha sido y sigue siendo un motivo de debate permanente. La experiencia demuestra que los antecedentes familiares de obesidad son muy frecuentes en los pacientes obesos. Así, si el padre y la madre son obesos, el 80% de los hijos lo son también, mientras que sólo la presentan el 10% de los hijos cuyos padres no son obesos. No obstante, hay muchos autores que opinan que lo que se «hereda» en estas familias de obesos, más que la alteración metabólica, son los hábitos de mesa. A pesar de que estas consideraciones se han de tener en cuenta, en opinión del autor la predisposición genética a la obesidad humana, más o menos importante según los casos, está hoy día fuera de cualquier duda. Algunos datos de la literatura médica son muy demostrativos en este sentido. Así ocurre en dos trabajos básicos de Stunkard et al. El primero (1986) demuestra que la tendencia a la obesidad de los hijos adoptados está más en relación a la que tienen los padres biológicos que no los adoptivos. En el segundo (1990) se demuestra que los gemelos monozigóticos mantienen su mayor o menor tendencia a la obesidad a pesar de ser criados por separado. Un trabajo muy ilustrativo en este sentido es el publicado por Bouchard et al (1990). En 12 parejas de gemelos monozigóticos se realizó una sobrealimentación de 1.000 kcal diarias durante un período de 84 días. Se produjo un incremento promedio de peso de 8,1 kg con una variación que oscilaba entre 4,3-13,3 kg, observándose una buena correlación en el incremento diferente de peso en las parejas de gemelos. Los datos acumulados en estudios relacionados con gemelos, adoptados y familias indican que alrededor del 80% del componente de variación de la acumulación de la grasa depende de factores genéticos (Rosenbaum et al, 1997). Estos factores hereditarios, que afectan no sólo al exceso de grasa sino también a su distribución, actuarían a través de variaciones en la actividad física, en el metabolismo basal, en la producción de energía en respuesta al aumento de ingesta, en la actividad de la lipoproteinlipasa, en la máxima síntesis de glicéridos estimulada por la insulina, en las concentraciones basales de lipólisis y también en la de ciertos aspectos relativos a la conducta o preferencias alimentarias. En los últimos años se han realizado y se siguen llevando a cabo numerosos estudios para identificar la base genética de esta predisposición, demostrándose la existencia de genes necesarios y de otros facilitadores de la producción de obesidad en humanos. En el esquema de la figura 3.2 se resume la hipótesis actual en cuanto a la predisposición genética a la obesidad humana.

Entre los espectaculares avances que se han producido en cuanto a la identificación de genes relacionados con la obesidad, algunos han permitido mejorar notablemente nuestros conocimientos sobre el proceso, aunque cabe señalar que en muchas ocasiones los defectos monogénicos observados y estudiados en roedores no son fácilmente extrapolables a la obesidad humana. Aunque algunos de estos avances en la genética de la

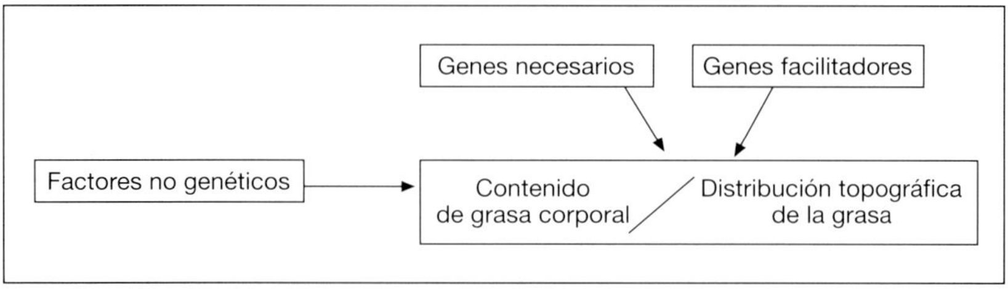

Figura 3.2. *Esquema de la predisposición genética a la obesidad humana.*

obesidad serán desarrollados en el capítulo 5, es necesario mencionar aquí, aunque muy brevemente, el descubrimiento del gen *ob*, ahora también denominado *Lep*^{ob}, y de la proteína que codifica, la *leptina,* y el realizado muy recientemente del gen que codifica la *proteína desacopladora 2 (uncoupling protein 2)* que se ha identificado en el tejido adiposo blanco y en el músculo del ratón.

El primero de los citados descubrimientos realizado por el grupo de Friedman de la Rockefeller University en Estados Unidos (Zhang et al, 1994) ha desencadenado una auténtica avalancha de información científica en relación a la leptina, a su función fisiológica en los animales de experimentación y en el hombre, y al posible papel de sus alteraciones en la patogenia de la obesidad humana. Inicialmente, se creyó que de forma similar a lo que ocurre en el ratón *ob/ob,* un déficit de leptina podría tener relación con la acumulación grasa en el hombre, pero estas esperanzas se desvanecieron en buena parte al comprobarse que la obesidad humana cursa con hiperleptinemia (Considine et al, 1996). Estos aspectos serán explicados en profundidad en el capítulo 5.

El reciente descubrimiento del gen que codifica la *proteína desacopladora 2* (*uncoupling protein 2,* UCP-2) por el grupo de Ricquier en Francia (Fleury et al, 1997) abre nuevas y apasionantes perspectivas al tema de la relación entre variaciones de la termogénesis y la patogenia de la obesidad. Como se comentará después, el tema del tejido adiposo marrón (TAM) y de las funciones de la *proteína desacopladora* (*uncoupling protein* UCP), tan importante en la disipación de energía en algunos modelos animales, ha ocupado la atención de investigadores y clínicos durante muchos años. La demostración con el descubrimiento de la UCP-2 de que este mecanismo de disipación de energía no está limitado al TAM, abre nuevas y apasionantes perspectivas de investigación en el campo de la termogénesis y sus alteraciones. De todos modos, cabe advertir que los hallazgos señalados en experimentación animal sugieren pero no prueban que la respiración mitocondrial desacoplada pueda actuar como un mecanismo regulador de la energía consumida en los humanos (Hirsh, 1997).

Finalizado este breve resumen global de la fisiopatología de la obesidad humana analizaremos a continuación, cada uno de los diversos elementos que forman parte del equilibrio energético, tal como se resume en la figura 3.1.

Ingesta calórica

Las alteraciones en la regulación de la IC tienen un papel importante en la fisiopatología de la obesidad humana, pero en un grado muy diverso en los diferentes pacientes obesos. Pese a que la ingesta alimentaria es en parte un acto voluntario, y por tanto regulado por la corteza cerebral, que está sometida a diversas influencias sociales, culturales y genéticas, en realidad la regulación del apetito tiene lugar en el hipotálamo. Los núcleos arqueado y paraventricular situados en el hipotálamo ventromedial desempeñan un papel importante en la regulación de la composición corporal, no sólo a través de la modulación de la ingesta calórica, sino también de la del gasto energético (Rosenbaum et al, 1997). El sistema de regulación del apetito posee una extraordinaria complejidad, de modo que resulta imposible esquematizar el sistema en su amplia globalidad. De hecho, el complejo mecanismo de regulación de la ingesta calórica incluye impulsos positivos y negativos que engloban el grado de distensión gástrica e intestinal, los efectos de los nutrientes y de sus reservas, las consecuencias de las señales producidas en el metabolismo hepático y las producidas por los péptidos y hormonas liberadas en el tracto gastrointestinal o en el cerebro. Al hipotálamo llegan diversos estímulos nerviosos por vía vagal y catecolaminérgica y muy diferentes estímulos hormonales que se traducen, a su vez, en la producción de la liberación de péptidos que afectan a la ingesta calórica e influyen sobre el sistema nervioso autónomo y el eje hipotálamo-hipófisis.

En la tabla 3.1 se relacionan los péptidos y las hormonas implicados en el control de la ingesta alimentaria en humanos (Geiselman, 1996). Estos péptidos y hormonas pueden ser liberados en el cerebro y actuar localmente, ser secretados en la periferia y desempeñar su función de forma paracrina o ser liberados a la circulación a través del clásico mecanismo de acción hormonal. Dentro de estos péptidos y hormonas, en los últimos años se ha ido obteniendo detallada información acerca de la gran importancia del *neuropéptido Y* en la regulación del apetito. Este péptido, además de ser sintetizado y liberado en la glándula suprarrenal y los nervios simpáticos, es secretado por los cuerpos celulares en el núcleo arqueado y es transportado por vía axonal al núcleo paraventricular. El neuropéptido Y es un potente estimulante central del apetito, a la vez que disminuye el gasto energético con la inhibición del sistema nervioso simpático. La leptina inhibe la secreción de neuropéptido Y en el núcleo arqueado, y se ha afirmado que este mecanismo posee una gran importancia en la relación entre la leptina y la regulación del peso corporal. En

TABLA 3.1.
Péptidos y hormonas implicados en el control del la ingesta alimentaria (Geiselman, 1996)

Estimulación de la ingesta	*Supresión de la ingesta*
Aldosterona	Anorectina
Dinorfina	Bombesina
Beta-endorfina	Calcitonina
Beta-casomorfina	Péptido relacionado con el gen de la calcitonina
Corticosterona	Colecistocinina
Galanina	Factor liberador de corticotropina
Hormona liberadora de hormona de crecimiento	Enterostatina
Insulina	Péptido liberador de gastrina
Neuropéptido Y	Glucagón
Péptido YY	Insulina
	Neurotensina
	Oxitocina
	Somatostatina
	Hormona liberadora de tirotropina
	Vasopresina

el capítulo 5 se enumeran algunos aspectos invocados en las funciones de la leptina en modelos experimentales y en humanos.

La acción de péptidos y hormonas sobre la ingesta alimentaria puede actuar también de forma selectiva en la elección de los macronutrientes. Este hecho se ha evidenciado en experimentación animal, pero parece que este proceso selectivo tiene también importancia en la fisiología humana.

Así, se ha demostrado en el hombre que la administración del fármaco serotoninérgico *dexfenfluramina* inhibe el consumo de hidratos de carbono (Silverstone y Goodall, 1986) y, por otra parte, la *enterostatina*, un pentapéptido inhibidor del apetito, y en especial de los alimentos ricos en grasa (en los animales de experimentación) también ha sido detectada en el plasma humano (Erlanson-Albertsson et al, 1992), observándose importantes incrementos de las concentraciones plasmáticas del citado pentapéptido tras una ingesta rica en grasas. Un aspecto de la regulación del apetito que ha merecido una especial atención en los últimos años es el relativo a las «señales de saciedad» que provienen de la secreción de péptidos gastrointestinales que se activa durante la ingesta alimentaria. Se han realizado diversos estudios en modelos experimentales y en humanos sobre el efecto de estas «señales» tras la secreción endógena y la administración exógena. Pese a que otros péptidos también pueden tener un papel importante, son dos las hormonas digestivas –*colecistocinina* y *glucagón*– las que sin duda tienen una función más importante en el hombre en la transmisión de la «señal de saciedad». Ésta se transmite a través del nervio vago que la conduce hasta el metencéfalo dorsal (Gibbs y Smith, 1992).

Un factor a tener en cuenta en la regulación de la ingesta calórica es la composición diferente de los alimentos en los diversos principios inmediatos. Ésta influencia el grado de aceptabilidad y el poder de saciedad de los alimentos. En una publicación de Lissner et al (1987) se demostró que existía una mayor ingesta calórica en los sujetos en estudio cuando la dieta tenía un contenido más elevado en grasa. Según Blundell y Burley (1990) es importante distinguir la *saciedad precoz (satiation)*, que producen los alimentos y que hacen interrumpir la ingesta, de la *tardía (saciety)*, que regula el momento de la nueva ingesta. Según los citados autores, los alimentos ricos en grasas producen una saciedad tardía normal, pero, en cambio, tienen un efecto débil sobre la saciedad precoz.

Otro posible mecanismo controvertido de regulación del apetito estaría relacionado con la masa de tejido adiposo. En realidad no es infrecuente observar en la historia clínica de los obesos que éstos regulan espontáneamente su peso, como lo hacen los individuos no obesos, cuando se alcanza un determinado incremento de la masa de tejido adiposo. Esta teoría del «adipostato» es importante, y explicaría ciertas observaciones de la clínica, pero este mecanismo ha sido repetidamente cuestionado. Se había sugerido que las concentraciones plasmáticas de glicerol y de insulina, relacionados con la masa de tejido adiposo, podrían desempeñar un papel en este hipotético mecanismo de la regulación del apetito. Cuando se describió la leptina, sintetizada por el tejido adiposo blanco y codificada por el gen *ob*, se creyó que este péptido podía realizar esta función reguladora. Posteriormente, se ha puesto en tela de juicio, tal como se detalla en el capítulo 5, que la leptina ejerza la función de adipostato o ponderostato. El grupo de investigación de la Universidad de Barcelona liderado por Alemany ha descrito el efecto del *oleato de estrona* –sintetizado también en el tejido adiposo blanco– en modelos animales. La administración de este esteroide a ratones conlleva una disminución de la ingesta con conservación de la termogénesis y con la consecuente pérdida de grasa en el tejido adiposo, por lo que se ha sugerido que este esteroide puede tener un papel en la regulación ponderal, ejerciendo las funciones del adipostato (Sanchis et al, 1996).

Dejando aparte cuáles son los mecanismos de ajuste de la ingesta calórica y los de sus alteraciones, tiene una gran importancia en la fisiopatología de la obesidad, y no hay duda de que la conducta alimentaria ha de ser investigada y valorada de forma individual en cada enfermo obeso.

Los trastornos cuantitativos por exceso de la ingesta alimentaria pueden ser *primarios* o *secundarios*, pese a que en muchas ocasiones estos límites resultan difíciles de establecer, como tampoco es fácil de definir cuándo el apetito de una persona puede ser considerado excesivo.

Entre los *trastornos primarios* podría mencionarse la *polifagia* o *hiperfagia.* Se admite que una persona sufre este trastorno cuando tiene una necesidad exagerada de ingerir alimentos, de tal manera que le resulta difícil saciarse. Esta alteración no tiene una clara solución de continuidad con la situación de las personas con «buen apetito» que no tienen alterada la obtención de la saciedad. Esta dificultad para fijar los límites de la normalidad, y la habitual falta de sintomatología psiquiátrica acompañante, ha conducido a que la polifagia, aunque puede ser un trastorno primario con un incremento importante de la ingesta en relación con las personas con apetito normal, no sea considerada un trastorno primario de la ingesta alimentaria. Una situación distinta es la de la *bulimia,* que es un trastorno en que el paciente sufre episodios recurrentes de ingesta voraz, consumiendo una gran cantidad de alimentos en un período corto de tiempo, sin poder controlar esta anómala conducta alimentaria mientras dura el episodio de voracidad. Pese a que la existencia de bulimia o de crisis de voracidad en algunos pacientes obesos ha sido bien conocida por los clínicos y descrita hace muchos años por un autor de prestigio en el tema (Stunkard,1959), en realidad la bulimia y la obesidad a que puede conducir no había sido considerada hasta ahora como un trastorno primario de la alimentación por los expertos de la American Psychiatric Association, contrariamente a lo que había ocurrido con la *bulimia nerviosa,* que ya fue aceptada como trastorno primario de la alimentación desde su descripción por Russell en 1979. No obstante, en la última edición del *Diagnostic and Statistical Manual of Mental Disorders DSM-IV,* 1994, la *bulimia* o *binge eating disorder,* que cursa con episodios de voracidad sin las características conductas compensadoras propias de la bulimia nerviosa, ya ha sido incluida como trastorno primario de la alimentación, pero en una tabla donde se incluyen los trastornos alimentarios atípicos. Según Marcus (1995), la bulimia afectaría a un 20-30% de los obesos que solicitan ayuda terapéutica en centros universitarios. En el capítulo 7 se amplía el estudio de algunos aspectos relativos a este trastorno de la conducta alimentaria.

Un trastorno habitual de la ingesta alimentaria que presentan muchos enfermos obesos es el *hábito de picar* fuera del horario habitual de las comidas. Diversos estudios y experiencias, entre ellas la de nuestro grupo de trabajo, demuestran que el hábito de picar fuera del horario de las comidas es mucho más frecuente en los obesos que en las personas con un peso normal. Resulta difícil delimitar este trastorno de la simple polifagia o hiperfagia, ya que evidentemente existe un amplio solapamiento entre ambos trastornos de la ingesta. También resulta difícil precisar hasta qué punto este trastorno de la conducta alimentaria puede ser considerado «primario», o bien en muchas ocasiones es una respuesta secundaria a una ansiedad relacionada con la obesidad o con su tratamiento. Otra peculiaridad de la conducta alimentaria que tienen algunos pacientes obesos consiste en el *hambre vespertina o nocturna.* Esta alteración se suele observar en sujetos ansiosos o en situaciones de estrés, y por tanto posee más bien las características de un trastorno secundario de la ingesta alimentaria, que puede acompañarse de disgripnia y de conducta anoréxica durante el día.

Algunos pacientes polifágicos tienen una especial peculiaridad de su trastorno alimentario, con una apetencia preferente por los alimentos ricos en hidratos de carbono. Esta preferencia alimentaria de algunas personas ha sido comprobada en estudios que reproducen en el hombre los modelos de «cafetería» utilizados en experimentación animal. Rosenthal et al describieron en 1984 un cuadro clínico al que denominaron *trastorno afectivo estacional (seasonal affective disorder).* El síndrome, de predominio claramente femenino, consiste en la aparición durante el otoño e invierno de un cuadro depresivo con tendencia a la hipersomnia y a la polifagia, especialmente de alimentos ricos en hidratos de carbono, con el consiguiente aumento de peso. El cuadro clínico desaparece durante la primavera y el verano, presentando algunos pacientes un cuadro de hiperactividad que puede cumplir criterios diagnósticos de hipomanía. El síndrome –que no se observa en nuestra área geográfica– se ha atribuido a una especial sensibilidad de los sistemas de regulación de la melatonina y de la serotonina en el sistema nervioso central de algunas personas relacionada con la exposición a la luz solar.

Las *formas secundarias* de polifagia pueden clasificarse en dos grupos bien diferenciados. En primer lugar, las que dependen de *alteraciones psiquiátricas* o *psicológicas* claramente definidas, o bien *de alteraciones hipotalámicas* y, en segundo lugar, aquellas que se relacionan con *trastornos endocrinometabólicos.* En cuanto al primer grupo, ya se han señalado las dificultades existentes para definir que un trastorno por exceso de ingesta alimentaria se puede considerar primario o secundario a un cuadro de ansiedad o de depresión vinculado a la obesidad o a su tratamiento. El estudio psiquiátrico o psicológico de estos casos será básico para orientar correctamente el tratamiento de la conducta polifágica y de la obesidad a que da lugar.

En algunos casos, la polifagia es secundaria a los trastornos lesionales del hipotálamo, como consecuencia de la alteración de los centros del hambre o de la saciedad. Estos casos de polifagia «central», que son poco frecuentes, han sido descritos en afecciones tumorales o granulomatosas del hipotálamo o como consecuencia de traumatismos craneales o de intervenciones neuroquirúrgicas.

Un modelo muy interesante de trastorno hipotalámico que cursa con polifagia, alteraciones del sueño y sintomatología psiquiátrica es el *síndrome de Kleine-Levin.* Se trata de una enfermedad de muy rara aparición y que aparece de forma predominante en varones adolescentes. El síndrome evoluciona en forma de brotes con absoluta normalidad en los períodos intercríticos. Durante las crisis el paciente sufre una intensa hipersomnia, durmiendo casi todo el día y despertándose sólo para comer y cumplir sus funciones evacuadoras. Las crisis de somnolencia se acompañan de polifagia o bulimia en la mitad de los casos, pero habitualmente no se desarrolla la obesidad debido a que la conducta polifágica se presenta sólo durante las crisis. Durante, después y antes de las crisis el paciente puede sufrir alteraciones importantes de la conducta o del sensorio, entre las que son frecuentes la irritabilidad y la desinhibición en la conducta sexual. Durante las crisis se puede evidenciar la existencia de alteraciones electroencefalográficas de tipo difuso. Las crisis duran algunos días, recurren con intervalos de meses y suelen desaparecer por completo durante la tercera década. Los pacientes pueden presentar amnesia selectiva después de sufrir las crisis de somnolencia y de comportamiento anormal. El tratamiento con estimulantes puede aliviar esta última pero también exacerbar la sintomatología psiquiátrica.

En cuanto a la polifagia secundaria que acompaña a los trastornos endocrinometabólicos (hipertiroidismo, descompensación metabólica de la diabetes mellitus), no ha de ser motivo de comentario en este capítulo sobre la fisiopatología de la obesidad ya que suelen acompañarse de pérdida de peso.

Como contraste de los pacientes obesos que comen mucho, con bulimia o polifagia extrema, hay que considerar que existen otros cuya ingesta es menor, y de forma comparativa menos que otros miembros de la familia que mantienen su peso normal. Este hecho, aunque poco frecuente, es cierto en opinión del autor, aunque no se acepta por un número importante de médicos que atienden a estos pacientes («no serían obesos si no comiesen mucho»). A favor de esta falta de aceptación de las encuestas alimentarias de los obesos que dicen comer poco destaca que existen datos bibliográficos que confirman que los sujetos obesos inframanifiestan su ingesta alimentaria. Este hecho se produce con probabilidad por una percepción inadecuada, incluso en estudios controlados que incluyen, entre otros datos, la descripción minuciosa de las características de la ingesta alimentaria. No obstante, resulta indudable que existe una amplia variabilidad de la ingesta calórica en los pacientes obesos, circunstancia que pone de manifiesto la importancia de otros factores del equilibrio calórico en los obesos que forman parte del REI, tal como se esquematiza en la figura 3.1 y que se analizarán a continuación.

Metabolismo basal

El metabolismo basal (MB) constituye la parte más importante del REI. Representa la cantidad de calorías consumidas por el organismo para mantener su funcionamiento y su homeotermia en situación basal. El tanto por ciento del REI atribuido al MB ha sido clásicamente un 65-75%. No obstante, según estudios realizados con la técnica del agua doblemente marcada, en realidad el MB sólo representaría, del total de energía consumida, el 53% en los varones y el 57% en las mujeres (Jung y Chong, 1991). El MB varía según la edad, el sexo y las variables antropométricas, y también sufre variaciones en muy diversas situaciones patológicas. Es clásico el conocimiento, que incluso había sido utilizado con fines diagnósticos, de que el hipertiroidismo incrementa el MB y el hipotiroidismo lo disminuye. En la actualidad está bien establecido que el MB aumenta con el peso del organismo, pero en relación con el componente libre de grasa o *masa magra* (MM). Cuando se produce un incremento de grasa también aumenta la MM, y por tanto también lo hace el MB, produciéndose una tendencia a un nuevo equilibrio energético a un nivel superior (Ravussin y Swinburn, 1992).

Un tema de debate importante es dilucidar si los factores genéticos pueden influir en el consumo basal de energía, contribuyendo de esta manera a la tendencia a sufrir obesidad a través de este mecanismo. Los resultados de los trabajos publicados son bastante discrepantes. Datos obtenidos en gemelos mono y dizigóticos confirman que existe una variabilidad genética del MB (Bouchard et al, 1989), pese a que la importancia de esta diferencia del gasto energético basal en la tendencia a sufrir obesidad no ha sido demostrada.

Actividad física

La actividad física constituye el componente del REI que tiene una variabilidad más amplia. Este apartado del gasto calórico puede ser dividido en el representado por la *actividad física espontánea* y por la *actividad física libre* (figura 3.3). En conjunto, se calcula que el porcentaje de gasto calórico del REI producido por la AF oscila entre un 20 y un 40% pero menos, evidentemente, en los sujetos sedentarios (20-30%). La AF varía según la profesión, hábitos, aficiones y posibilidades del individuo, y sufre importantes variaciones a lo largo de la vida.

El consumo calórico que produce la AF varía ampliamente según si el ejercicio es de baja intensidad (caminar) o, en cambio, exije una intensa actividad muscular (correr). El grado de entrenamiento del individuo también influye en el consumo calórico producido por el ejercicio. La AF conlleva un incremento importante del consumo calórico en el momento de realizarse el ejercicio, pero también aumenta el consumo calórico en el período posterior del reposo. Así, durante el ejercicio de baja intensidad el MB puede incrementarse 5-8 veces, y durante el ejercicio de corta duración (unos pocos minutos), y de mucha intensidad, el gasto calórico basal puede aumentar unas 10-15 veces en las personas que no han seguido entrenamiento, y hasta unas 25-30 veces en los atletas bien entrenados (Ekblom, 1992).

Varios estudios han demostrado que no existen variaciones en el gasto calórico producido por el ejercicio entre el individuo sedentario delgado y el obeso. Ha de hacerse notar, no obstante, que la actividad física disminuye, por diversas razones, en una parte de los pacientes obesos, y que éste puede

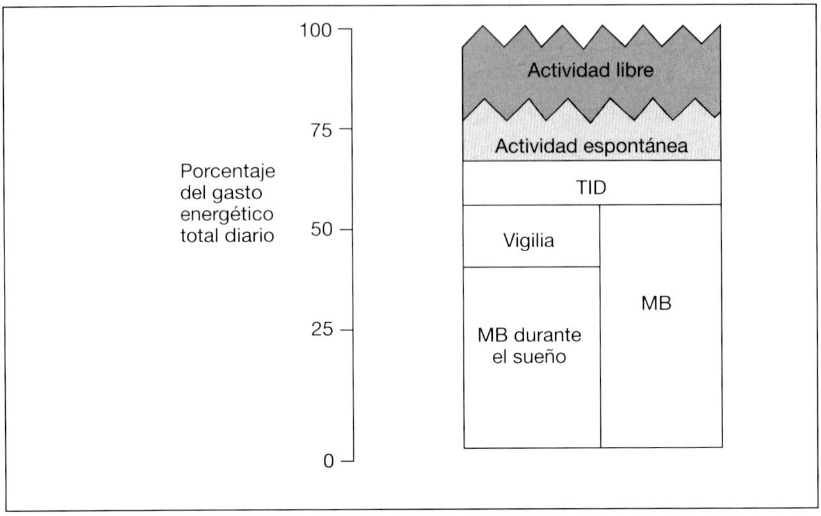

Figura 3.3. *Esquema de la importancia relativa de los diversos componentes del requerimiento energético individual. TID: termogénesis inducida por la dieta. MB: metabolismo basal. Adaptado de Ravussin y Swinburn, 1992.*

ser un factor facilitador del mantenimiento o agravación de la obesidad. Las diferencias genéticas en cuanto al consumo calórico durante el ejercicio parecen poco significativas. No obstante, no puede descartarse que este factor puede tener cierta importancia en algunos individuos, ya que Bouchard et al (1989) demostraron en gemelos mono y dizigóticos la existencia de variaciones genéticas significativas del consumo calórico durante la realización de un ejercicio submáximo.

Termogénesis

En sentido amplio, la termogénesis incluiría todas las reacciones metabólicas del organismo ya que todas éstas producen calor. Evidentemente, la AF también incluye la termogénesis, en este caso producida en los músculos esqueléticos a través del temblor, un importante componente de la termogénesis termorreguladora. En un sentido más restrictivo, sólo haremos referencia a la termogénesis *inducida por la dieta* (antiguamente denominada *acción dinámico-específica de los alimentos)* y a la *termorreguladora* desarrollada para mantener la temperatura corporal, que clásicamente tiene lugar en el *tejido adiposo marrón* (TAM). El primer tipo de termogénesis, también denominado *efecto térmico de los alimentos*, según Shutz et al (1984) representaría aproximadamente un 10% del REI.

A continuación, es preciso explicar la significación que pueden tener en la fisiopatología de la obesidad humana las variaciones de este componente del REI constituido por la termogénesis producida en el TAM, aunque, como ya se ha comentado, el descubrimiento reciente de la UCP-2 abre nuevas vías de localización a este mecanismo de disipación de energía. El TAM fue identificado por primera vez hace 300 años, creyéndose inicialmente que sólo lo poseían los animales hibernantes. No obstante, su significado fisiológico no fue descubierto hasta 1963, observándose la producción de calor en marmotas que se estaban recalentando después de la hibernación. El descubrimiento del significado fisiológico del TAM despertó grandes expectativas en investigadores y clínicos dedicados al estudio de la obesidad. El interés ha persistido durante estas tres décadas por parte de los investigadores básicos, pero los clínicos perdieron parte del interés inicial sobre el tema. Por una parte, se comprobó que, mientras en los roedores el TAM era muy abundante y se encontraba bien diferenciado en las zonas subescapular, axilar y perirrenal, en el hombre adulto, al contrario que en el recién nacido, el TAM no era casi identificable desde el punto de vista anatómico. Por otra parte, se puso en duda que el papel que poseen las alteraciones funcionales del TAM en modelos experimentales de obesidad genética se pudiera extrapolar a formas de obesidad humana y, por último, no tuvieron éxito los intentos de influir farmacológicamente sobre la actividad del TAM en la obesidad humana.

No obstante, en los últimos años el interés de los clínicos sobre la posible importancia de las variaciones de la termogénesis en el TAM en la obesidad humana se ha incrementado notablemente. En esta renovación del interés sobre el tema ha influido un mayor conocimiento sobre el funcionamiento interno del TAM, sobre su regulación y sobre la importancia de la acción activadora del sistema adrenérgico. Por otra parte, se ha comprobado que aunque el TAM no resulte evidente macroscópicamente en adultos, en realidad existe tejido adiposo termogénico difuso y mezclado con tejido adiposo blanco, especialmente en la región axilar, en la región cervical profunda y en el tejido perirrenal, y que esta actividad termogénica puede ser activada por la noradrenalina, como se demuestra en presencia de un feocromocitoma. La reciente descripción de la UCP-2, a la que ya se ha hecho referencia, junto con la demostración de que en el ratón existe una proteína desacopladora en el tejido adiposo blanco y en el músculo, podría explicar estos hechos, y es también el motivo del incremento del interés científico sobre este tema. La muy reciente descripción de otra proteína desacopladora o UCP-3 (Boss et al, 1997) nos demuestra que el papel que parecía reservado a la proteína desacopladora del TAM, lo puede desempeñar una extensa familia de proteínas desacopladoras cuya función concreta en el balance energético habrá que estudiar y definir.

La función del TAM puede ser activada e inhibida a través de diversos estímulos, siendo la temperatura ambiente y algunos aspectos de la dieta los más importantes (composición, cantidad o palatabilidad). La regulación del TAM se produce a través de una rica inervación simpática, siendo la noradrenalina el neurotransmisor más importante. La activación o inhibición del sistema nervioso simpático se produce a través de la recepción de señales que, en el caso de la temperatura, se integran en diversas partes del cerebro, particularmente en el hipotálamo. El control del TAM dependiente de la dieta incluye señales químicas, entre las que han de destacarse la glucosa y los cuerpos cetónicos (Himms-Hagen, 1992). Existen datos que hacen considerar que la termogénesis en el TAM inducida por la dieta tiene una regulación más dependiente de las estructuras hipotalámicas que no la termogénesis en el TAM inducida por temperaturas bajas. Se han realizado diversos estudios para analizar cuáles son los neuropéptidos que tienen importancia en la regulación hipotalámica de la termogénesis producida en el TAM. Parece que el neuropéptido que tiene una acción más potente en este sentido es el CRF *(corticotropin releasing factor).*

También se han producido importantes avances en la comprensión de los mecanismos íntimos que regulan la producción de calor en la célula del TAM. Estos mecanismos quedan resumidos en la figura 3.4. Las mitocondrias del TAM poseen una proteína denominada desacopladora (UCP: *uncoupling protein*), que también se ha denominado *termogenina,* que tiene como función la de producir un desacoplamiento reversible cuando el TAM es estimulado por la noradrenalina. Cuando se produce esta estimulación, la UCP abre unos poros que permiten una vía alternativa al paso de los protones del exterior al interior de las mitocondrias. Esta translación alternativa de protones a través de la termogenina produce una disipación de energía con producción de calor, impidiendo la vía normal en la que los protones penetran en las mitocondrias, produciéndose la cesión de energía para la síntesis de ATP, que es básica para la gran mayoría de reacciones del funcionamiento celular.

Conocemos bien, tal como se expone en el capítulo 4, que los roedores genéticamente obesos tienen disminuida esta capacidad de disipación de la energía propia del TAM, tanto frente a estímulos nutricionales como frente al frío. En cambio, seguimos sin conocer si las alteraciones del funcionalismo del TAM o de otras células con UCP capaces de una respiración mitocondrial desacoplada pueden tener un papel relevante en algunas formas de obesidad humana. Sería de gran interés poder disponer de un método no invasivo y fiable que pudiera medir en los seres humanos este tipo de termogénesis.

Pese a que resulta una hipótesis muy interesante afirmar que las alteraciones de la termogénesis pueden tener un papel importante en la etiopatogenia de algunas formas de obesidad humana, se ha de aceptar que los resultados obtenidos hasta el momento resultan contradictorios y poco concluyentes. Así, en cuanto a la termogénesis inducida por la dieta se han realizado más de 40 estudios en humanos y un 60% demuestran un efecto termogénico disminuido de la dieta en los obesos, pero en los restantes ensayos esta disminución no se

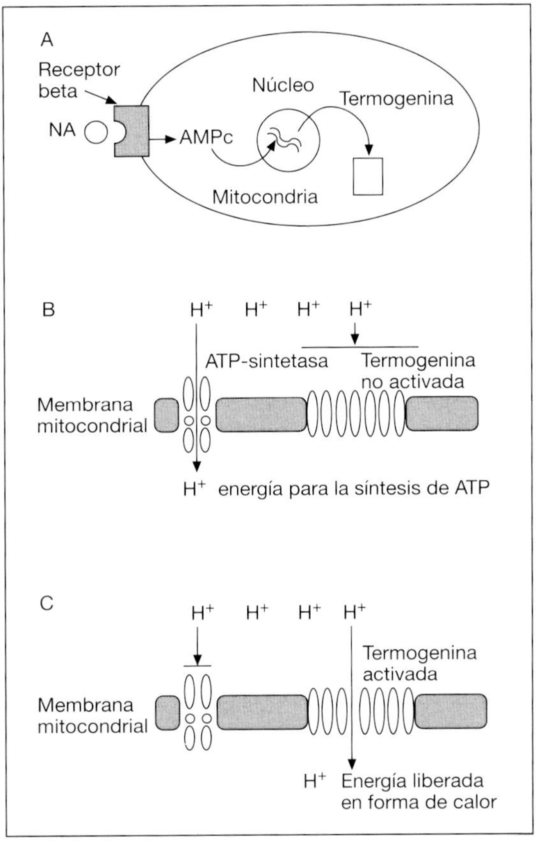

Figura 3.4. *Esquema de la estimulación adrenérgica de la célula adiposa marrón (A) y de la función de la termogenina (proteína desacopladora) (B y C). NA: noradrenalina; AMPc: AMP cíclico.*

evidencia (Ravussin y Swinburn, 1992). La opinión dominante es que esta reducción del efecto térmico de la dieta, en caso de existir, sería secundaria a la obesidad y no una alteración primaria. En cuanto a la termogénesis termorreguladora, diversos estudios realizados no han demostrado cambios en la producción de calor entre sujetos obesos y delgados cuando los cambios de temperatura ambiente son moderados. No obstante, en opinión de Lean (1992), y de acuerdo con los datos de su grupo de trabajo, un importante subgrupo de personas obesas tienen un defecto de la termogénesis realizada en el TAM frente a un descenso de la temperatura, de forma similar a lo que ocurre en animales genéticamente obesos. También se ha evidenciado un mayor consumo calórico en personas delgadas frente a una disminución muy importante de la temperatura ambiente.

De cuanto se acaba de exponer puede concluirse que, pese a que la predisposición genética al exceso de tejido adiposo en el hombre resulta induda-

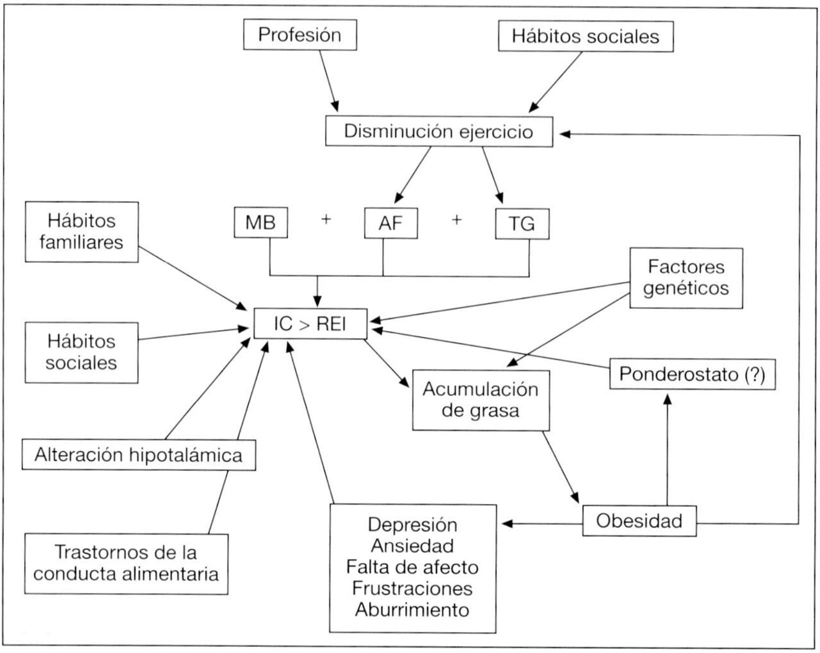

Figura 3.5. *Esquema de la fisiopatología general de la obesidad. MB: metabolismo basal; IC: ingesta calórica; AF: actividad física; T: termogénesis; REI: requerimiento energético individual.*

ble, en especial en algunas formas de obesidad, aún no disponemos de suficiente información ni de las bases genéticas, ni de los mecanismos alterados que facilitan el desequilibrio energético y la acumulación de grasa en los diversos tipos de enfermos obesos. Es probable que en un futuro se produzcan avances en este campo que permitan conocer mejor la etiopatogenia de las distintas formas de la obesidad humana.

No obstante, mientras estos avances no se produzcan, la actitud del clínico frente a un determinado caso de obesidad ha de ser la de valorar detenidamente los diferentes factores objetivables que han contribuido a su producción y mantenimiento, y que se resumen en el esquema de la figura 3.5. La valoración de la importancia de estos factores, en especial de aquellos que son teóricamente modificables, tiene una gran transcendencia, como se expone en los capítulos correspondientes, en el momento de elaborar el plan terapéutico. En el citado esquema, aparte de incluirse los factores genéticos, se señalan los componentes relacionados con la profesión y los hábitos familiares y sociales que pueden intervenir en la ingesta calórica y en el ejercicio físico, factores que siempre han de ser valorados con mucha atención en todo paciente obeso. También se destacan en este esquema dos círculos viciosos que se pueden poner en marcha una vez establecida la obesidad. Uno de ellos es la disminución del ejercicio físico que acompaña de forma inevitable a la acumulación de grasa cuando ésta es importante. Resulta ingenuo por parte de algunos médicos insistir en este aspecto del plan terapéutico cuando el enfermo ya tiene notablemente dificultada la movilización. La disminución de este componente del REI facilita y agrava la acumulación de grasa. Otro círculo vicioso es el que se establece en algunos pacientes, casi siempre mujeres, que viven de forma muy negativa la alteración de su imagen corporal. La ansiedad y la depresión producidas por la misma obesidad pueden incrementar la ingesta calórica como un mecanismo de compensación («impulsos orales»). Ni que decir tiene que, cuando se produce este círculo vicioso, que algunas enfermas explican espontáneamente, se ha de intentar tratar la ansiedad y la depresión y modificar la conducta alimentaria, ya que si no se cumple esta prioridad se producirá con mucha probabilidad el fracaso terapéutico.

Antes de finalizar este capítulo hemos de mencionar dos aspectos de la fisiopatología de la obesidad que han dado lugar a clasificaciones del proceso. El primero, actualmente en fase de revisión crítica, es el relativo a la *obesidad hiperplásica e hipertrófica* y, el segundo, en una fase de gran expansión, es el relativo a la distribución topográfica de la grasa, es decir, a la *obesidad androide* y a la *ginoide*.

Obesidad hiperplásica e hipertrófica

La división de la obesidad en estos dos tipos tuvo cierto predicamento hace algunos años. Esta clasificación estaba basada en datos experimentales, ya que en la rata un exceso de alimentación neonatal produce un incremento del número de células adiposas, mientras que éste no se produce en edades más avanzadas de la vida. Se creyó que también en humanos un incremento del número de células adiposas en la infancia como consecuencia de un exceso de ingesta daría lugar a una *obesidad hiperplásica* de distribución generalizada, difícil tratamiento y mal pronóstico. En cambio, la *obesidad hipertrófica* de inicio en la edad adulta y de predominio troncal estaría caracterizada por el incremento del volumen y no del número de células adiposas, y respondería con más facilidad al tratamiento. Diversos estudios han demostrado que el aumento del número de células adiposas en el hombre también se puede producir en la edad adulta, por lo que la base teórica de la diferenciación entre estos dos tipos de obesidad queda en buena parte desvirtuada. No obstante, en opinión de Bray (1992), esta clasificación aún se puede mantener, ya que cuando la obesidad se inicia en la edad adulta, como la que comienza en la mujer en ocasión de los embarazos, es fundamentalmente de tipo hipertrófico y tiende a correlacionarse con la obesidad de tipo troncal o androide a la que seguidamente se va a hacer referencia.

Distribución topográfica de la grasa: obesidad androide y ginoide

La distribución de la grasa, de predominio superior –más propia del varón– o de predominio inferior –más propia de la mujer–, era ya conocida y descrita durante las primeras décadas de este siglo. Pero fue Vague en 1947 quien realizó una detallada descripción de la *obesidad androide,* predominante en varones, localizada sobre todo en la cara, región cervical, tronco y región supraumbilical del abdomen, y de la *obesidad ginoide,* más propia de las mujeres, y de predominio en la parte inferior del cuerpo: región infraumbilical del abdomen, caderas, región glútea y muslos. En esta descripción inicial ya se señalaba que la obesidad androide era mucho más proclive a asociarse con diabetes mellitus, hiperlipoproteinemia, hiperuricemia, hipertensión arterial y aterosclerosis. Por desgracia, esta descripción no fue debidamente valorada, y en buena parte fue olvidada hasta que en el curso de los años ochenta diversos estudios comprobaron la trascendencia fisiopatológica de la distribución de la grasa corporal, confirmándose el mayor riesgo cardiovascular de la obesidad androide. En septiembre de 1989 el National Institute of Health de Estados Unidos convocó una reunión en Bethesda (Maryland) donde se debatieron los citados estudios y se confirmó y destacó su trascendencia.

Estudios realizados con tomografía computarizada (TC) en los últimos años han permitido establecer una importante subdivisión de la obesidad androide según si la grasa es de predominio troncal o se trata de grasa abdominal profunda *(obesidad visceral).* Algunos estudios han demostrado la importancia del incremento de este último tipo de grasa como factor de riesgo de complicaciones metabólicas y circulatorias. Así, Després et al (1989) demostraron en mujeres obesas la existencia de una asociación significativa entre la grasa abdominal profunda y la pérdida de tolerancia a la glucosa, mientras que no existía en estas pacientes obesas relación alguna entre la pérdida de tolerancia y el grado global de obesidad. Estos hallazgos de gran interés fisiopatológico indican que los datos antropométricos pueden resultar sólo orientativos en el momento de valorar el grado de factor de riesgo metabólico y vascular de un determinado paciente obeso, y que los estudios de investigación clínica sobre este tema tendrían que incluir la determinación de la cantidad de grasa abdominal profunda a través de estudios con TC o con resonancia magnética (Després et al, 1990). La importancia fisiopatológica que se ha otorgado últimamente a la distribución topográfica de la grasa corporal, ligada a un incremento de la resistencia insulínica, ha hecho que se haya utilizado en ocasiones la paradójica denominación de obesidad normoponderal para estas situaciones que comportan un incremento de la grasa abdominal profunda y de la resistencia insulínica, pese a que las cifras del índice de masa corporal no permitan catalogar al paciente como obeso.

En la actualidad no disponemos de suficientes datos para comprender bien los mecanismos íntimos que regulan la distribución topográfica del exceso de grasa corporal. No hay duda de que la base ha de ser genética y de que la regulación ha de tener un fuerte componente hormonal. En primer lugar, han de tener un importante papel los esteroides gonadales como lo indica el predominio masculino de la obesidad superior y el femenino de la obesidad de tipo inferior. Por otra parte, parece que el cortisol ha de desempeñar algún papel en esta distribución topográfica del exceso de grasa como lo indica el modelo de adiposidad que se presenta en clínica en el síndrome de Cushing. En opinión de Björntorp (1992), un factor regulador muy importante en la distribución topográfica de la grasa es el número de receptores para los glucocorticoides que poseen los adipocitos. Éste es especialmente elevado en el tejido adiposo abdominal profundo. Datos muy recientes aportados por Bujalska et al (1997) demuestran la importancia del metabolismo del cortisol en la obesidad central. Estos autores han puesto en evidencia en cultivos de células grasas de tejido adiposo periférico y del visceral de personas obesas que estas últimas células adiposas poseen una mayor actividad oxorreductora del tipo 1 de la 11 β-hidroxiesteroide deshidrogenasa, que permite convertir la cortisona en cortisol. Probablemente, el cortisol puede inducir una mayor actividad de la lipoproteinlipasa (LPL) y una captación de lípidos más elevada. Según Björntorp las concentraciones de testosterona adecuadas en el varón y de progesterona en la mujer pueden interferir en la acción del cortisol y dificultar el predominio superior de la grasa. Contrariamente, si la secreción de testosterona es insuficiente en el varón o lo es la de la progesterona en la mujer, puede predominar la acumulación superior de grasa. El tema es muy complejo y serán necesarios nuevos estudios para poder mejorar su comprensión. No obstante, un tema de gran relevancia en el que hay una gran concordancia en los resultados obtenidos es que un fenómeno central de la obesidad visceral es la *resistencia insulínica.*

Los estudios sobre la importancia de esta última como denominador común de diversas alteraciones endocrinas, metabólicas y circulatorias que constituyen un factor de riesgo de cardiopatía isquémica, se han ido acumulando en los últimos años. Estos trabajos no estaban en buena parte relacionados con la obesidad, de tal manera que cuando Reaven, en 1988, propuso agrupar estas alteraciones condicionadas por la resistencia insulínica con la denominación de *síndrome X* no incluyó entre éstas a la obesidad (tabla 3.2). No hay duda, sin embargo, de que la obesidad androide, y especialmente la visceral, así como la disminución del ejercicio físico, constituyen mecanismos agravadores de la resistencia insulínica y, por tanto, la obesidad de tipo superior tendrá que ser considerada un factor de riesgo cardiovascular indepen-

TABLA 3.2.
Síndrome X (Reaven, 1988)

Resistencia a la insulina
Intolerancia a la glucosa
Hiperinsulinemia
Hipertrigliceridemia
Disminución del colesterol-HDL
Hipertensión arterial

HDL: lipoproteínas de alta densidad.

diente que agrava el círculo vicioso de las alteraciones endocrinas, metabólicas y circulatorias centradas por la resistencia insulínica.

Las relaciones entre resistencia insulínica, hiperinsulinismo e hipertensión arterial han quedado claramente establecidas y, en algunos trabajos, como en los de Ferrannini et al (1987), no hay una vinculación aparente a la presencia de obesidad. Al menos hay dos mecanismos a través de los que la hiperinsulinemia podría favorecer la aparición de hipertensión arterial, ya que la insulina es capaz de estimular la liberación de noradrenalina y de favorecer la resorción de sodio en el túbulo renal. No obstante, algunos aspectos de la experiencia clínica no apoyan las relaciones entre hiperinsulinemia e hipertensión arterial. Así, las infusiones de insulina no incrementan la tensión arterial en sujetos normales, y los pacientes con insulinoma no sufren hipertensión arterial, ni la tensión arterial disminuye después de la exéresis del tumor. Según Karam (1992), es posible que sea necesario dejar que transcurra un largo período de hiperinsulinemia para que se puedan anular los mecanismos homeostásicos que compensan en determinadas circunstancias los efectos hipertensores de la hiperinsulinemia.

Otro interesante tema de debate está centrado en si la resistencia insulínica es primaria y determinada genéticamente o es secundaria al exceso de grasa visceral. El tema sigue abierto a la discusión científica, ya que si bien algunos estudios han demostrado las citadas relaciones en sujetos con peso normal, no se puede descartar que puedan estar afectados de *obesidad normoponderal* con exceso de grasa visceral. No obstante, el hecho que está fuera de cualquier duda es que la acumulación de grasa representa en todos los casos un elemento agravador de gran importancia de la resistencia insulínica y de sus consecuencias.

Otro elemento importante del síndrome X, también denominado *síndrome plurimetabólico o metabólico,* como factor de riesgo de la enfermedad cardiovascular, es la dislipoproteinemia, representada especialmente por la hipertrigliceridemia y por el descenso de las lipoproteínas de alta densidad (colesterol-HDL). En este caso la hiperinsulinemia facilita la síntesis hepática de triglicéridos e incrementa la producción de VLDL *(very-low-density lipoprotein)*. La resistencia a la acción de la insulina dificulta la acción de la LPL, reduciéndose por tanto el aclaramiento de las VLDL. En cuanto a la disminución del colesterol-HDL, el mecanismo de producción no está aclarado, pero una parte de esta reducción podría estar producida por un desplazamiento del colesterol del interior de la partícula de lipoproteína por la acumulación de triglicéridos producida por la hipertrigliceridemia (Karam, 1992).

Las relaciones intrínsecas de los diversos elementos del síndrome plurimetabólico entre sí, con la obesidad androide y, especialmente, con la de tipo visceral son motivo de múltiples estudios y de intenso debate científico en la actualidad. Algunos datos son contradictorios y no fáciles de interpretar, pero no hay duda que la irrupción del síndrome X o plurimetabólico en el gran tema de salud de los factores de riesgo cardiovascular ha tenido la virtud de facilitar una visión más unitaria de estos factores desde el punto de vista de la atención primaria y, por lo tanto, apoya una visión más integrada de los esfuerzos en la lucha de los profesionales de las ciencias de la salud en atención primaria frente a los citados factores de riesgo de la enfermedad cardiovascular.

Bibliografía general

American Psychiatric Association. Diagnostic and Statistical Manual of Mental disorders (4.ª ed). Washington: American Psychiatric Association, 1994; 550.

Björntorp P. Regional obesity. En: Björntorp P, Brodoff BN, editores. Obesity. Filadelfia: J.B. Lippincott, 1992; 579-586.

Blundell JE, Burley VJ. Evaluation of the satiating power of dietary fat in man. En: Oomura Y, Tarni S, Inoue S, Shimazu T, editores. Progress in obesity research 1990. Proceedings of the 6th International Congress on Obesity. Londres: John Libbey, 1991; 453-457.

Boss O, Samee S, Paoloni-Giacobino A et al. Uncoupling protein-3: a new member of the mitochondrial carrier family with tissue-specific expression. FEBS Lett 1997; 408: 39-42.

Bouchard C, Tremblay A, Nadeau A et al. Genetic effect in resting and exercise metabolic rates. Metabolism 1989; 38: 364-370.

Bouchard C, Bray GA, Hubbard VS. Basic and clinical aspects of regional fat distribution. Am J Clin Nutr 1990; 52: 946-950.

Bray GA, York DA, Fisler JS. Experimental obesity: a homeostatic failure due to defective stimulation of the sympathetic nervous system. Vitam Horm 1989; 45: 1-125.

Bray GA. An approach to the classification and evaluation of obesity. En: Bjönrtorp P, Brodoff BN, editores. Obesity. Filadelfia: J.B. Lippincott, 1992; 294-308.

Bujalska Y, Kumar S, Stewart P. Does central obesity reflect "Cushing´s disease of the omentum"?. Lancet 1997; 349: 1.210-1.213.

Considine R, Sinha M, Heiman M et al. Serum immunoreactive-leptin concentrations in normal-weight and obese humans. N Engl J Med 1996; 334: 292-295.

Després JP, Nadeau A, Tremblay A et al. Role of deep abdominal fat in the association between regional adipose tissue distribution and glucose tolerance in obese women. Diabetes 1989; 38: 304-309.

Després JP, Moorjani S, Lupien PJ, Tremblay A, Nadeau A, Bouchard C. Regional distribution of body fat, plasma lipoproteins, and cardiovascular disease. Arteriosclerosis 1990; 10: 497-511.

Ekblom B. Energy expenditure during exercise. En: Björntorp P, Brodoff BN, editores. Obesity. Filadelfia: JB Lippincott, 1992; 136-144.

Erlanson-Albertsson C, Mei Jei, Thesleff P. Enterostatin in man. Int J Obes 1992; 16 (Supl 1): 12.

Ferrannini E, Buzzigoli G, Bonadonna R et al. Insulin resistance in essential hypertension. N Engl J Med 1987; 317: 350-357.

Fleury C, Neverova M, Collins S et al. Uncoupling protein-2: a novel gene linked to obesity and hypersinsulinemia. Nature Genetics 1997; 15: 269-272.

Geiselman P. Control of food intake. Endocrinol Metab Clin North Am 1996; 25: 815-829.

Gibbs J, Smith GP. Effects of brain-gut peptides on satiety. En: Björntorp P, Brodoff BN, editores. Obesity. Filadelfia: J.B. Lippincott, 1992; 399-410.

Himms-Hagen J. Brown adipose tissue metabolism. En: Björntorp P, Brodoff BN, editores. Obesity. Filadelfia: J.B. Lippincott, 1992; 15-34.

Hirsch J, Leibel RL. A biological basis for human obesity. J Clin Endocrinol Metab 1991; 73: 153-157.

Hirsch J. Obesity: some heat but not enough light. Nature 1997; 387: 27-28.

Jung RL, Chong P. The management of obesity. Clin Endocrinol 1991; 35: 11-20.

Karam JH. Type II diabetes and syndrome X. Pathogenesis and glycemic management. Endocrinol Metab Clin North Am 1992; 21: 329-350.

Lean MEJ. Evidence for brown adipose tissue in humans. En: Björntorp P, Brodoff BN, editores. Obesity. Filadelfia: J.B. Lippincott, 1992; 117-129.

Lissner L, Levitsky DA, Strupp BJ, Kalkwarf HJ, Roe DA. Dietary fat and the regulation of energy intake in human subjects. Am J Clin Nutr 1987; 46: 886-892.

Marcus M. Binge eating and obesity. En: Brownell K, Fairburn C, editores. Eating disorders and obesity. Nueva York: Guilford, 1995; 441-444.

Ravussin E, Swinburn BA. Pathophysyology of obesity. Lancet 1992; 340: 404-408.

Reaven GM. Role of insulin resistance in human disease. Diabetes 1988; 37; 1.595-1.607.

Rosenbaum M, Leibel R, Hirsch J. Obesity. N Engl J Med 1997; 337: 396-407.

Rosenthal NE, Sack DA, Gillin JC et al. Seasonal affective disorder: a description of the syndrome and preliminary findings with light therapy. Arch Gen Psychiat 1984; 41: 72-80.

Russell GFM. Bulimia nervosa: an ominous variant of anorexia nervosa. Psycol Med 1979; 9: 429-448.

Sanchis D, Balada F, Grasa MM et al. Oleoyl-estrone induces the loss of body fat in rats. Int J Obes 1996; 20: 588-594.

Silverstone T, Goodall E. Serotonergic mechanisms in human feeding: the pharmacological evidence. Appetite 1986; 7: 85-97.

Shutz Y, Golay A, Felber JP, Jéquier E. Decreased glucose-induced thermogenesis after weight loss in obese subjets: a predisposing factor for relapse of obesity? Am J Clin Nutr 1984; 39: 380-387.

Stunkard AJ. Eating patterns and obesity. Psychiat Quart 1959; 33: 284-295.

Stunkard AJ, Sorensen TIA, Hanis C et al. An adoption study of human obesity. N Engl J Med 1986; 314: 193-198.

Stunkard AJ, Harris JR, Petersen NL, McClearn GE. The body-mass index of twins who have been reared apart. N Engl J Med 1990; 322: 1.483-1.487.

Vague J. La différenciation sexuelle, facteur déterminant des formes d'obésité. Presse Méd 1947; 55: 339-340.

Zhang Y, Proenca R, Maffei M, Barone M, Leopold L, Friedman J. Positional cloning of the mouse obese gene and its human homologue. Nature 1994; 372: 425-432.

CAPÍTULO 4

Modelos experimentales de obesidad

X. Remesar, J. A. Fernández López y M. Alemany

Introducción

La utilización de modelos experimentales de obesidad se ha convertido en los últimos años en uno de los mecanismos más utilizados para poder investigar las causas del desarrollo de la obesidad, así como sus características metabólicas y endocrinas. Su utilización en investigación ha permitido aproximaciones metodológicas que no son aplicables a los seres humanos y ha sido un elemento decisivo para conocer los factores que contribuyen a la aparición y mantenimiento de la obesidad.

Por cuestiones de tipo histórico –y también práctico– para hacer estos estudios se han utilizado principalmente ratas y ratones por su fácil disponibilidad, su rápido ciclo vital y elevado grado de conocimiento y estandarización de los parámetros de su metabolismo y nutrición. Además, las características constitucionales de estos animales les proporcionan una gran resistencia a todo tipo de manipulación, tanto nutricional como quirúrgica. De todos modos, hay que señalar que buena parte de los modelos de obesidad en roedores se basan en características hereditarias o bien en modelos de inducción nutricional, con un tercer grupo que se caracteriza por las manipulaciones destructivas de elementos clave en los circuitos de control del peso corporal.

En la tabla 4.1 se presenta, de modo muy esquemático, una clasificación de los modelos animales más utilizados en el estudio de la obesidad experimental. Cada uno de estos tipos de obesidad permite la aproximación a un objetivo experimental concreto con todas las ventajas e inconvenientes que esto representa. Así, la utilización de modelos de base hipotalámica nos permite conocer mejor qué partes del cerebro regulan determinadas funciones relacionadas con el control del peso corporal, como son los centros del apetito y de la saciedad, que inciden de forma considerable en el control del ba-

TABLA 4.1.
Modelos experimentales de obesidad

Obesidad de base genética: debida a alteraciones del genoma de los individuos
- Autosómica dominante: ratón *yellow* (A^{y}/a)
- Autosómica recesiva: ratón obeso *(ob/ob)*, rata obesa Zucker *(fa/fa)*, rata *corpulent* (SHR/LNcp), ratón diabético *(db/db)*, ratón *tubby (tub/tub)*
- Poligénica: ratón KK, ratón NZO

Obesidad de base hipotalámica: basada en la manipulación quirúrgica en zonas concretas del hipotálamo, o bien en las acciones de compuestos químicos que se acumulan selectivamente en el hipotálamo
- Electrolítica/quirúrgica
- Química

Obesidad de base nutricional: basada en el aumento de la ingesta (o en alteraciones de su composición), sea de manera voluntaria o forzada
- Dietas forzadas
- Dietas hipercalóricas
- Dietas de *cafetería*

Obesidad de base hormonal y/o farmacológica: basada en los efectos producidos por la acción de diferentes tipos de compuestos sobre el metabolismo general
- Insulina
- Corticoides
- Fenotiacina

lance energético global. Por otra parte, la afectación de los núcleos hipotalámicos puede alterar profundamente el comportamiento del animal, y afectar, por tanto, su actividad metabólica normal. Desde otro punto de vista, el efecto de dosis masivas de insulina puede facilitar la interpretación de la respuesta metabólica a la acción de la insulina, aunque su utilización queda restringida al variar también el contexto hormonal por efecto de dicha administración.

Muchos autores están convencidos de que en la obesidad humana los factores genéticos (y constitucionales), y sobre todo los nutricionales, representan un papel esencial, tanto en su aparición como en su desarrollo. Por esta razón, los modelos más comúnmente utilizados para el estudio de la obesidad experimental son, por una parte, las formas inducidas por la ingestión de una dieta con un contenido calórico muy elevado y, por otra, las obesidades de base genética. Estos dos modelos son más fácilmente utilizables cuando se trata de determinar la respuesta metabólica global del animal. Por esta razón, prestaremos una atención especial a dos modelos concretos de obesidad: la rata genéticamente obesa Zucker *fa/fa (fatty)* y la obesidad inducida por la ingestión de una dieta hipercalórica de sabor agradable, la conocida dieta de *cafetería.*

Obesidad genética

Los diferentes tipos de obesidad genética se diferencian por cuestiones tan básicas como pueden ser el momento del desarrollo de la obesidad, la coexistencia de diabetes u otras alteraciones de la secreción o de la actividad de la insulina, o alteraciones de las concentraciones de la tasa metabólica basal. En la tabla 4.2 se detallan algunas de las diferencias encontradas en este sentido entre los diversos modelos de obesidad.

Se puede comprobar con facilidad que el inicio de la obesidad puede variar mucho entre los distintos modelos, independientemente de la presencia de unas características comunes –o como mínimo, genéricas– como son la hiperfagia, la alteración de la tasa metabólica y la relación entre insulinemia y diabetogénesis, sobre los que se ha de incidir de forma más detallada.

La hiperfagia está incrementada en todos los modelos, aunque parece tener un papel preponderante en el inicio de la obesidad tan sólo en unas pocas razas experimentales, como la rata *Zucker fa/fa*; como consecuencia, la hiperfagia no puede asumirse como un elemento esencial para el desarrollo de cualquier obesidad. La deposición de grasa ha de favorecerse por la actuación concomitante de otros mecanismos, como puede ser la disminución del gasto energético, hecho que se puede apreciar en el descenso de la tasa metabólica basal, paralelo a la disminución de la capacidad termogénica del tejido adiposo marrón. Hay que tener en cuenta que este tejido –en el caso de los roedores– puede encontrarse muy bien diferenciado en las zonas subescapular, axial y perirrenal, de modo que resulta fácil determinar si su capacidad de producir calor –desacoplamiento de los procesos oxidativos mitocondriales mediante la activación de la proteína desacopladora– varía según las diversas condiciones experimentales. Así, se ha podido determinar que esta

TABLA 4.2.
Tipos de obesidad

	Dominante	*Recesiva*	*Poligénica*
Grado	Moderada	Severa	Variable
Inicio	Después del destete	Nacimiento	Algunos meses de edad
Hiperfagia	Moderada	Marcada	Variable
Tasa metabólica	Disminuida	Disminuida	Normal/alta
Hiperinsulinemia	Moderada	Elevada	Moderada
Diabetes	Ligera	Variable	Moderada

capacidad de disipación de calor está notablemente disminuida en los animales genéticamente obesos, tanto en su respuesta a estímulos nutricionales como en su respuesta al frío.

De manera tradicional, se ha considerado que la proteína desacopladora era una proteína presente únicamente en el tejido adiposo marrón, pero en la actualidad se han descrito otras proteínas desacopladoras presentes en otros tejidos como el tejido adiposo blanco, músculo y riñón, entre otros. Aunque la importancia que puedan tener estos elementos en la respuesta termogénica en la obesidad todavía no se conoce, se ha propuesto que parte de la acción termogénica disminuida pueda deberse a un fallo en el funcionamiento de estas proteínas.

La coincidencia de las anomalías en el patrón de ingestión de alimentos, junto con las detectadas en el gasto energético, ha hecho suponer que el hipotálamo es el principal lugar donde se produce la expresión de las alteraciones genéticas que tienen como consecuencia la aparición de algunos tipos de obesidad, al coincidir en esta parte del encéfalo los centros de control de la ingesta y de buena parte de los mecanismos de ajuste del gasto energético. Estas acciones son ejecutadas mediante las vías y centros del sistema nervioso autónomo. De forma muy general, se podría decir que el sistema nervioso simpático favorece la termogénesis y la disminución de las reservas grasas, en tanto que el parasimpático facilita la acumulación de grasa.

Las alteraciones genéticas se pueden expresar de manera muy diversa, ya sea por una llegada deficiente de información aferente al hipotálamo desde los centros periféricos o centrales ya por acciones mediatizadas por la corteza, en las cuales la información sensorial, los recuerdos y los ritmos biológicos tienen una importancia considerable. Por otra parte, las alteraciones genéticas pueden generar deficiencias en el acoplamiento entre la información aferente y la respuesta eferente, causada tanto por la ausencia de reconocimiento del receptor, por pérdida de capacidad de neuromodulación o, incluso, por cambios anatómicos o funcionales en las vías eferentes.

En la actualidad sólo se han identificado pocas mutaciones causantes de la aparición de obesidad en roedores. Estos modelos son los ratones obesos *(ob/ob)*, ratones diabéticos *(db/db)*, la rata obesa Zucker *(fa/fa)*, el ratón graso *(fat/fat)*, el ratón *yellow* *(A^y/a)* y el ratón *tubby (tub/tub)*, aunque en este último caso no se conoce todavía cuál es el producto del gen afectado.

La identificación de los genes *ob*, *db* y *fa* ha demostrado que todos éstos codifican para componentes específicos de un sistema que relaciona el contenido de tejido adiposo con la ingesta y el balance energéticos. El producto del gen *ob* es una proteína circulante, la leptina, cuya ausencia determina la obesidad en el ratón *ob/ob*. La administración de leptina a estos ratones induce una disminución de la ingesta, del contenido de grasa y del peso corporal, puesto que la leptina actúa en los centros hipotalámicos, que regulan el balance energético, induciendo una inhibición de la secreción de neuropéptido Y. Los ratones diabéticos y la rata obesa Zucker tienen una mutación en el gen que codifica para la síntesis de los receptores de leptina en el hipotálamo y en el cerebro, por lo que a pesar de que estos animales tienen concentraciones elevadas de leptina, ésta no tiene efecto alguno.

Los ratones *fat/fat* poseen una mutación en un gen localizado en el cromosoma 8 y que codifica para la carboxipeptidasa E. Esta enzima es requerida para el procesado de la proinsulina a insulina, lo que explica por qué estos ratones tienen concentraciones tan elevadas de proinsulina. De todas formas, la obesidad en estos ratones es posiblemente el resultado de un complejo patrón de alteraciones en la actividad y secreción de diversos neuropéptidos –sintetizados como proneuropéptidos– en el sistema hipotálamo-hipófisis y no el resultado de la hiperproinsulinemia.

El gen *agouti* codifica para una proteína que normalmente sólo es expresada en el folículo capilar. No obstante, el ratón *yellow* tiene una expresión ubicua de esta proteína en un amplio número de tejidos, incluyendo el cerebro y el tejido adiposo, lo que resulta en el desarrollo de obesidad. Aunque el mecanismo por el cual ésta se produce no está esclarecido en su totalidad, se ha propuesto que pueda ser consecuencia de concentraciones elevadas de calcio inducidas por la proteína *agouti*, o por una inhibición de los receptores de melanocortina 4, que se expresan principalmente en el hipotálamo y en otras regiones del cerebro que regulan la función neuroendocrina.

Así pues, la obesidad genética proporciona modelos para investigar los sistemas de control causantes del mantenimiento del balance energético, ya que a pesar de las diferencias que hay entre las obesidades humanas y las de los roedores con relación a la distribución del tejido adiposo, ambos grupos tienen puntos en común en muchos de los parámetros metabólicos, como son la hiperinsulinemia, la resistencia a la insulina y el desarrollo de la diabetes.

La obesidad de carácter recesivo de los roedores tiene muchas similitudes con la obesidad hereditaria descrita en los seres humanos, a pesar de que todavía es muy discutida su importancia en el desencadenamiento de la obesidad en estos últimos, esencialmente por falta de pruebas definitivas. A partir de los estudios realizados en animales, se puede afirmar que la considerable diversidad de tipos de obesidad en el hombre refleja tan sólo la variedad de expresiones fenotípicas de unos pocos componentes genéticos en la infinitamente variable base genómica del *Homo sapiens*.

La rata obesa Zucker *(fa/fa)*

El modelo de obesidad genética más representativo es tal vez la rata obesa Zucker *fa/fa*. Esta mutación fue descrita en 1961 por Zucker y Zucker. Las características metabólicas más importantes de este modelo de obesidad son referidas a continuación.

El fenotipo obeso es difícilmente detectable antes de las 4-5 semanas de vida. A pesar de esto, se puede determinar si un animal es obeso o no desde la primera semana de vida al detectar un descenso de la temperatura nuclear del organismo (más rápida en estos animales) al someterlos a una breve exposición al frío. La hiperfagia es muy marcada, a pesar de que éste no es el único factor implicado en el desarrollo de la obesidad, ya que la restricción alimentaria no evita por completo la aparición de la obesidad. La actividad física de estos animales está restringida a partir de la tercera semana de vida. La capacidad termogénica es muy reducida, como se puede deducir a partir de la temperatura nuclear y de la tasa de consumo de oxígeno. Los animales obesos resisten muy mal la exposición al frío, incluso en períodos muy breves, y pueden llegar a morir de hipotermia. Además, los animales obesos tienen unos ritmos de temperatura nuclear que están muy amortiguados en comparación a los que presentan los animales delgados. En estos animales se produce un aumento de la acumulación de grasa a partir de la primera semana de vida; incremento que es el resultado del tamaño de las células del tejido adiposo blanco, así como del aumento de su capacidad glucolítica y lipogénica. El páncreas de estos animales tiene aumentada la capacidad para producir insulina, lo cual se traduce en una tendencia a mantener concentraciones circulantes elevadas de dicha hormona. El hígado de los animales obesos tiene una capacidad lipogénica mayor que la de los animales delgados, al tiempo que evidencia una capacidad funcional normal en cuanto a la capacidad funcional para sintetizar y utilizar glúcidos y proteínas. En la rata obesa, sin embargo, el músculo parece que puede tener una capacidad menor para sintetizar proteínas; como consecuencia de esto, el animal obeso tiene una tasa menor de recambio proteico global de todo el organismo. Esta disminución del recambio puede ser debida, al menos en parte, a la menor capacidad que se detecta en estos animales para captar nitrógeno de la dieta, de modo que tienden a retener menos cantidad que la que retienen los animales delgados. Esta situación se complica parcialmente por la menor eficiencia de absorción de los aminoácidos –tanto los esenciales como los no esenciales– de la dieta. Las concentraciones de la mayor parte de las hormonas circulantes son normales, excepto en el caso ya citado de la notable hiperinsulinemia e hiperleptinemia y unos valores menores de hormonas tiroideas. El tejido adiposo marrón de las ratas *fa/fa* tiene un contenido de lípidos muy elevado, con una gran capacidad lipogénica, mientras que el de las proteínas mitocondriales es muy bajo y su capacidad funcional está limitada, ya que la posibilidad de oxidar sustratos es menor y el sistema de disipación de energía mediante la proteína desacopladora (termogénesis) no es funcional en condiciones fisiológicas.

La leptina es una hormona con un papel importante en el sistema de regulación de la masa corporal. Su síntesis y concentraciones son inhibidas por diversos factores, como la baja disponibilidad de energía y el ayuno, mientras

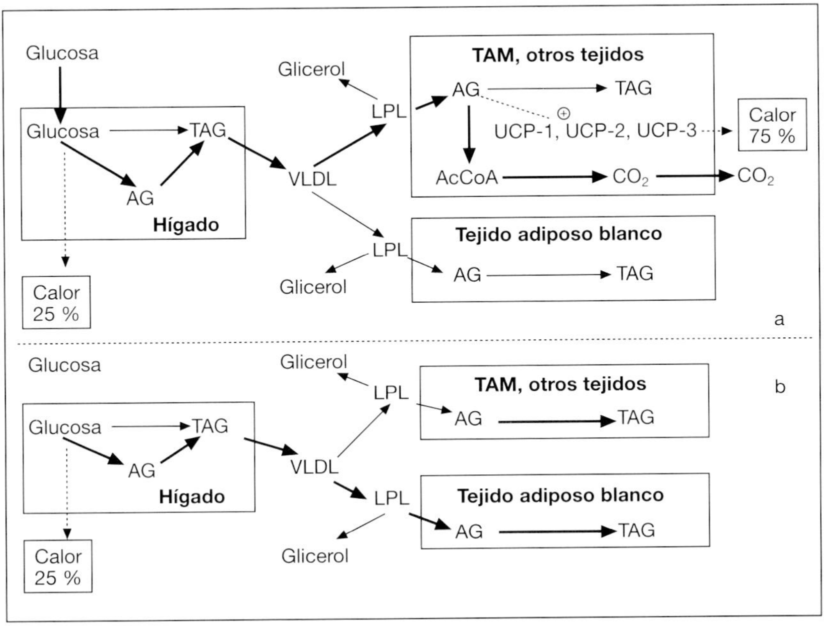

Figura 4.1. *Implicación de la lipogénesis hepática a partir de los glúcidos de la dieta en la deposición de grasa y, con esto, en el desarrollo de la obesidad genética de la rata Zucker* fa/fa. *a: situación en la rata normal (Fa/?) (esquema superior). b: rata obesa* fa/fa *(esquema inferior). TAG: triacilglicerol; TAM: tejido adiposo marrón; LPL: lipoproteína lipasa; AG: ácidos grasos; AcCoA: acetil coenzima A; VLDL: lipoproteínas de muy baja densidad; UCP: proteína desacopladora.*

que las dietas ricas en energía tienen el efecto contrario. El hecho de que las ratas *fa/fa* presenten un receptor de leptina no funcional equivale a una situación de aparente deficiencia energética, de forma que, en respuesta, el animal incrementa la ingesta y disminuye la capacidad termogénica. No obstante, por mucho que coma y que las concentraciones de leptina sean elevadas, la cantidad de señal que llega al hipotálamo seguirá siendo baja, debido a la falta de receptores funcionales, de forma que la situación se convierte en crónica y desemboca en la obesidad masiva que tienen estos animales.

La disminución de la capacidad termogénica de las ratas Zucker *fa/fa* puede ser uno de los principales factores condicionantes de su obesidad. En la figura 4.1 se han esquematizado las interrelaciones metabólicas entre el hígado y los tejidos adiposos, blanco y marrón, condicionantes de la exagerada acumulación de grasa que las caracteriza. Así, en un animal normal (figura 4.1 a), con una capacidad termogénica intacta y plenamente funcional, los glúcidos de la dieta –principal componente de la dieta proporcionada a los roedores– son convertidos en un elevado porcentaje en triacilgliceroles por el hígado. Desde el punto de vista energético, este proceso es poco eficiente energéticamente, puesto que se produce una pérdida de energía –que se desprende en forma de calor– de, aproximadamente, una cuarta parte de la inicial. Los lípidos así sintetizados –que representarían como máximo las tres cuartas partes de la energía inicial– son transportados desde el hígado, formando parte de las lipoproteínas de muy baja densidad (VLDL), y en parte son hidrolizados, liberando ácidos grasos por acción de la lipoproteína lipasa del tejido adiposo marrón; esta acción permite que este tejido capte estos ácidos grasos como sustrato energético, oxidándolos y activando al mismo tiempo el sistema de la proteína desacopladora, con lo que se libera una importante cantidad de calor que sirve tanto para el mantenimiento de la temperatura corporal como para eliminar el exceso de energía ingerida con la dieta. Hay que tener presente que la generación de calor para mantener la homeostasis térmica de un animal tan pequeño como la rata comporta el empleo de una parte considerable de la energía disponible.

En un animal genéticamente obeso, la ausencia de capacidad termogénica funcional de las mitocondrias del tejido adiposo marrón, necesaria para generar el calor que requiere el animal para mantener su temperatura corporal, provoca que este organismo haya de recurrir a otros procedimientos. Entre éstos se encuentra el aprovechamiento intensivo del proceso de síntesis de lípidos a partir de los glúcidos de la dieta. En este sistema, sin embargo, ocurre que el hígado produce más lípidos de los que el animal está preparado para oxidar, razón por la cual son almacenados en el tejido adiposo blanco, incrementándose así los depósitos grasos del animal sin poder disipar esta energía disponible en exceso. De lo anteriormente comentado se deriva que en los animales genéticamente obesos, la carencia de funcionalidad del sistema productor de calor sería potencialmente muy importante para los roedores, de modo que no sólo tienen problemas para mantener la temperatura nuclear, sino que poseen globalmente una mayor eficacia en almacenar energía. Así, puede interpretarse que la hiperfagia que caracteriza a estos animales puede ser un modo de conseguir más sustratos –de los que sólo podrán convertir en calor una fracción limitada– para mantener su temperatura ante el fallo del sistema termogénico del tejido adiposo marrón. De este modo, el animal mantendría su temperatura corporal gracias al calor residual generado esencialmente por el hígado. En definitiva, podríamos suponer que los animales obesos comen más para aumentar la producción de calor residual, hecho que generaría un incremento masivo de las reservas lipídicas.

La disminución de la capacidad termogénica de la rata Zucker *fa/fa*, aparte de las variaciones indicadas en la estructura y en la funcionalidad del tejido adiposo marrón, puede ser originada por una fuerte disminución en la estimulación simpática de este tejido. Esta reducción de la actividad adrenérgica precedería al desarrollo masivo de las reservas de tejido adiposo blanco. La actividad termogénica puede restaurarse parcialmente mediante la administración de agonistas betadrenérgicos, lo que indica que, en estos animales, el tejido adiposo marrón continúa siendo funcional, pero no es activo cuando es estimulado de un modo no adecuado por el sistema nervioso simpático.

El control que se ejerce sobre el mecanismo termogénico –que en definitiva parece esencial para determinar el desarrollo de la obesidad– puede tener como efectores otros agentes metabólicos, como pueden ser los glucocorticoides. Así, el hecho que la adrenalectomía restaure la capacidad termogénica y se evite el desarrollo de la obesidad, ha permitido suponer un papel crítico para el eje hipotálamo-hipófisis-adrenal en el control del balance energético. Los glucocorticoides controlan la secreción de CRH *(corticotropin releasing hormone)* por el hipotálamo; este factor representa un papel primordial en el desarrollo de la obesidad. El déficit de actividad simpática parece, además, que es bastante coherente con la hiperinsulinemia que desarrollan estos animales obesos, y que con toda probabilidad es consecuencia del aumento de la actividad parasimpática que promueve y facilita una secreción más elevada de insulina.

La rata obesa por alimentación con dieta de *cafetería*

Este tipo de obesidad se ha desarrollado en animales de experimentación con el fin de obtener un tipo de obesidad que fuera similar, con relación a la causa, a la que tienen algunos humanos al ingerir una dieta hipercalórica rica en grasas y azúcares. Conseguir un modelo de obesidad que responda a esta línea ha sido una tarea relativamente complicada, ya que los roedores controlan muy bien su balance energético. Las ratas no suelen comer más de lo que su mecanismo de control del peso corporal asume como necesario, de modo que inicialmente se suministraron dietas ricas en energía de un modo forzado –normalmente por medio de una sonda gástrica– con tal de conseguir el aumento de la ingesta diaria, a pesar de que esto comportase graves inconvenientes, como el estrés, al tiempo que se generaba un modelo en que los mecanismos de control no eran los que controlaban la ingesta sino que intentaban corregir el exceso de nutrientes con la disminución, aún mayor, de la alimentación espontánea. Sclafani y Springer (1976) consiguieron un modelo voluntario de hiperfagia y, consecuentemente, de obesidad. Ofrecieron a los animales los mismos alimentos (dulces, batidos, bollería industrial, chocolate, hamburguesas y alimentos similares) que consumía la juventud en grandes cantidades en las cafeterías y a los que se atribuía parte de la causa del desarrollo de hiperfagia y de la obesidad. Todos estos alimentos tienen en común dos cosas: gustos agradables para los jóvenes –y, tal como se ha comprobado, también para las ratas–, así como una elevada densidad energética, debida esencialmente a los lípidos y al azúcar. Cuando las ratas reciben una dieta de este tipo, en que pueden escoger el alimento que quieren y en la cantidad que deseen, se produce como resultado una quiebra del rígido control de la ingesta; así, los animales que ingieren esta dieta tienen una marcada hiperfagia, que en un corto plazo de tiempo implica un sensible aumento del peso corporal debido al incremento de los depósitos de grasa.

La dieta de cafetería ha sido muy cuestionada puesto que la variabilidad en los gustos de cada rata a lo largo del tiempo hace que en principio este tipo de dietas sean difícilmente sistematizables para estudios nutricionales. Además, se ha argumentado que la composición de la dieta podría comportar carencias de minerales y de vitaminas que no harían recomendable su utilización. Si bien es cierto que hay preferencias individuales con relación a determinados componentes de la dieta –por ejemplo, los machos consumen más grasa (panceta) que las hembras–, el tipo de tratamiento nutricional es el que hace que se normalicen las posibles desviaciones individuales. Así, en estudios de corta duración, la importancia de la variabilidad individual es mayor que en estudios más largos; la utilización de jaulas metabólicas ha permitido determinar qué es lo que come cada animal de cada uno de los componentes de la dieta; y, finalmente, el suplemento de la dieta con minerales y vitaminas permite garantizar la ausencia de cualquier déficit nutricional. En definitiva, el aspecto positivo de esta dieta consiste en ofrecer una amplia variación en la comida que se ofrece, no tan sólo de tipo cualitativo, sino también cuantitativo, es decir, ofrecer más de lo que potencialmente se pueda llegar a ingerir de cada elemento de la dieta, y en unas condiciones que reflejen, del modo más similar posible, la situación que se encuentra en los seres humanos.

Este tipo de obesidad se diferencia de la genética en una característica esencial, como es el aumento de la respuesta termogénica, no tan sólo con relación a la que puedan presentar los animales obesos, sino respecto a la que presentan los animales normales alimentados con una dieta estándar. El aumento de la capacidad termogénica queda reflejado en el incremento de la capacidad funcional global del tejido adiposo marrón que tienen las ratas sometidas a dieta de cafetería. Aun así, se produce una considerable deposición de grasa en el tejido adiposo blanco, a pesar de la fuerte activación termogénica como respuesta homeostática del organismo que trata de equilibrar el balance energético fuertemente desajustado por el descontrol de la ingesta. Las ratas alimentadas con dieta de cafetería conservan intacto su sistema termogénico, de modo que pueden responder de forma eficaz al estímulo del frío y reaccionan ante estimuladores betadrenérgicos con un aumento en la producción de calor. En cualquier caso, a pesar de que su capacidad termogénica está muy incrementada y puede ser sobrestimulada por vía nerviosa o con catecolaminas, se presenta un tipo de obesidad que no puede ser justificado plenamente por la existencia de un exceso de energía disponible y que tal vez guarde alguna relación con los nutrientes ingeridos y la proporción con la que son incorporados.

Un aspecto muy característico que tienen los animales obesos que siguen una dieta de cafetería, que se relaciona con la utilización diferencial de nutrientes indicada con anterioridad, es su elevada capacidad para retener el nitrógeno de la dieta. A partir de los datos relativos a balances nitrogenados y de aminoácidos, se puede constatar que hay una retención neta de nitrógeno, un efecto que no es exclusivo del crecimiento en ratas jóvenes sometidas a una dieta rica en energía, puesto que se encuentra también en animales adultos alimentados con dieta de cafetería. Este aumento se basa, por una parte, en el aumento de la capacidad de absorción de los aminoácidos de la dieta (con un incremento del orden del 15% por encima de la capacidad de los animales alimentados con pienso estándar) y, por otra, en la disminución de la capacidad de eliminar nitrógeno en forma de urea, al existir una marcada reducción de la capacidad funcional del ciclo de la urea.

Son considerables las similitudes entre la obesidad provocada por la hiperfagia relacionada con la alimentación con dietas de cafetería y la que se detecta en muchas poblaciones humanas de países desarrollados, y nos permiten determinar en gran medida cuáles pueden ser las pautas alimentarias que determinen a la larga el desarrollo de la obesidad. El efecto de los diversos tipos de alimentos ingeridos por las ratas que han desarrollado obesidad por el consumo de esta dieta es objeto en la actualidad de una gran atención por parte de los investigadores, atención que se suma a la que se dedica a los efectos propios del apetito sobre la acumulación de grasa. El paralelismo entre el consumo de lípidos, productos lácteos, azúcar, sal y otros elementos de la dieta por parte de las sociedades en que hay un incremento de la incidencia de la obesidad y el que manifiestan las ratas sometidas a dieta de cafetería son suficientemente evidentes para que se pueda establecer al inicio algún tipo de relación directa.

Los modelos animales utilizados para el estudio de la obesidad tienen, en general, algunas limitaciones a la hora de extrapolar las posibles conclusiones obtenidas con su estudio a las obesidades de los seres humanos. Una de las más importantes es el origen polifilético de la obesidad humana: existen diversas causas y un número considerable de factores que influyen en su aparición y desarrollo en comparación con los modelos animales más utilizados: la obesidad genética o nutricional. En los seres humanos las situaciones son a menudo más complejas, e incluso se complican por la intervención de diversos factores hormonales o condicionantes neurales, hipotalámicos e incluso corticales en muchas personas obesas. Otro factor tal vez crítico es el tamaño diferente de las personas y de los modelos animales utilizados, generalmente roedores, que tienen un peso entre 200 y 400 veces menor que el de los seres humanos. El gasto energético se relaciona con el tamaño por medio de factores alométricos bien establecidos: hay una relación directa entre la tasa metabólica basal en animales homeotermos y su peso elevado a –0,75. Esto significa que la generación basal de calor por kilogramo de rata es mucho más elevada que la de un hombre, y puesto que la termogénesis tiene una importancia relativa mucho mayor para la rata que para las personas, hay que tener muy en cuenta la diferencia de tamaños cuando se trata de comparar las obesidades (y la termogénesis) de los humanos y las de los roedores utilizados en experimentación.

A pesar de todo, del estudio de los modelos sencillos de obesidad se pueden extraer conclusiones parciales que sirven para comprender –y eventualmente tratar– los casos de obesidad en seres humanos que más se les asemejen. En cualquier caso, sirven para tener un mejor conocimiento de los mecanismos comunes de control y de las alteraciones del peso corporal que conducen a la obesidad.

Bibliografía general

Alemany M. The etiologic basis for the classification of obesity. Prog Food Nutr Sci 1989; 13: 45-66.

Bray GA. The Zucker fatty rat: a review. Fed Proc 1977; 36: 148-153.

Bray GA, York DA. Hypothalamic and genetic obesity in experimental animals: an autonomic and endocrine hypothesis. Physiol Rev 1979; 59: 719-809.

Closa D, Alemany M, Remesar X. Effect of cold exposure on organ temperatures in Wistar and Zucker *fa/fa* rat. J Therm Biol 1992; 17: 83-88.

Fleury C, Neverova M, Collins S et al. Uncoupling protein-2: a novel gene linked to obesity and hyperinsulinemia. Nature Genetics 1997; 15: 269-272.

Godbole V, York DA, Bloxham DP. Developmental changes in the fatty *(fa/fa)* rat: evidence for defective thermogenesis preceding hyperlipogenesis and hyperinsulinemia. Diabetologia 1978; 15: 41-44.

Himms-Hagen J. Role of thermogenesis in the regulation of energy balance in relation to obesity. Can J Physiol Pharmacol 1989; 67: 394-401.

Jansky L. Non-shivering thermogenesis and its thermoregulatory significance. Biol Rev 1973; 48: 85-132.

Kannan R, Learn DB, Baker N, Elovson J. Fatty acid synthesis in vivo and hepatic contribution to whole body lipogenic rates in obese Zucker rat. Lipids 1980; 15: 993-998.

Krief, S, Bazin R. Genetic obesity: is the defect in the sympathetic nervous system? A review through developmental studies in the preobese Zucker rat. Proc Soc Exp Biol Med 1991; 196: 528-538.

Ma SWY, Foster DO. Brown adipose tissue, liver and diet induced thermogenesis in cafeteria diet-fed rats. Can J Physiol Pharmacol 1989; 67: 376-381.

Pelleymounter MA, Cullen MJ, Baker MB et al. Effects of the obese gene product on body weight regulation in *ob/ob* mice. Science 1995; 269: 540-543.

Prats E, Monfar M, Castellà J, Iglesias R, Alemany M. Energy intake of rats fed a cafeteria diet. Physiol Behav 1989; 45: 263-272.

Rafecas I, Esteve M, Remesar X, Alemany M. Nitrogen balance of lean and obese Zucker rats subjected to a cafeteria diet. Int J Obesity 1992; 16: 237-244.

Rothwell NJ, Stock MJ. A role for brown adipose tissue in diet-induced thermogenesis. Nature 1979; 281: 31-35.

Rothwell NJ, Stock MJ. Diet-induced thermogenesis. En: Trayhurn P, Nicholls DG, editores. Brown adipose tissue. Londres: Edward Arnold, 1986; 269-298.

Sclafani A. Dietary obesity models. En: Björntorp P, Brodoff BN, editores. Obesity. Filadelfia: JB Lippincott Company, 1992; 241-248.

Sclafani A, Springer D. Dietary obesity in adult rats: similarities to hypothalamic and human obesity syndromes. Physiol Behav 1976; 17: 461-471.

Triandafillou J, Himms-Hagen J. Brown adipose tissue in genetically obese *(fa/fa)* rats. Response to cold and diet. Am J Physiol 1983; 244: 145-150.

York DA. Lessons from animal models of obesity. Endocrinol Metab Clin 1996; 25:781-800.

Zucker LM, Zucker TF. Fatty, a new mutation in the rat. J Hered 1961; 52: 275-278.

CAPÍTULO 5

Bases genéticas de la obesidad

G. Cuatrecasas, X. Formiguera y M. Foz

Introducción

Hoy día está plenamente aceptado el papel de la herencia en la génesis de la obesidad (véase capítulo 3). La distribución del tejido adiposo, el gasto metabólico basal, la respuesta energética a la sobrealimentación, la actividad lipoproteín-lipasa, la tasa lipolítica basal y las preferencias alimentarias dependen en un 30-40% de la carga genética de nuestros antepasados (Rosenbaum y Leibel, 1988).

Los trabajos clínicos realizados por Stunkard et al (1986) y Bouchard et al (1990) con gemelos homozigotos criados en ambientes distintos nos hacen tener en cuenta la existencia de una predisposición genética a la obesidad sobre la que actuarían factores sociales, educativos o nutricionales.

Debemos considerar que la presencia de un defecto monogénico en la obesidad humana es excepcional. Sólo algunos casos dismórficos muy concretos (síndromes de Prader-Willi, Bardet-Bield, Alström, Cohen, etc.), en los que existe una gran agregación familiar de obesidad y aparición de ésta en la primera infancia, son susceptibles de ser portadores de algún defecto genético aislado.

En lo que hace referencia a animales de experimentación, hace más de 50 años que se conocen varios modelos experimentales de obesidad de origen genético (véase capítulo 4). En los últimos 2 años, el descubrimiento de algunos defectos moleculares ha suscitado unas enormes expectativas de futuro, superando en ocasiones el ámbito estrictamente científico. Hablar de cada uno de los defectos genéticos conocidos hoy día supera el objetivo de este capítulo. Intentaremos profundizar en el análisis de los genes *ob*, *db* y *UCP-2*, que son en nuestra opinión aquellos que han propiciado un mayor avance en la comprensión fisiopatológica de la obesidad y los más prometedores en cuanto a posibles aplicaciones terapéuticas (tabla 5.1).

TABLA 5.1.
Principales genes implicados en la etiología de la obesidad

Gen	*Péptido*	*Localización cromosoma roedor*	*Equivalente humano*
ob (ratón)	Leptina	6	7q31.3
db (ratón)	Receptor para la leptina	4	1p31
fat (rata)	Carboxipeptidasa E	8	11p15
tub (rata)	Fosfodiesterasa	7	4q32
Agouti (rata)	Proteína ASP	2	20q11.2
UCP-2	UCP	7	11(?)

El gen *ob* y la leptina

El ratón obeso *ob/ob* se caracteriza por ser hiperfágico, dislipémico, hiperinsulinémico y diabético, transmitiendo estos rasgos de forma recesiva a su descendencia. El grupo de Friedman (Zhang et al, 1995) identificó, mediante la técnica del *positional-cloning*, el gen mutado y la proteína deficitaria causantes de su obesidad: el gen *ob* y su producto, la leptina. Para demostrar su teoría inyectó de forma intraperitoneal leptina a los ratones *ob/ob* durante 28 días. Además de disminuir su peso en un 40%, estos animales también experimentaron una reducción de su glucemia en un 66% y de su insulinemia en un 46% (Pelleymounter et al, Halaas et al, Campfield et al, 1995).

Así mismo, podríamos plantearnos la siguiente pregunta: ¿Cuáles son las alteraciones del gen *ob* que impiden al ratón *ob/ob* producir una leptina eficaz? Existen dos variantes conocidas que detallamos a continuación.

El ratón *ob2j/ob2j* no produce *ob* ARNm. No ha sido descrito aún ningún defecto estructural en el propio gen; sin embargo, variantes polimórficas en una región promotora en 5' impiden a estos ratones obesos transcribir correctamente el gen *ob*. Por otra parte, el ratón *C57BJ/6J* tiene una mutación en el codón 105 (transición entre C/G) que origina una señal de *stop* (AUG) en la transcripción del gen *ob* (Zhang et al, 1994).

En el ser humano, el equivalente del gen *ob* (también conocido como Lep^{ob}) ha podido identificarse mediante hibridización *in situ* en el cromosoma 7q31. Sin embargo, las alteraciones genéticas halladas en los ratones *ob/ob* no existen en el humano obeso (Maffei et al, 1996). Hasta ahora, tan sólo tenemos conocimiento de 2 casos de humanos, marcadamente hipoleptinémicos, en los que existe una deleción de una guanina en el codón 133 del gen Lep^{ob}. Se trata de dos primos hermanos obesos mórbidos de 2 y 8 años de edad y que pertenecen a una familia con gran consanguinidad y múltiples antecedentes de obesidad mórbida (Montague et al, 1997).

La gran mayoría de obesos humanos no son comparables al modelo animal *ob/ob*, puesto que contrariamente a lo esperado existe una gran hiperexpresión del gen *ob* (Lönquist et al, 1995) y las concentraciones circulantes de leptina (medidos por radioinmunoanálisis [RIA]) son muy elevadas (Considine et al, Ma et al, 1996). Aunque su importancia parece escasa, el papel del gen *ob* en la patogenia de la obesidad humana dista de conocerse por completo. Recientemente ha sido descrita un área polimórfica cerca del gen *ob* que tiene una gran asociación con la presencia de obesidad mórbida (Clément et al, 1996).

La leptina es un péptido de 167 aminoácidos (existe una variante de 166 aa, falta de glutamato en la posición 49, que también parece ser efectiva) que se sintetiza en exclusividad en los adipocitos maduros del tejido adiposo blanco (principalmente subcutáneo) para ser liberada en el torrente sanguíneo (véase capítulo 3). Su síntesis depende del porcentaje de grasa corporal (relación no válida para otras medidas antropométricas), del sexo (las mujeres son más hiperleptinémicas), de la edad y de varios factores hormonales. El frío (mediante el estímulo de los receptores β_3-adrenérgicos), el AMPc y la somatostatina inhiben la síntesis de leptina, mientras que la insulina, los glucocorticoides, el TNF-α y la IL-1 aumentan su síntesis (Caro et al, 1997). Sin embargo, de todos los factores citados con anterioridad, la insulina tiene un papel preponderante. En adipocitos en cultivo, la insulina no sólo aumenta de forma significativa las concentraciones de *ob* ARNm, sino que es vital para la secreción de leptina por parte de la célula (Cusin et al, 1996). *In vivo*, en las personas, existe una relación lineal entre insulinemia y concentraciones circulantes de leptina (Dagogo-Jack et al, 1996), aunque parece ser cierta sólo en caso de una estimulación mantenida (hiperinsulinismo crónico) puesto que una sobrecarga aguda de insulina no aumenta de forma significativa las concentraciones de leptina (Kolaczynski et al, 1996).

Si bien parece ser un estímulo necesario, la insulina *per se* no es suficiente para aumentar la expresión de leptina. Los pacientes diabéticos tipo 2 hiperinsulinémicos tienen concentraciones de leptina parecidas a las de personas no diabéticas con el mismo índice de masa corporal (IMC) y los diabéticos tratados con insulina no difieren en sus leptinemias respecto a un grupo control con un IMC parecido (Haffner et al, 1996). Un *clamp* euglucémico hiperinsulinémico no aumenta las concentraciones de leptina; sólo si se añade más glucosa al *clamp* incrementa la síntesis de leptina (Kolaczynski et al, 1996). La insulina es necesaria, pero también hace falta disponibilidad energética (glucosa). Finalmente, cabe señalar que la secreción de leptina sigue un ritmo circadiano, influenciada por cambios en la secreción de melatonina (Sinha et al, 1996), y que es excretada por vía renal (Cumin et al, 1996).

La teoría de la lipostasis postula un mecanismo de retroacción hormonal entre el tejido adiposo y el centro ventromedial hipotalámico: después de la ingesta, el tejido adiposo saturado de triglicéridos sintetizaría un mensajero que (previo el paso por la barrera hematoencefálica) activaría de forma selectiva el centro hipotalámico de la saciedad, manteniendo de esta forma un estrecho equilibrio entre ingesta calórica y necesidades del organismo. Varios mediadores lipídicos han sido propuestos (ácidos grasos libres, diacilglicerol, esteroides, etc.) pero la leptina parece ser un importante elemento regulador del eje adiposo-hipotalámico.

El ratón *db/db* y el receptor de la leptina: un modelo próximo a la obesidad humana

Las ratas *fa/fa* y los ratones *db/db* son dos modelos animales de obesidad, también recesivos, con unas características muy similares al *ob/ob*. Se diferencian sólo por unas concentraciones de hipercolesterolemia e hipertrigliceridemia mayores y en una precocidad superior en el desarrollo de su diabetes (de ahí el nombre *–db, diabetes–*) (Bahary et al, 1990). El modelo *db/db* («*C57BL/Ks db/db*») se describió en 1966 y las 5 mutaciones alélicas que se conocen, db_{2j}, db_{ad}, db_{3j}, db_{4j} y $db_{Pasteur}$, corresponden a variaciones de un área promotora en 5' fundamental en el control de la expresión génica. El locus del gen *db* está en el cromosoma 4 del ratón, es análogo al gen *fa* de la rata y su equivalente humano está en el cromosoma 1p31 (Chen et al, 1996). Al igual que el ser humano, el ratón *db/db* es hiperleptinémico y su obesidad es resistente a la inyección de leptina intraperitoneal.

La búsqueda de una explicación para esa leptín-resistencia permitió descubrir el gen del receptor para la leptina (obR) cuyo locus se corresponde al *db* (Tartaglia et al, 1996). Trabajos de microanatomía extraordinariamente precisos utilizando leptina marcada han confirmado la existencia del receptor obR de forma selectiva en leptomeninges y plexos coroideos. Sabemos que existe una menor captación de leptina radiactiva si comparamos coroides de animales obesos con otros de ratones normales, pero ¿cuál es el mecanismo causante de esta leptín-resistencia? Una posibilidad es que exista una dificultad de paso a través de la barrera hematoencefálica, otra es la presencia de un menor número de receptores obR, otra la existencia de un receptor anómalo y, finalmente, existe también la hipótesis de un defecto a nivel posreceptor.

Existen al menos cinco receptores funcionales para la leptina, diferenciándose por sus dominios intracelulares. El más importante, el llamado receptor «largo» u obRb, tiene una cadena intracelular de 304 aminoácidos. Posee una gran analogía con los receptores para citocinas de clase I, actuando como tirosincinasa y generando segundos mensajeros intracelulares. El obRa y el obRc, ambos sin dominio intracelular, actuarían tan sólo como moléculas de transporte quizá translocando leptina al interior de la célula. El obRe no tiene ni dominio intracelular ni siquiera dominio transmembrana, por lo que funcionaría como molécula soluble, uniéndose a la leptina y ejerciendo de *binding protein*.

Del mismo modo que conocemos cinco formas funcionales, el *splicing* (separación entre exones –o partes codificantes del gen– e intrones –o partes no codificantes–) anómalo del ARNm del receptor para la leptina puede dar lugar a formas aberrantes, traduciéndose en receptores de afinidad variable para la leptina y convirtiendo a las personas portadoras de este defecto en leptín-resistentes y, de forma secundaria, en hiperleptinémicas (Lee et al, 1996).

Existe también la posibilidad de que la leptín-resistencia no sea debida a un defecto del obR, sino a una anomalía posreceptor. En efecto, la leptina no parece ejercer directamente su efecto anorexiante sobre el centro de la saciedad hipotalámica y entre los segundos mensajeros hipotalámicos implicados destaca el neuropéptido Y (NPY).

Es conocida la relación del NPY con la patogenia de la obesidad, ya que se concentra (núcleo arqueado) en áreas implicadas en la regulación de la conducta alimentaria, del gasto energético y del sistema nervioso autónomo (Stanley, 1993). Al inyectar por vía intraventricular NPY, el ratón desarrolla –de forma reversible– una obesidad hiperinsulinémica marcadamente hiperfágica muy parecida a la de los modelos mencionados hasta ahora (Vettor et al, 1994). Por otra parte, al inyectar leptina por vía intraventricular se observa una marcada disminución del NPY hipotalámico (Schwartz et al, 1996). Todo esto hace considerar la existencia de una tríada constituida por tres péptidos: leptina, NPY e insulina (fig. 5.1). La leptina sintetizada por el tejido adiposo blanco –cuando las reservas energéticas son suficientes–, actúa a nivel hipotalámico (receptor obR) induciendo un descenso de NPY y creando el estímulo de saciedad (Stephens et al, 1995). Ante una situación de hambre, el aumento de NPY, al producir un incremento de insulina, induce también un aumento en las concentraciones circulantes de leptina que a su vez hace disminuir los valores de NPY. En los individuos obesos, al existir una alteración estructural en los receptores obR, la leptina no disminuiría el NPY persistiendo la sensación de hambre y compulsión.

Este esquema, válido en sus líneas maestras, probablemente es mucho más complejo. La leptina no sólo ejercería una acción central, bloqueando el aporte de nutrientes al inducir una sensación de saciedad, sino que actuaría de forma periférica como hormona antinsulínica. La reciente caracterización de receptores obR en la célula β pancreática sugiere que la leptina actúa disminuyendo la secreción de insulina (Kiefer et al, 1996). Por otra parte, según los datos de nuestro grupo de trabajo se produce una mayor degradación de insulina en el tejido adiposo de humanos obesos e hiperleptinémicos (Cuatrecasas et al, 1997).

En resumen, en situaciones lipogénicas (hiperinsulinemia y alta disponibilidad energética) la leptina actuaría disminuyendo el apetito, aumentando el gasto calórico mediante la termogénesis, reduciendo la secreción de insulina e incrementando su degradación; en definitiva, contrarrestaría los mecanismos que generan obesidad y resistencia a la insulina (Remesar et al, 1997).

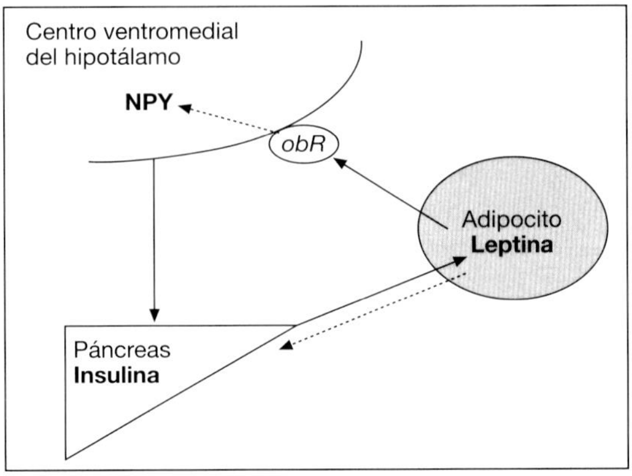

Figura 5.1. Esquema de las relaciones entre leptina, neuropéptido Y e insulina. obR: receptor para la leptina;←.. inhibición; → estimulación.

El gen de la UCP-2 y la termogénesis: ¿una esperanza de futuro?

Como ya se ha dicho en el capítulo 3, en 1983 Ricquier et al describrieron una proteína de transporte mitocondrial que relacionaron con la termogénesis y a la que llamaron UCP (*uncoupling protein* o proteína desacopladora). Esta proteína, altamente específica, pues sólo se sintetiza en el tejido adiposo marrón (TAM), se comporta como un translocador de protones en la cara externa de la membrana interna mitocondrial, haciéndole perder su gradiente electrónico. De esta manera, queda bloqueda la fosforilación oxidativa y la energía resultante de la oxidación de los sustratos se disipa en forma de calor. El papel de la UCP en la génesis de la obesidad en ratones está fuera de duda: animales transgénicos que sobreexpresan UCP tienen un marcado incremento de la lipólisis y pierden peso. Cuando existe más UCP, se produce una mayor termogénesis y más pérdida de peso.

En los seres humanos, el gen de la UCP se encuentra en el cromosoma 4q31 (Cassard-Doulcier et al, 1990), y su expresión depende del frío, de las catecolaminas, de la triyodotironina y del ácido retinoico (Ricquier et al, 1984). A diferencia de los animales hivernantes, es poco probable que la UCP-1 tenga un papel importante en la génesis de la obesidad humana. La presencia de TAM en el ser humano adulto es mínima y vivimos en un ambiente termostable. Sin embargo, el descubrimiento de la UCP-2 y su papel como mediador de la termogénesis en otros tejidos –como el tejido adiposo blanco o musculosquelético–, ha vuelto a suscitar el interés por la termogénesis en la fisiopatología de la obesidad. El gen de la UCP-2 de ratón ha sido clonado en el cromosoma 7 y su equivalente humano en el 11, con una homología cercana al 95% (Fleury et al, 1997).

Ratones *knock-out* carentes de UCP-1 expresan mayores concentraciones de UCP-2, mostrando una menor resistencia al frío pero sin desarrollar obesidad (Enerback et al, 1997). Esto hace considerar que la UCP-2, además de un papel termogénico menor, actúa fundamentalmente como un mecanismo de regulación del peso corporal.

La presencia de una termogénesis facultativa en distintos tejidos humanos representa un gran avance en la comprensión de los mecanismos que generan y mantienen la obesidad; sin embargo, la reciente descripción de la UCP-3 (Boss et al, 1997) y el hecho de que nos encontremos ante una familia de translocadores de protones nos da una idea de su complejidad.

Bibliografía general

Bahary N, Leibel RL, Friedman JM et al. Molecular mapping of the mouse *db* mutation. Proc Natl Acad Sci USA 1990; 87: 8.642-8.646.

Bouchard C, Tremblay A, Nadeau A et al. Genetic effect in resting and exercise metabolic rates. Metabolism 1989; 38: 364-370.

Boss O, Samec S, Paoloni-Giacobino A et al. Uncoupling protein-3: a new member of the mitochondrial carrier family with tissue-specific expression. FEBS Lett 1997; 408: 39-42.

Campfield LA, Smith FJ, Burn P et al. Recombinant mouse *ob* protein: evidence for a peripheral signal linking adiposity and central neural networks. Science 1995; 269: 546-549.

Caro JF, Sinha MK, Kolaczynski JW et al. Leptin: the tale of an obesity gene. Diabetes 1996; 45: 1.455-1.462.

Cassard-Doulcier AM, Bouillaud F, Ricquier D et al. Human uncoupling protein gene. J Cell Biochem 1990; 43: 255-264.

Chen H, Charlat O, Morgenstern JP et al. Evidence that the diabetes gene encodes the leptin receptor: identification of a mutation in the leptin receptor gene in *db/db* mice. Cell 1996; 84: 491-495.

Clément K, Garner C, Guy-Grand B et al. Indication for linkage of the human *ob* gene region with extreme obesity. Diabetes 1996; 45: 687-690.

Considine RV, Sinha MK, Helman ML et al. Serum immunoreactive-leptin concentrations in normal-weight and obese humans. N Engl J Med 1996; 334: 292-295.

Cuatrecasas G, Granada ML, Formiguera X et al. Increased leptin production *in vivo* and insulin cleavage by the epiploic adipose tissue of morbid obese patients. Clin Endocrinol 1998; 48: 181-185.

Cumin F, Baum HP, Levens N et al. Kidney is the major site of plasma leptin clearance. Obesity Res 1996; 4 (Supl 1): 38.

Cusin I, Sainsbury A, Doyle P et al. The *ob* gene and insulin: a relationship leading to the clues to the understanding of obesity. Diabetes 1995; 44: 1.467-1.470.

Dagogo-Jack S, Fanelli C, Paramore D et al. Plasma leptin and insulin relationships in obese and nonobese humans. Diabetes 1996; 45: 695-698.

Enerback S, Jacobsson A, Simpson EM et al. Mice lacking mitochondrial uncoupling protein are cold-sensitive but not obese. Nature 1997; 387: 90-94.

Fleury C, Ricquier D, Warden CH et al. Uncoupling protein-2: a novel gene linked to obesity and hyperinsulinaemia. Nature Genetics 1997; 15: 269-272.

Haffner SM, Stern MP, Miettinen H et al. Leptin concentrations in diabetic and nondiabetic Mexican-Americans. Diabetes 1996; 45: 822-824.

Halaas JS, Gajiwala KS, Rabinowitz D et al. Weight-reducing effects of the plasma protein encoded by the obese gene. Science 1995; 269: 543-546.

Kiefer TJ, Heller RS, Habener JF et al. Leptin receptors expressed on pancreatic β-cell. Biochem Biophys Res Commun 1996; 224: 522-527.

Kolaczynski JW, Nyce MR, Considine RV et al. Acute and chronic effect of insulin on leptin production in humans: studies *in vivo* and *in vitro*. Diabetes 1996; 45: 699-701.

Lee GH, Proenca R, Friedman J et al. Abnormal splicing of the leptin receptor in diabetic mice. Nature 1996; 379: 632-634.

Lönquist F, Arner P, Nordfors L et al. Overexpression of the obese *(ob)* gene in adipose tissue of human obese sujects. Nature Med 1995; 1: 949-950.

Ma Z, Gingerich RL, Landt M et al. Radioimmunoassay of leptin in human plasma. Clin Chem 1996; 46: 942-946.

Maffei M, Stoffel M, Friedman JM et al. Absence of mutations in the human *ob* gene in obese/diabetic subjects. Diabetes 1996; 45: 679-682.

Montague CT, Farooq IS, O'Rahilly S et al. Congenital leptin deficiency is associated with severe early-onset obesity in humans. Nature 1997; 387: 903-908.

Nolan JJ, Olefsky MJ, Nyce MR et al. Effect of troglitazone on leptin production. Diabetes 1996; 45: 1.276-1.278.

Pelleymounter MA, Cullen MJ, Collins F et al. Effects of the obese gene product on body weight regulation in *ob/ob* mice. Science 1995; 269: 540-543.

Remesar X, Rafecas I, Fernández-López JA et al. Is leptin an insulin counter-regulatory hormone? FEBS Letters 1997; 402: 9-11.

Ricquier D, Mory G. Factors affecting brown adipose tissue in animals and man. Clin Endocrinol Metab 1984; 13: 502-519.

Rosenbaum M, Leibel RL. Pathophysiology of chidhood obesity. Adv Pediatr 1988; 35: 73-137.

Schwartz MW, Baskin DG, Weigle DS et al. Specificity of leptin action on elevated blood glucose levels and hypothalamic neuropeptide Y gene expression in *ob/ob* mice. Diabetes 1996; 45: 531-535.

Sinha MK, Ohannesian JP, Caro JF et al. Nocturnal rise of leptin in lean, obese and non-insulin dependent diabetic patients. J Clin Invest 1996; 97: 1.344-1.347.

Stanley BG. Neuropeptide Y in multiple hypothalamic sites control eating behavior, endocrine, and autonomic systems for energy balance. En: The biology of neuropeptide Y and related peptides; 457-509. Humana, Totowa, NJ.

Stephens TW, Basinski M, Bristow PK et al. The role of neuropeptide Y in the antiobesity action of the obese gene product. Nature 1995; 377: 530-532.

Stunkard AJ, Sorensen TIA, Hanis C et al. An adoption study of human obesity. N Engl J Med 1986; 314: 193-198.

Tartaglia LA, Demski M, Tepper RI et al. Identification and expression cloning of a leptin receptor, OB-R. Cell 1995; 83: 1.263-1.271.

Vettor R, Zarjevski N, Cusin I et al. Induction and reversibility of an obesity syndrome by intracerebroventricular NPY administration to normal rats. Diabetologia 1994; 37: 1.202-1.208.

Zhang Y, Proenca R, Maffei M, Barone M, Leopold L, Friedman JM. Positional cloning of the mouse obese gene and its human homologue. Nature 1994; 372: 425-432.

CAPÍTULO 6

Complicaciones de la obesidad

X. Formiguera y M. Foz

Introducción

La obesidad, y en especial la obesidad de tipo androide o central, es un proceso morboso que a menudo se acompaña de otras enfermedades. En la obesidad androide son especialmente frecuentes las complicaciones cardiovasculares y metabólicas, manteniendo una evidente relación de causa y efecto, aunque no se conoce con detalle la naturaleza de la misma.

Otras complicaciones de la obesidad como las articulares y las digestivas son también frecuentes y guardan relación con la magnitud de la obesidad más que con la distribución regional del tejido adiposo.

Las relaciones entre la obesidad y otras enfermedades han sido, durante muchos años, objeto de controversia. En algunos aspectos, como la relación entre la obesidad y la diabetes tipo 2, hay un acuerdo unánime, pero otros, como por ejemplo la asociación entre obesidad y enfermedad cardiovascular, suscitaron grandes polémicas. Para esclarecer estas cuestiones se necesitan estudios poblacionales longitudinales, siguiendo grandes poblaciones durante largos períodos de tiempo. Éste es el caso del estudio de Waaler llevado a cabo en Noruega sobre una población de 1.700.000 habitantes con mínimas variaciones étnicas y un seguimiento de 10 años. En este trabajo se demostró con claridad que la relación entre mortalidad y obesidad (medida mediante el índice de masa corporal [IMC]) es una curva en forma de U (fig. 6.1). Queda patente que la mortalidad aumenta a partir de concentraciones de IMC inferiores a los 21 kg/m^2, donde se encuentra una elevada prevalencia de enfermedades pulmonares, y también a partir de valores de IMC superiores a 29 kg/m^2, con un aumento gradual de la prevalencia de enfermedades cardiovasculares, accidentes cerebrovasculares, diabetes mellitus de tipo 2 y algunos carcinomas. La mortalidad mínima se observa en concentraciones de IMC de 25 kg/m^2 tanto para varones como para mujeres.

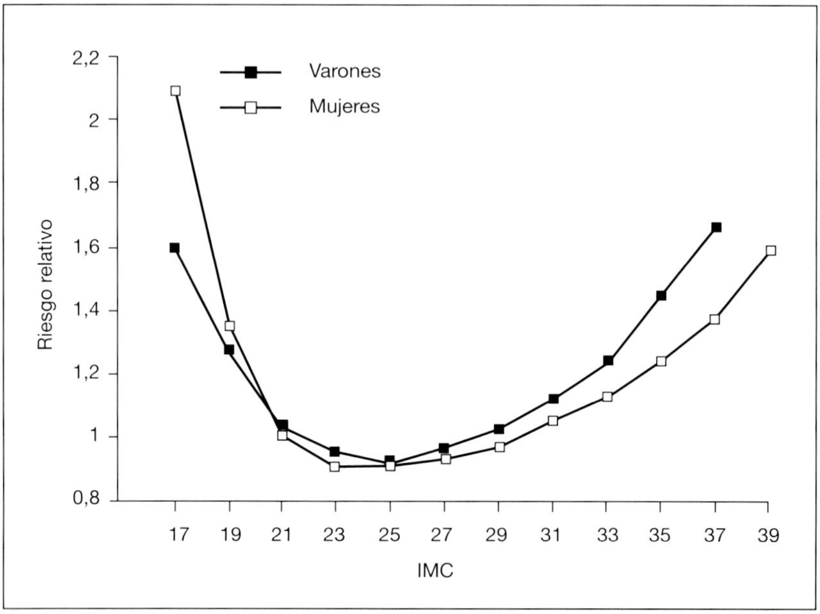

Figura 6.1. *Mortalidad relativa para grupos de edad (según Waaler, 1988). IMC: índice de masa corporal.*

En otro interesante estudio realizado por Larsson et al (1984) se demuestra claramente que, además de la hipertensión arterial, la distribución abdominal de la grasa constituye un factor de riesgo para accidentes cerebrovasculares e infarto de miocardio (figs. 6.2 y 6.3). Esto demuestra que los diversos aspectos de la obesidad interaccionan de forma compleja con las enfermedades cerebrovasculares y cardiovasculares y, por lo tanto, no es sorprendente que los análisis previos a estas relaciones fuesen controvertidos.

Numerosas observaciones sugieren que, aparte de la obesidad, los aspectos antropométricos tienen mucho que ver con la asociación a determinadas enfermedades. El concepto de distribución regional de la grasa corporal fue introducido por Vague hace unos 45 años pero, tal como sucede en tantas ocasiones en medicina, hasta hace muy poco no se le ha dado la importancia que realmente tiene. El «renacimiento» de este concepto se debe a recientes estudios experimentales y de tipo epidemiológico que consideran la distribución regional del tejido adiposo, medida mediante la relación cintura/cadera (Ci/Ca). La Ci/Ca es un factor de riesgo *independiente* de la enfermedad cardiovascular, diabetes tipo 2 y, probablemente, para algunos tipos de carcinoma en la mujer, mientras que el IMC, en estos casos, parece tener un papel distinto. En la enfermedad cardiovascular y en el accidente cerebrovascular

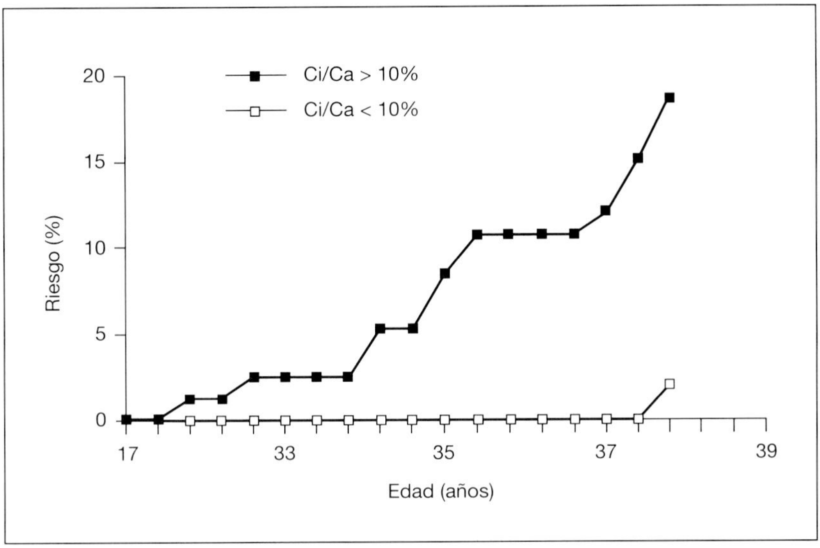

Figura 6.2. *Riesgo de accidente cerebrovascular en varones de 54 a 72 años según el índice cintura/cadera (Ci/Ca). Comparación entre los que tienen un índice Ci/Ca superior o inferior al 10% del promedio de la población (según Larsson, 1988).*

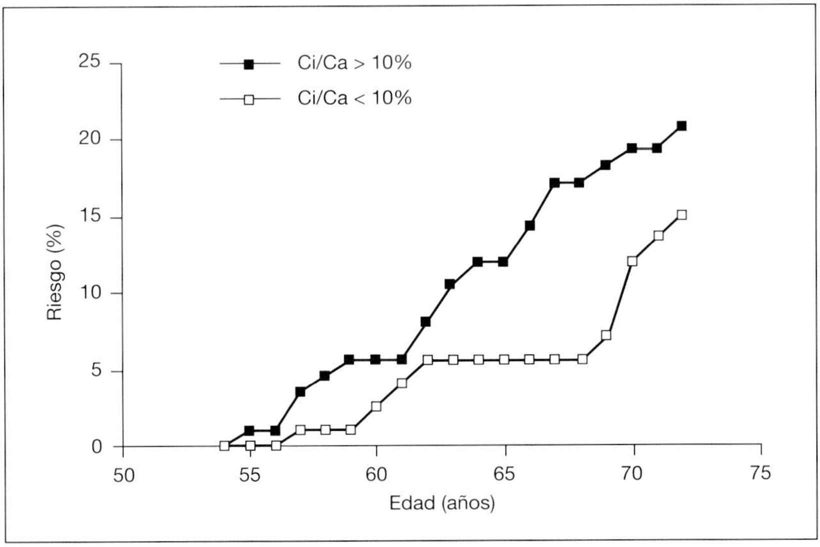

Figura 6.3. *Riesgo de infarto de miocardio en varones de 54 a 72 años según el índice cintura/cadera (Ci/Ca). Comparación entre los que tienen un índice Ci/Ca superior o inferior al 10% del promedio de la población (según Larsson, 1988).*

el IMC parece correlacionarse de forma negativa con el riesgo, mientras que en la diabetes tipo 2 y en la hipertensión arterial ambos factores actuarían sinérgicamente.

Hechas estas consideraciones previas revisaremos a continuación las relaciones existentes entre la obesidad y cada una de las enfermedades que a menudo la complican. Podemos agruparlas en seis categorías distintas: enfermedades vasculares, metabólicas, digestivas, respiratorias, osteoarticulares y neoplásicas.

Enfermedades vasculares

Las enfermedades vasculares que con mayor frecuencia se desarrollan en los pacientes obesos son la hipertensión arterial, la cardiopatía isquémica, los accidentes cerebrovasculares y las enfermedades venosas como la insuficiencia venosa de las extremidades inferiores y la flebotrombosis.

Hipertensión arterial

La obesidad y la hipertensión arterial (HTA) son, probablemente, las dos enfermedades más prevalentes en el mundo occidental. Entre la población norteamericana de más de 65 años, una de cada 2 personas tiene un peso superior al 120% de su peso teórico y una de cada dos es hipertensa. La prevalencia de estas enfermedades y de la diabetes tipo 2 aumenta con la edad como se desprende del San Antonio Heart Study con una clara superposición entre HTA, obesidad y diabetes. La elevada prevalencia de estas enfermedades entre la población explicaría que, aunque sólo fuera por casualidad, pudieran coexistir en una sola persona; sin embargo, la concurrencia en un mismo individuo de dos o más de estas enfermedades se produce con una frecuencia mayor de la que cabe esperar de la simple casualidad.

Desde la década de los años veinte se sabe que la obesidad y la HTA están relacionadas. En 1994 Levy et al observaron que, en los oficiales de la Armada de Estados Unidos, la HTA era 2,5 veces más frecuente entre los obesos que entre los individuos de peso normal. También en el *Hipertension Detection and Follow-up Program Cooperative Group* de Estados Unidos se demostró que el 60% de los participantes tenían un peso superior al 120% de su peso ideal, porcentaje muy superior al observado entre la población general de Estados Unidos. Éstos y otros estudios epidemiológicos realizados en adultos y niños sugieren que la obesidad puede ser uno de los factores de riesgo más importantes para la aparición de HTA.

Pero, además de esta estrecha relación epidemiológica, destaca que la pérdida de peso disminuye la tensión arterial tanto en los normotensos como en los hipertensos, independientemente de la ingesta de sodio.

Diversos estudios clínicos y epidemiológicos relacionan la HTA con la obesidad de tipo androide o central. Esta obesidad es también el fenotipo que se asocia con la resistencia a la insulina, hiperinsulinemia, hipertrigliceridemia, reducción del colesterol HDL y diabetes mellitus de tipo 2. Este síndrome conocido desde Kaplan como «el cuarteto de la muerte» y actualmente como «síndrome metabólico» es el resultado de un tronco etiopatogénico común: la resistencia a la insulina y la hiperinsulinemia que se genera en un intento de vencerla.

Por lo que respecta a la obesidad, sabemos que es una situación en la que puede haber resistencia a la insulina y que ésta, es más importante en individuos con obesidad de tipo androide. Pero, además, Peiris et al demostraron que las personas con este último tipo de obesidad tienen una disminución de la depuración hepática de insulina y que, a mayor cociente Ci/Ca, ésta es inversamente proporcional a las concentraciones plasmáticas de testosterona libre, algo que sucede en mujeres hiperandrogénicas con poliquistosis ovárica y en varones con ingesta crónica de esteroides anabolizantes para aumentar la masa muscular. Un hecho importante es que la grasa abdominal es metabólicamente más activa que la de la región gluteofemoral y responde a la adrenalina con una mayor estimulación de la adenilciclasa.

Hasta aquí podemos formular la siguiente hipótesis etiopatogénica: en personas con aumento de la actividad androgénica (varones y algunas mujeres) un balance energético positivo mantenido conlleva una obesidad de tipo central con incremento de los depósitos adiposos abdominales y viscerales. Esta grasa es más sensible a los agonistas adrenérgicos que estimulan la lipólisis, hecho que se manifiesta por un aumento de la liberación de ácidos grasos libres a la circulación portal que son capaces de inhibir la depuración hepática de insulina. Esta última, sumada al incremento de la producción pancreática de insulina para intentar vencer la resistencia insulínica, explican claramente la hiperinsulinemia que aparece en la obesidad androide. Y, tal como comentaremos más adelante, la hiperinsulinemia es capaz de causar HTA.

Con respecto a la HTA sabemos, a partir de los trabajos de Ferrannini et al, que algunos individuos hipertensos pueden tener resistencia insulínica, aunque no sean obesos y con una clara relación positiva entre las concentraciones de insulina y los valores de la tensión arterial (TA).

La hipersinsulinemia resultante de esta situación de resistencia insulínica puede contribuir a aumentar la TA por lo menos a través de tres mecanismos distintos:

1. Aumentando la retención renal de sodio. La insulina disminuye la excreción urinaria de sodio a través de un aumento de la reabsorción tubular de sodio (Na) en el túbulo proximal y distal a la rama ascendente del asa de Henle.

2. Activando el sistema simpático. El aumento de insulinemia en presencia de concentraciones normales de glucosa plasmática incrementa la concentra-

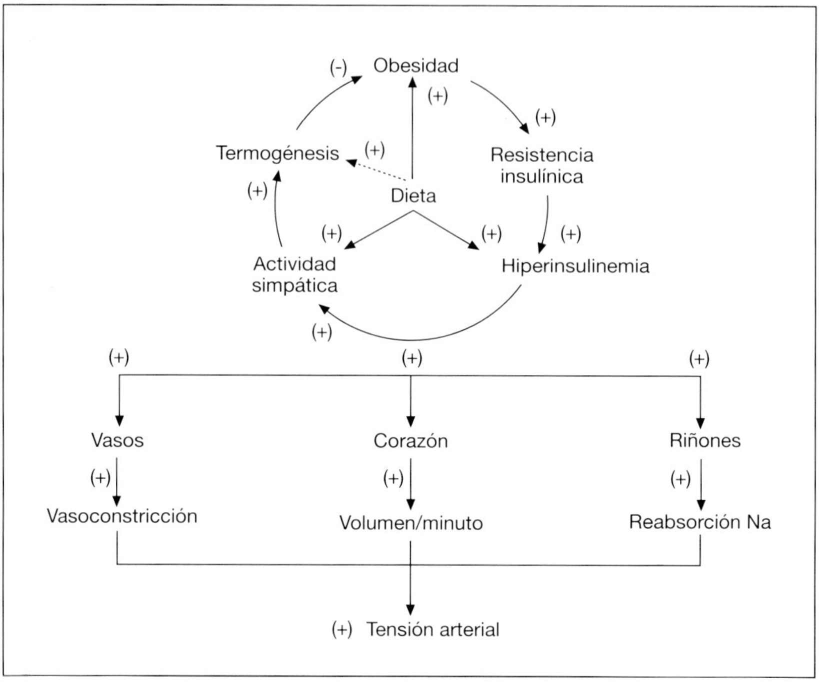

Figura 6.4. *Obesidad e hipertensión arterial: patogenia (Landsberg, 1986).*

ción plasmática de norepinefrina. En la rata, un aporte dietético excesivamente rico en hidratos de carbono produce hipertensión y un aumento de la actividad simpática, lo que confirma la evidencia de las relaciones entre obesidad, HTA e hiperinsulinemia. En la figura 6.4 se resumen de forma esquemática estos mecanismos que, en cierto modo, no son más que un sistema defensivo contra la obesidad. La activación simpática debida a la insulina es un mecanismo compensador para aumentar la concentración metabólica y restaurar el balance energético para evitar el incremento de peso. La hipertensión sería un «efecto secundario» de la hiperinsulinemia y de la estimulación del sistema simpático que, a través de sus efectos sobre el riñón, los vasos y el corazón, llevaría a la HTA.

3. Hipertrofia del músculo liso. La tercera vía, a través de la cual la insulina podría estar implicada en la patogenia de la hipertensión, sería mediante la inducción de hipertrofia de la musculatura lisa vascular, hecho que se ha comprobado *in vitro,* habiéndose demostrado en los vasos la presencia de receptores de insulina.

A la vista de todo lo que se ha expuesto hasta ahora parece verosímil que las cosas sucedan de la siguiente forma.

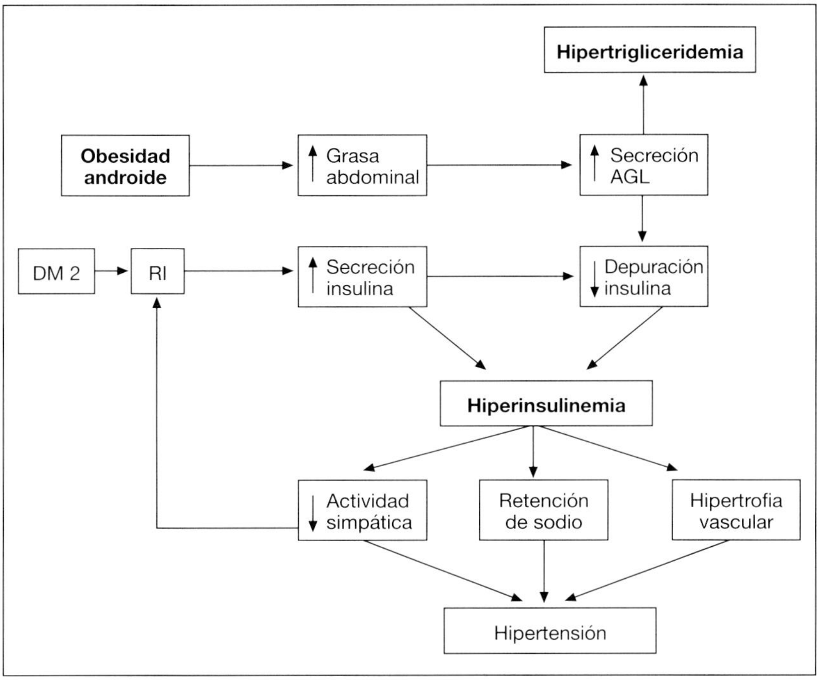

Figura 6.5. *Representación esquemática de las posibles relaciones etiopatogénicas entre los diversos componentes del cuarteto de la muerte. DM 2: diabetes mellitus de tipo 2. RI: resistencia a la insulina. AGL: ácidos grasos libres.*

En presencia de una concentración androgénica elevada, el aumento persistente de la ingesta energética produce un incremento del tejido adiposo abdominal y visceral. Esta grasa, metabólicamente más activa, produce un aumento de la concentración plasmática de ácidos grasos libres que facilitan, por un lado, la hipertrigliceridemia y, por otro, la disminución de la depuración hepática de insulina. Paralelamente, la obesidad es la causante de una resistencia insulínica que deriva en una diabetes tipo 2 y en un aumento de la producción hepática de insulina que, junto con la disminución de la depuración hepática, explica la presencia de hiperinsulinemia, que a través de un incremento de la estimulación simpática, por la elevación de la reabsorción tubular de Na y por la hipertrofia de la musculatura lisa vascular, sería la causante final de la HTA.

La figura 6.5 es un intento de representar esquemáticamente estos mecanismos etiopatogénicos.

Esta teoría etiopatogénica para explicar el síndrome metabólico es realmente sugerente y verosímil pero incompleta, ya que no explica algunas evidencias. Si fuera totalmente cierta, los pacientes con insulinoma serían todos hipertensos y sabemos que esto no es cierto. De la misma forma, entre los indios Pima de Norteamérica que presentan una elevada prevalencia de diabetes mellitus de tipo 2 e hiperinsulinemia, la HTA es muy rara.

Es decir, que si bien existe una clara relación epidemiológica entre la obesidad y el HTA, no disponemos aún de una explicación coherente de sus mecanismos etiopatogénicos. La hiperinsulinemia parece desempeñar un papel pero, probablemente, no es el de protagonista. A la luz de los actuales conocimientos nos atrevemos a decir que este protagonismo recae más en la resistencia insulínica que en la hiperinsulinemia resultante. Se precisan más estudios clínicos y experimentales para encontrar una explicación a la relación, que sin duda existe, entre obesidad y HTA.

Cardiopatía isquémica

Es un hecho conocido desde hace tiempo que la obesidad supone un aumento del riesgo de padecer una cardiopatía isquémica. Diversos estudios demuestran que los obesos tienen un aumento de la morbimortalidad por enfermedad coronaria. Los muchos datos proporcionados por uno de los principales estudios en Estados Unidos, el NHANES II y el NHANES III *(National Health and Nutrition Examination Survey II y III)* demuestran una clara asociación entre la obesidad y los factores de riesgo cardiovascular.

Hace ya tiempo existía una fuerte polémica sobre si la obesidad en sí misma podía considerarse un factor de riesgo independiente para la enfermedad cardiovascular o si simplemente era un factor de riesgo agravante cuando se acompañaba de otros factores de riesgo conocidos como la HTA, diabetes tipo 2 o dislipemias (hecho, por otra parte, frecuente). Hoy día la controversia se ha aclarado. Varios estudios de tipo epidemiológico utilizando el análisis multivariante demuestran claramente la existencia de relaciones entre obesidad y enfermedad coronaria. En el estudio publicado por el *Pooling Project Research Group,* se demuestra que la obesidad se correlaciona de forma positiva con el riesgo de enfermedad coronaria. En el estudio de Framingham se aprecia con claridad que el sobrepeso predice la incidencia de angina, de otras enfermedades coronarias, a parte de la angina, y de muerte coronaria en los varones, de forma independiente de la edad, de las concentraciones de colesterol, de la TA sistólica, del consumo de tabaco y de la tolerancia a la glucosa. En las mujeres el peso relativo es un excelente predictor de enfermedad coronaria, de muerte coronaria y de accidente cerebrovascular. En los dos sexos el aumento de peso durante la edad adulta comporta un aumento del riesgo de padecer enfermedades cardiovasculares, sin que pueda atribuirse ni al peso inicial ni a la presencia de otros factores de riesgo que puedan haber aparecido secundariamente al aumento de peso (fig. 6.6). Hay que destacar que, en este estudio, esta fuerte aso-

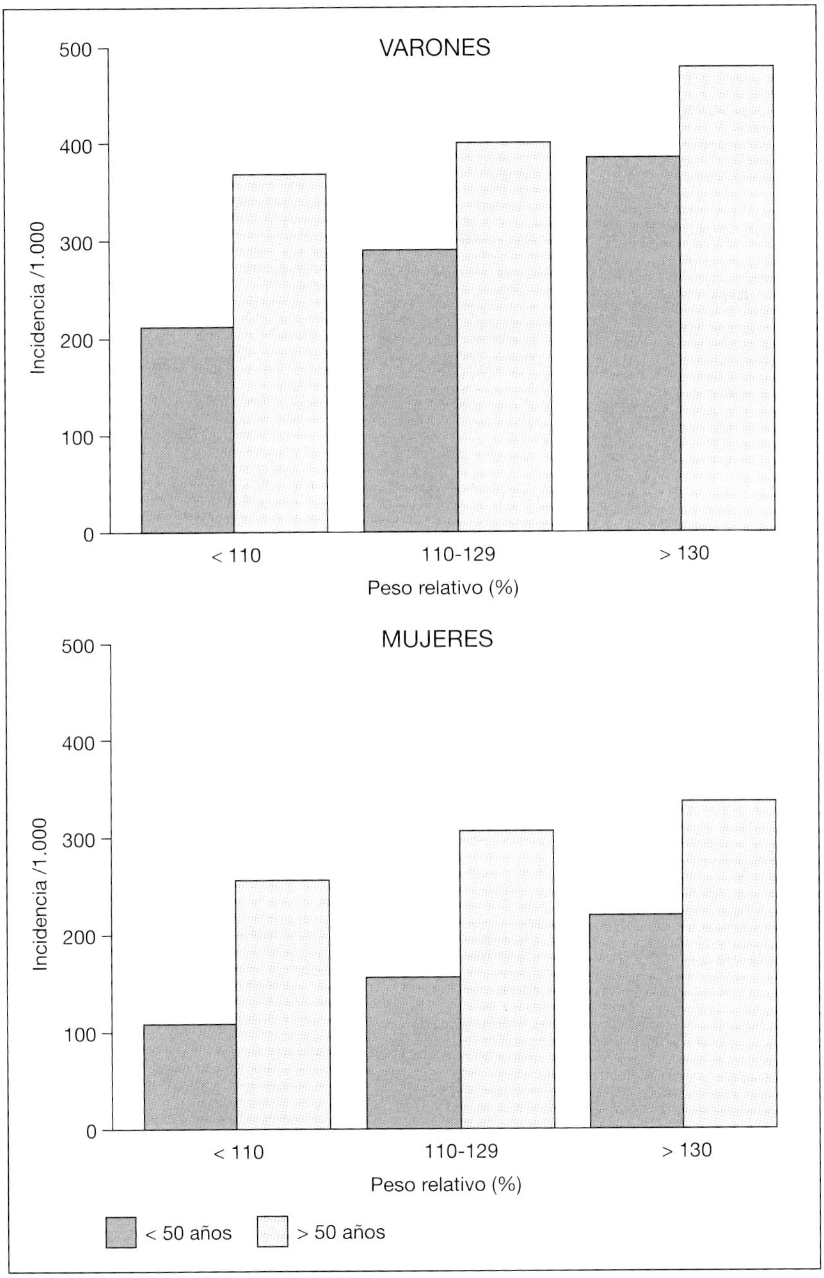

Figura 6.6. *Incidencia de cardiopatía isquémica en relación al peso en varones y mujeres (datos del NHANES II).*

ciación entre peso y enfermedad coronaria no se empieza a apreciar hasta pasados 8 años de seguimiento. Esto hace pensar que las discrepancias observadas con otros estudios pueden atribuirse, por lo menos en parte, a la existencia de períodos de observación más cortos. Por todo ello, recientemente (mayo de 1998) la American Heart Association ha decidido considerar la obesidad como un factor de riesgo mayor para cardiopatía isquémica.

El estudio de Larsson et al sugiere que la distribución regional de la grasa predice mejor el riesgo cardiovascular que el simple exceso de peso. Los resultados demuestran que el aumento de la relación Ci/Ca se asocia con accidentes cerebrovasculares, cardiopatía isquémica y muerte por enfermedad cardiovascular. Una vez más, el incremento de los ácidos grasos libres observado en la obesidad de tipo central, sería el causante de la hipertrigliceridemia, habiéndose también demostrado una acción arritmógena de los ácidos grasos libres.

Enfermedades metabólicas

Las enfermedades metabólicas que con frecuencia acompañan a la obesidad son tres: diabetes mellitus de tipo 2, hiperlipemia e hiperuricemia.

Diabetes mellitus de tipo 2

Obesidad y diabetes mellitus de tipo 2 (DM 2) se desarrollan muchas veces de forma conjunta en un mismo individuo. Numerosos estudios epidemiológicos demuestran que la obesidad es un potente factor de riesgo para la futura aparición de una DM 2, participando del síndrome de resistencia a la acción de la insulina, de tal forma que se puede decir que los obesos y el 80-90% de los pacientes con DM 2 son resistentes a la insulina y poseen una base genética que predispone a la enfermedad. De estas observaciones proviene la hipótesis de que la obesidad puede considerarse como un estado prediabético.

Varios estudios también sugieren que la distribución regional del tejido adiposo es un factor importante para la aparición de una DM 2. En ensayos prospectivos realizados sobre población sana, se ha visto que la distribución regional de la grasa –medida mediante el índice Ci/Ca– predice con fiabilidad la resistencia a la insulina, la hiperinsulina y la intolerancia a la glucosa.

Existen tres alteraciones metabólicas típicas de los obesos con DM 2 cuando los comparamos con los no diabéticos:

1. Disminución de la secreción de insulina estimulada por glucosa.

2. Aumento de la producción hepática de glucosa.

3. Disminución de la captación de glucosa debida a la insulina.

Cualquier hipotética secuencia etiopatogénica que pretenda explicar la evolución de la obesidad hacia la DM 2 ha de tener en cuenta esta tríada hormonometabólica y ser compatible con la secuencia temporal de acontecimientos que desembocan en una diabetes franca. En los indios Pima esta secuencia se conoce de forma bastante detallada. En una primera fase, los individuos obesos son resistentes a la insulina pero mantienen una tolerancia a la glucosa normal gracias a que las células beta son capaces de incrementar la secreción y compensar la resistencia insulínica. Conforme va aumentando la duración y la magnitud de la obesidad, asistimos a una progresiva disminución de la sensibilidad a la insulina pero, sin embargo, la tolerancia a la glucosa sólo se altera ligeramente, ya que las células beta son aún capaces de incrementar la producción de insulina, aunque este aumento ya no es capaz de normalizar la tolerancia a la glucosa. El próximo paso es la aparición de una diabetes franca que se manifiesta, en una fase inicial, por una disminución de la secreción pancreática de insulina. A pesar de que la respuesta insulínica está aumentada, en comparación con la de los individuos de peso normal, es ya insuficiente para compensar en su totalidad la resistencia insulínica. Con el tiempo se establecerá una severa intolerancia a la glucosa, resultado de la progresiva disminución de la secreción de insulina que deriva en una insulinopenia.

Para resumir, podemos decir, pues, que existe una clara relación entre obesidad y DM 2, especialmente marcada en el caso de la obesidad de tipo androide. Sin embargo, hoy día estamos aún lejos de un conocimiento preciso de los mecanismos etiológicos y patogénicos que nos permitan conocer la historia natural de estas dos enfermedades que afectan a un elevado porcentaje de la población occidental.

Hiperlipemia

La Sociedad Europea para la Arteriosclerosis (SEA), en unas directrices para la prevención de la enfermedad coronaria afirma:

«El exceso de peso representa un aumento del riesgo de padecer enfermedad coronaria y la obesidad importante constituye un factor de riesgo para la aparición de otros factores de riesgo. El control del exceso de peso, en cualquiera de sus grados, está justificado por sí mismo; además, la reducción de peso es importante para mejorar las concentraciones anormalmente elevadas de lípidos y lipoproteínas, la hipertensión, la hiperuricemia y la diabetes mellitus no insulinodependiente.»

Con el fin de demostrar la relación existente entre la obesidad y la hiperlipemia, es útil comentar algunos resultados del Estudio Prospectivo Cardiovascular Münster (PROCAM). Se trata de un ensayo de tipo longitudinal y prospectivo (la fase de inclusión de enfermos se inició en 1979 y se terminó en 1985) hecho sobre un total de 19.698 personas de edades comprendidas entre los 16 y los 65 años, de los que 13.737 eran varones, con una media de edad de 41,4 ± 11,2 años y 5.961 eran mujeres con 36,6 ± 12,5 años de edad.

Los resultados indican que, en los varones jóvenes, el colesterol total aumenta ligeramente a medida que se incrementa el IMC, pero en los varones adultos y en las mujeres no se encuentra ninguna correlación entre colesterol total y el IMC. Por el contrario, este último se correlaciona de manera directa con las concentraciones de triglicéridos y, de forma inversa, con el colesterol ligado a las lipoproteínas de alta densidad (HDL) en todos los subgrupos de edad y en ambos sexos. En los varones más jóvenes, se aprecia también una relación positiva entre el exceso de peso y las concentraciones de colesterol LDL (lipoproteínas de baja densidad).

Las personas obesas tienen un riesgo tres veces superior a tener valores bajos de colesterol HDL, siendo la prevalencia de concentraciones disminuidas de colesterol HDL más marcada en los varones que en las mujeres.

Por lo que respecta a los triglicéridos, también se observan diferencias entre ambos sexos, ya que la hipertrigliceridemia es cuatro veces más frecuente en el sexo masculino que en el femenino. En el estudio destaca especialmente que la combinación de hipertrigliceridemia con concentraciones disminuidas de colesterol HDL (combinación muy aterogénica), aumenta marcadamente a medida que lo hace el sobrepeso.

El mayor problema lipídico en las personas obesas –en comparación con las no obesas– no es la hipercolesterolemia aislada, sino la hiperlipemia mixta y la hipertrigliceridemia complicada con concentraciones disminuidas de colesterol HDL.

Hiperuricemia y gota

La hiperuricemia es prácticamente habitual en enfermos con obesidad importante (IMC > 30 kg/m^2). La gota y la litiasis úrica se observan también con mayor frecuencia en los obesos que en los no obesos. También aquí parece que estos trastornos son más frecuentes en la obesidad de tipo androide que en la ginoide.

Enfermedades digestivas

Entre las enfermedades del aparato digestivo que con mayor frecuencia complican la obesidad hay que destacar la litiasis biliar, la esteatosis hepática y la hernia de hiato.

Las personas obesas tienen un aumento de la morbimortalidad por patología de la vesícula biliar. Los obesos incrementan la secreción de colesterol en la bilis, por lo que esta última tiene un alto contenido en colesterol en relación a los ácidos biliares y, por lo tanto, es una bilis más litogénica.

En nuestra experiencia, en una serie de 70 pacientes con obesidad mórbida a los que se les practicó una gastroplastia vertical anillada, encontramos

30 (42,8%) con litiasis biliar o presencia de cristales en la bilis, lo que obligó a practicar además una colecistectomía en el mismo acto operatorio.

La esteatosis hepática es una complicación muy frecuente en la obesidad mórbida de tipo central. En los enfermos obesos con estas características (observaciones no publicadas), encontramos signos ecográficos de esteatosis hepática en un 83% de los casos. Clínicamente, la esteatosis hepática es casi siempre asintomática, pero la práctica de una ecografía abdominal demuestra el característico aumento de la ecogenicidad hepática que se conoce con el nombre de hígado «brillante». Biológicamente, la alteración más constante es un discreto aumento de la alaninaminotransferasa (ALT o GPT).

Tal como pudimos comprobar, la pérdida de peso consigue mejorar las alteraciones histológicas hepáticas de la obesidad y, en la mayoría de los casos, restituir de forma total la integridad hepática.

En la obesidad, probablemente a causa del aumento de peso de la pared abdominal y del tejido adiposo intrabdominal, se ha demostrado un incremento de la presión intrabdominal, lo que favorece la aparición de hernia de hiato y de reflujo gastroesofágico.

Enfermedades respiratorias

El conocimiento de que la obesidad afecta a la función respiratoria no tiene nada de novedoso, pero esta alteración de la función respiratoria puede producirse de varias formas. La mayoría de los obesos con pruebas de función respiratoria normales y concentraciones normales de dióxido de carbono tienen sutiles alteraciones de la mecánica ventilatoria, del volumen plasmático circulante y del coste energético que representa respirar. La mayoría de estas alteraciones son más importantes durante el sueño. Una parte de estos enfermos consultan al médico con síntomas evidentes de hipoventilación, hipercapnia, hipersomnia e insuficiencia cardíaca derecha, situación conocida con las expresiones de síndrome obesidad-hipoventilación (SOH), síndrome de apneas del sueño (SAS) o síndrome de apneas obstructivas del sueño (SAOS) o también síndrome de Pickwick, en honor del personaje obeso de la novela de Carlos Dickens *Los documentos póstumos del club Pickwick*.

El aumento del grosor del panículo adiposo de las paredes torácica y abdominal altera la dinámica del tórax y del diafragma, dificultando los movimientos respiratorios, reduciendo el volumen pulmonar y alterando el patrón ventilatorio. Además, el aumento de la grasa disminuye la *compliance* del conjunto del sistema respiratorio, disminución que aumenta cuando la persona está en decúbito supino (acostada en la cama).

El efecto compresor del peso del tejido adiposo del tórax disminuye el volumen residual, principalmente por la reducción del volumen espiratorio de reserva. Las capacidades vital y pulmonar están también a menudo disminuidas.

La hipoventilación alveolar se asocia con la obesidad pero, la obesidad por sí sola, no es causa de hipoventilación alveolar si no va acompañada de alteraciones del centro respiratorio, de la musculatura respiratoria o de los pulmones. La hipoventilación grave se produce cuando la obesidad se combina con la alteración de la función neuromuscular y con la disminución de la respuesta del centro respiratorio a la hipoxia y a la hipercapnia.

En la obesidad moderada, no complicada, las alteraciones de la ventilación-perfusión son contrarrestadas por un aumento de la ventilación. La hipercapnia transitoria en personas con debilidad de la musculatura respiratoria y disminución de la *compliance* (como sucede en personas con obesidad grave de grado II o superior), la respuesta ventilatoria es inadecuada para mantener una gasometría sanguínea normal.

Los pacientes con SOH tienen una marcada disminución de la respuesta al estímulo hipercápnico e hipóxico, que se acompaña de un patrón irregular de respiración con apneas más o menos prolongadas (centrales, obstructivas o mixtas) durante el sueño e incluso durante los períodos de vigilia. Después de cada apnea el paciente despierta y recupera la respiración normal. A medida que aumenta la obesidad, aumenta también la frecuencia y la duración de las apneas con la consiguiente reducción del tiempo de sueño efectivo y aparición de la somnolencia diurna.

En los pacientes obesos, toda esta sintomatología es mucho más frecuente de lo que parece, lo que nos obliga a interrogar, exhaustivamente a estos pacientes y a sus familiares sobre la forma de dormir, insistiendo en especial con el enfermo o algún familiar que duerma con él, sobre si ronca, posibles apneas nocturnas y somnolencia diurna.

La reducción de peso mejora toda la sintomatología del SAS, a veces de forma espectacular por encima de un determinado número de kilogramos, como si existiera un dintel a partir del cual se produjeran las apneas. Sin embargo, en una fase inicial después del diagnóstico y mientras el paciente empieza a reducir peso, se hace necesario el tratamiento con presión positiva continua sobre las vías respiratorias o CPAP *(continuous positive airway pressure)*, aplicada mediante un sistema compresor de aire conectado a una mascarilla nasal, lo que evita las apneas nocturnas, facilita el descanso y hace desaparecer la hipersomnia diurna, que es la causante de los graves y frecuentes accidentes que tienen estos enfermos.

Enfermedades osteoarticulares

La obesidad puede agravar las lesiones características de la artropatía degenerativa de tipo artrósico y, por lo tanto, aumentar las molestias secundarias a este tipo de patología osteoarticular (dolor e impotencia funcional). Este empeoramiento se manifiesta con mayor intensidad en las articulaciones denominadas de carga, como las articulaciones intervertebrales, la articulación coxofemoral, las rodillas y los tobillos.

En estos casos la influencia de la distribución regional de la grasa es nula, puesto que se trata sólo de una cuestión de sobrepeso existente tanto en la obesidad de tipo androide como en la ginoide.

La única lesión con la que parece existir una relación de causa y efecto entre la alteración articular y la obesidad es la que se produce en la articulación de la rodilla, donde tienen lugar graves alteraciones en el compartimiento femorotibial interno.

Enfermedades neoplásicas

Las relaciones entre obesidad y cáncer han sido motivo de varios estudios, cuyos resultados hacen considerar la existencia de conexiones entre la obesidad y determinados tipos de tumores cancerosos.

En un interesante estudio prospectivo, Garfinkel estudió la tasa de mortalidad por cáncer en relación al peso en 750.000 personas seguidas durante 12 años. Los resultados de dicho estudio demostraron que los varones con un sobrepeso igual o superior al 40% de su peso teórico tenían una tasa de mortalidad por cáncer de 1,33 y las mujeres también obesas de 1,55. Los varones obesos eran más susceptibles de forma significativa a padecer cáncer colorrectal y de próstata y las mujeres a desarrollar cáncer de endometrio, cérvix, ovario, mama y vesícula biliar.

Parece, pues, que la obesidad aumenta el riesgo de padecer cánceres digestivos (colon, recto y vesícula biliar) y de los órganos sexo-genitales (mama, endometrio, cérvix, ovario y próstata).

Sin embargo, en nuestra opinión, se precisan más estudios epidemiológicos con el fin de profundizar en estas relaciones y poder confirmarlas o descartarlas a la vez que se necesitan ensayos experimentales encaminados a estudiar las posibles relaciones etiopatogénicas entre la obesidad y determinados tipos de neoplasias.

Otros

Otros órganos y sistemas resultan también con frecuencia afectados por la obesidad. Éste es el caso, por ejemplo, de la piel de los obesos, que con frecuencia presentan alteraciones de los pliegues, estrías de distensión, furunculosis, hiperqueratosis plantar, acantosis *nigricans*, etc.

En general, y a modo de conclusión de este capítulo, podemos decir que las complicaciones de la obesidad afectan a casi todos los órganos y sistemas y repercuten de forma desfavorable sobre la salud en general, disminuyendo, a veces de forma muy importante, la calidad de vida de las personas afectadas por esta enfermedad.

Bibliografía general

Assmann G, Schulte H. Obesity and hyperlipidemia: results from Prospective Cardiovascular Münster (PROCAM) Study. En: Björntorp P, Brodoff BN, editores. Obesity. Fidaldelfia: J.B. Lippincott Company, 1992; 502-511.

Bray GA. Complications of obesity. Ann Intern Med 1985; 103: 1.052-1.061.

Casas JD, Pérez-Andrés R, Alastrué A et al. Radiologic evaluation of the vertical banded gastroplasty for morbid obesity. Eur Radiol 1993; 3: 344-349.

Ferrannini E, Buzzigoli G, Bonadonna R et al. Insulin resistance in essential hypertension. N Engl J Med 1987; 317: 350-357.

Formiguera X, Mate JL, Ojanguren I et al. Changes on hepatic abnormalities after massive weight reduction induced by vertical banded gastroplasty (VBG). Int J Obes 1991; 15 (Supl 1): 39.

Garfinkel L. Overweight and cancer. Ann Intern Med 1985; 103: 1.034-1.036.

Golay A, Felber JP, Jequier E, DeFronzo RA, Ferrannini E. Metabolic basis of obesity and noninsulin-dependent diabetes. Diab Metab Rev 1988; 4: 727-747.

Hypertension Detection and Follow-up Program Cooperative Group. Race, education and prevalence of hypertension. Am J Epidemiol 1977; 106: 351-361.

Hubert HB, Feinleib M, McNamara PM, Castelli WP. Obesity as an independent risk factor for cardiovascular disease: a 26 year follow-up of participants in the Framingham Heart Study. Circulation 1983; 67: 968-977.

Kaplan NM. The deadly quartet. Arch Intern Med 1989; 149: 1.514-1.520.

Khater H, Zollig K, Simon B, Schlierf G. Human fat cell adenylate ciclase: regional differences in adrenaline responsiveness. Eur J Clin Invest 1977; 7: 595-597.

Larsson B, Svardsudd K, Welin L et al. Abdominal adipose tissue distribution, obesity and risk of cardiovascular disease and death: 13 year follow-up of participants in the study of men born in 1913. Brit Med J 1984; 288: 1.401-1.404.

Larsson B. Regional obesity as a health hazard in men. Prospective studies. En: Björntorp P, Smith U, Lönnroth P, editores. Health implications of regional obesity. Estocolmo: Acta Medica Scandinavica Simposium Series, n.º 4, 1988; 723 (Supl): 45-51.

Levy RL, Troud WD, White PD. Transient hypertension. Its significance in terms of later development of sustained hypertension and cardiovascular-renal diseases. JAMA 1944; 126: 82-96.

Modan M, Halkin H, Almog S et al. Hyperinsulinemia. A link between hypertension, obesity and glucose intolerance. J Clin Invest 1985; 75: 809-817.

National Center of Health Statistics (NHANES II). Vital and Health Statistics. NHANES II, Series I, n.º 15, 1981.

Peiris AN, Mueller RA, Smith GA et al. Splachnic insulin metabolism in obesity: influence of body fat distribution. J Clin Invest 1986; 78: 1.648-1.657.

Pooling Project Research Group. Relationship of blood pressure, serum cholesterol, smoking habit, relative weight and ECG abnormalities to incidence of major coronary events: final report of the Pooling Project. J Chronic Dis 1978; 31: 201.

Reisin E, Adel R, Modan M et al. Effect of weight loss without salt restriction in the reduction of blood pressure in overweight hypertensive patients. N Engl J Med 1978; 298: 1-6.
Study Group, European Atherosclerosis Society. Strategies for the prevention of coronary heart disease: a policy statement of the European Atherosclerosis Society. Eur Heart J 1987; 8: 77.
Waaler HT. Hazards of obesity. The Norwegian experience. En: Björnorp P, Smith U, Lönnroth P. Health implications of regional obesity. Estocolmo: Acta Medica Scandinavica Symposium Series, n.º 4. 1988; 723: (Supl); 17-21.
Zacchi P, Mearin F, Humbert P et al. Effect of obesity on gastroesophageal resistance to flow in man. Digest Dis Sci 1991; 36: 1.473-1.480.

CAPÍTULO 7

Alteraciones psicopatológicas en la obesidad

L. Sánchez Planell

Introducción

La obesidad es, sin lugar a dudas, un trastorno cuya etiopatogenia, expresión clínica y tratamiento, sólo se pueden entender racionalmente con un enfoque biopsicosocial. En este sentido, la obesidad no se diferencia de los procesos que la psicopatología considera trastornos genuinos, cuantitativos de la ingesta (anorexia y bulimia nerviosa) ni, en rigor, de la gran mayoría de los procesos incluidos en el eje I (trastornos clínicos) de los sistemas de clasificación DSM (*Manual diagnóstico y estadístico de los trastornos mentales*, publicado por la American Psychiatric Association).

La importancia de los llamados factores psicológicos en la génesis y el mantenimiento de la obesidad podría deducirse del análisis de cualquiera de los modelos explicativos del sistema regulador del hambre desarrollados hasta la actualidad. En efecto, sería lógico creer que si los factores psicológicos tienen un papel esencial en el control del hambre, la obesidad sería una enfermedad en la cual las alteraciones psicopatológicas constituirían un elemento nuclear. Diversas observaciones clínicas realizadas desde hace cuatro o cinco décadas, claramente influidas por las investigaciones psicoanalíticas, pareció que confirmaban esta posición al señalar que las personas obesas tendrían una estructuración anómala y relativamente específica de la personalidad y que, en general, presentaban grados de alteración psicopatológica superiores a las no obesas. Esta impresión inicial ha sido rectificada, en términos generales, al hacerse estudios controlados con mayor rigor metodológico. Wadden y Stunkard, después de una revisión de trabajos sobre la población general (nueve estudios en adultos y tres en niños), han señalado que se evidenciaban muy pocas diferencias entre las personas obesas y las no obesas. La revisión de estudios realizados en poblaciones clínicas demostró igualmente la ausencia de diferencias psicopatológicas significativas en los pacientes obesos y permitió afirmar a los autores que «los estudios epidemiológicos y clínicos refutan la noción popular que, como grupo, las personas con sobrepeso están emocionalmente trastornadas».

Si bien es cierto que la experiencia clínica diaria demuestra que, en conjunto, los pacientes obesos no presentan una psicopatología *primaria específica* mayor que otros enfermos médicos o quirúrgicos, no es menos cierto que no se puede negar la existencia de alteraciones psicopatológicas claras en algunos grupos de pacientes obesos, cuya detección y tratamiento adecuado es condición *sine qua non* para conseguir una buena evolución ponderal.

Como hemos señalado en otra publicación (Sánchez Planell et al, 1992) la relación entre obesidad y alteración psicopatológica se puede establecer esquemáticamente a tres niveles: *a)* pacientes obesos con alteraciones psicopatológicas primarias que pueden constituir un factor etiopatogénico claro en el desarrollo de la obesidad; *b)* obesos con alteraciones reactivas, y *c)* obesos que desarrollan alteraciones psicopatológicas en el transcurso de una reducción ponderal.

Alteraciones psicopatológicas primarias

Clásicamente, cuando se han considerado las posibles alteraciones psicopatológicas primarias que pueden representar un papel etiológico en la obesidad, se ha dedicado una atención indudable al posible trastorno de personalidad que tendrían un alto porcentaje de pacientes obesos. A partir de las ideas psicoanalíticas, se consideró al obeso como un individuo que, por exceso o por defecto de estimulación oral en la infancia, presentaría «fijaciones» en el estadio oral del desarrollo, de manera que, en su vida adulta, volvería a un grado de conductas orales ante circunstancias estresantes. Investigaciones psicoanalíticas posteriores ampliaron el concepto inicial de gratificación oral hasta llegar a la totalidad de las experiencias compartidas con la madre durante la primera etapa del desarrollo, superando el concepto primario de «personalidad oral» del obeso y poniendo el acento en otros aspectos como pueden ser la valoración de la madre «obesógena» y la incapacidad de distinguir entre hambre, saciedad y otras sensaciones somáticas internas o, más recientemente, en la asociación entre sobreingesta y «diversos estados disfóricos asociados a numerosos conflictos psicodinámicos que son la secuela de trastornos en las fases oral y postoral del desarrollo» o, dicho de otra manera, la sobreingesta sería un intento maladaptativo para reducir experiencias afectivas dolorosas y restaurar la sensación de bienestar, utilizando la comida como representación simbólica de la función maternal de cuidado y tranquilización.

Diversos estudios actuales centrados en la evaluación psicopatológica de los *pacientes* obesos, han intentado demostrar la importancia de los trastornos de personalidad en la génesis de la obesidad. Algunos de estos trabajos se han realizado en sujetos con obesidad mórbida, tipo de obesidad que se había supuesto asociada con un alto grado de alteraciones psicopatológicas. Castelnuovo-Tedesco y Schiebel, estudiando en profundidad 12 pacientes obesos mórbidos, señalaron que el 83% tenía un trastorno de personalidad claro, sobre todo de tipo pasivo-dependiente y pasivo-agresivo. Duckro et al, en el estudio de una muestra de obesas mórbidas candidatas a tratamiento quirúrgico, señalaron que no se podía hablar de una psicopatología homogénea, sino que se podían identificar tres grupos: normal, neurótico y caracteropático. En un trabajo reciente, Black et al, en la evaluación psicopatológica de 88 pacientes obesos mórbidos candidatos a cirugía bariátrica, han señalado que frente a un 28,3% de sujetos que no tenían ninguna alteración de personalidad, el 21,7% cumplía criterios diagnósticos de un solo trastorno de personalidad y el 50% los seguía para más de un diagnóstico en el eje II; los trastornos más frecuentes eran los del grupo excéntrico y dramático (trastorno límite, antisocial, histriónico). Esta alta proporción de pacientes caracteropáticos contrasta con los hallazgos de Larsen (el 76% de los 90 enfermos estudiados no evidenciaba una alteración valorable de la personalidad), o con los descritos recientemente por nosotros. Si bien en los estudios realizados los últimos años se utilizan instrumentos fiables y se aplican criterios diagnósticos estrictos, es evidente que ni los resultados pueden extrapolarse a todos los obesos mórbidos (es probable que los que no buscan tratamiento quirúrgico tengan un mayor grado de alteración psicopatológica) ni a otros tipos de obesidad (leve o moderada).

La consideración de que diferentes estados disfóricos conducen a una conducta de sobreingesta (y la consiguiente obesidad) se sitúa en la base de todas las teorías psicosomáticas formuladas desde la publicación del ya clásico trabajo de Kaplan y Kaplan en 1957. La sobreingesta sería, según la teoría psicosomática inicial, una conducta aprendida por el paciente con finalidades ansiolíticas o, dicho de otra manera, que busca reducir la activación secundaria a estados emocionales internos. Si bien –con diferentes formulaciones y terminologías– el hecho de que la sobreingesta sea la consecuencia de un estado disfórico básico no ha sido puesto en duda en la investigación psicosomática de las últimas décadas, sí que lo ha sido, por contra, la supuesta capacidad ansiolítica o «reductora de activación emocional» de la sobreingesta. Robbins y Fray, en un trabajo de revisión de los resultados de investigaciones clínicas sobre el tema, señalaron que si bien parecía claro que la sobreingesta sería el resultado del estrés, la relación entre ansiedad e ingesta sería curvilínea, de manera que grados bajos de activación incrementarían la ingesta mientras que los elevados tendrían una capacidad inhibidora de la ingesta, y que el obeso mantendría la alteración de la ingesta no por su capacidad ansiolítica, sino porque el alimento actuaría como un refuerzo positivo de esta conducta.

Desde un punto de vista clínico, no se puede establecer en general una relación directa entre psicopatología primaria y gravedad de la obesidad, con la excepción de un subgrupo de obesos mórbidos que desarrollan una sobreingesta voraz con características de atracón o hartazgo *(binge eating)*. La experiencia clínica demuestra, en efecto, que en un porcentaje valorable de obesidades leves o moderadas la psicopatología primaria constituye un factor causal evidente, mientras que en muchos obesos mórbidos la evaluación psicopatológica no evidencia alteraciones psicopatológicas primarias (incluso reactivas) valorables. La psicopatología primaria que se encuentra con más frecuencia es la que genéricamente puede denominarse ansiosa y que desde un punto etiológico puede ser, por un lado, un síntoma más o el síntoma nuclear de un trastorno de personalidad de base o, por otro, presentarse de manera más o menos episódica como reacción vivencial ante situaciones de estrés. La primera situación ya ha sido considerada al hablar de los trastornos de personalidad, y en lo que hace referencia a la ansiedad reactiva se puede comprender que la conducta de sobreingesta a la que puede dar lugar se entenderá en el tiempo de manera paralela a la duración de la reacción vivencial. Un ejemplo de esta conducta de sobreingesta reactiva a situaciones de estrés es el denominado *night eating syndrome* que presenta un porcentaje de pacientes obesos no superior al 10%, en el que destaca una cierta disgripnia con hiperfagia nocturna clara que va acompañada de una conducta anorexiforme durante el día, y en la que se puede identificar sin dificultad una situación ansiógena causal.

La patología depresiva primaria pocas veces es un factor causal de obesidad, ya que la mayoría de cuadros depresivos de intensidad valorable cursan con anorexia. Una excepción es la llamada *depresión atípica,* síndrome depresivo primario cuya localización nosológica no está bien precisada, y en la que destaca, junto con la sintomatología depresiva, la presencia de hipersomnia diurna discreta y de hiperorexia con tendencia a la ingesta excesiva y bastante selectiva de hidratos de carbono. Si bien lo más frecuente es que este tipo de depresión comporte simplemente un aumento discreto de peso, en los casos en que el cuadro se prolonga por cualquier motivo, puede haber un incremento de peso importante. En efecto, y teniendo en cuenta que tanto la utilización de los antidepresivos IMAO (inhibidores de la monoaminoxidasa) como de los heterocíclicos se asocia con un aumento de peso, en estos cuadros es aconsejable emplear fármacos antidepresivos sin este efecto (es decir, inhibidores selectivos de la recaptación de serotonina).

La conducta bulímica es un factor causal evidente de obesidad en un número valorable de pacientes. En efecto, junto a enfermos que tienen conductas de sobreingesta discreta y continuada, determinada más o menos de forma psicógena, Stunkard ya había definido, hace más de 30 años, un tipo de obesos en los que la presencia de atracones claros *(binge eating)* era determinante en la génesis del sobrepeso. Considerar este patrón anormal de ingesta

TABLA 7.1.
Criterios diagnósticos del *binge eating disorder*

A. Episodios recurrentes de atracón con las características siguientes:
  1. Comer en un período de tiempo discreto (p. ej., 2 h) una cantidad de alimentos superior a la que la mayoría de personas podrían ingerir en el mismo período de tiempo
  2. Sentimiento de falta de control durante los episodios (sensación de que no se puede parar de comer o que no se puede controlar qué o cuánto se está comiendo)

B. Durante la mayor parte de los episodios de atracón aparecen, por lo menos, tres de los siguientes indicadores conductuales de pérdida de control:
  1. Comer mucho más rápidamente de lo que es habitual
  2. Comer hasta notar una sensación incómoda de plenitud gástrica
  3. Ingerir grandes cantidades de alimentos cuando no se nota sensación física de hambre
  4. Ingerir grandes cantidades de alimentos a lo largo de todo el día sin horario planificado
  5. Comer solo por sentirse avergonzado por la gran cantidad de alimentos que se ingiere
  6. Sentirse asqueado de uno mismo y deprimido o muy culpable después del episodio de atracón

C. Malestar acusado respecto a los episodios de atracón

D. Los episodios de atracón se presentan como promedio al menos dos veces por semana durante un período de 6 meses

E. Actualmente no se cumplen los criterios de bulimia nerviosa

como una alteración psicopatológica primaria y específica en los obesos sería incorrecto en un sentido estricto ya que, por un lado, este patrón constituye un síndrome determinado multifactorialmente (factores que serían en realidad las auténticas alteraciones primarias: personalidad, respuesta psicobiológica a la dieta, factores socioculturales, etc.) que de forma secundaria dará lugar a la obesidad, y por otro lado, se sabe que el patrón de conducta bulímica también puede aparecer en personas con infrapeso (pacientes con anorexia nerviosa) y en aquellas con peso normal afectadas de bulimia nerviosa. En los últimos años, y probablemente como consecuencia del interés que ha provocado este último proceso, se ha reexaminado la importancia del síndrome bulímico en la obesidad, y algunos autores han propuesto incluso una nueva categoría diagnóstica para el DSM-IV: *binge eating disorder* (BED), cuyos criterios diagnósticos se señalan en la tabla 7.1 y que, como se puede observar, son similares a los que el DSM-III aceptó para la bulimia. Si bien en clínica vemos con frecuencia pacientes que cumplen claramente estos criterios (con una prevalencia superior a la de la bulimia nerviosa), la aceptación del cuadro como entidad nosológica independiente choca también con la experiencia que evidencia que muchos se mueven a lo largo de un *continuum* de trastornos de la ingesta: inicio como anorexia restrictiva clara o *críptica*, evolución hacia anorexia bulímica o bulimia nerviosa y evolución final hacia la obesidad a través del proceso que se ha propuesto en denominar BED.

Alteraciones psicopatológicas reactivas

Todos los autores que han estudiado las alteraciones psicopatológicas reactivas que presentan los pacientes obesos han señalado, como primer hecho sorprendente, la desproporción entre la intensa presión social adversa y las incapacidades o disfunciones físicas que sufren y la escasa repercusión psicopatológica que tienen. En efecto, y tal y como se ha señalado repetidamente, los pacientes obesos sufren discriminación social, laboral y no de manera infrecuente un trato médico poco respetuoso, que con objetividad tendría que comportar reacciones desadaptativas. Puede aceptarse que, en algunos casos, el prejuicio y la discriminación asociada con frecuencia son vividos por el paciente obeso como condicionantes «externos» de los que puede no sentirse responsable y que a menudo determinan un victimismo defensivo y no una culpabilización depresiva. Al contrario, las incapacidades y disfunciones físicas consiguientes que tienen fundamentalmente los obesos mórbidos no pueden ser atribuidas a factores externos y constituyen en teoría una fuente continua de frustración y de potencial culpabilización depresiva. Naturalmente, en estos casos habría que esperar frecuentes reacciones disfóricas que, sin embargo, no se producen. Así, y en la línea de muchos otros trabajos de revisión de los estudios que demuestran que en la obesidad los trastornos emocionales son más las consecuencias que la causa, en nuestro estudio sobre las alteraciones psicopatológicas de los obesos mórbidos señalamos que sólo un 28% de los pacientes estudiados tenía una sintomatología depresiva de cierta intensidad (puntuaciones > 15 en la Escala de Valoración Psiquiátrica de Hamilton para la Depresión) mientras que un 22% tenían grados de ansiedad igualmente valorables (puntuaciones > 14 en la Escala de Valoración Psiquiátrica de Hamilton para la Ansiedad). Así mismo, utilizando criterios diagnósticos estrictos, Halmi et al demostraron en un grupo de 86 obesos mórbidos que la prevalencia vital de patología depresiva diagnosticable en el eje I del sistema DSM era del 28,7, es decir, no lejos de las cifras que diversos estudios epidemiológicos atribuyen a la prevalencia vital de depresión en la población normal. Es evidente, no obstante, que los instrumentos de evaluación de psicopatología afectiva más utilizados en clínica pueden no poner de manifiesto dolorosos sentimientos de autodepreciación que aparecen de manera reactiva a ciertas situaciones, como sería la incapacidad para mantener y no recuperar el peso perdido, o de humillación, por ejemplo, por no poder encontrar un asiento adecuado o por no poder subir a un transporte público, etc.

Los bajos niveles de alteración psicopatológica detectados en la esfera afectiva contrastan con el rechazo manifiesto a su imagen corporal que tienen muchos pacientes obesos. En sentido estricto, no se puede calificar este fenómeno de dismorfofobia ya que la alteración objetiva es evidente, pero comparte con ésta, por lo menos en algunos casos, el carácter de sobrevaloración y las conductas de evitación fóbicas (es decir, el característico rechazo al espejo). La experiencia clínica indica que el rechazo de la imagen corporal no es, sin embargo, universal, y que los obesos emocionalmente sanos no presentan esta alteración. Como ha señalado Wadden acertadamente, es más frecuente en las mujeres jóvenes de clase media-alta, así como en los casos en que la obesidad se inició en la infancia y que en la época crítica de la adolescencia el futuro paciente obeso(a) recibió de padres y amigos bromas y actitudes sarcásticas en relación a su sobrepeso. Una vez instaurada la alteración de la imagen corporal, pocas veces desaparece de forma espontánea. En numerosas series de pacientes obesos sometidos a cirugía bariátrica se ha podido comprobar el efecto altamente beneficioso de un tratamiento de este tipo sobre esta sintomatología, con la práctica desaparición del disgusto y del rechazo de la imagen corporal en la mayoría de casos.

Alteraciones psicopatológicas y reducción ponderal

En el ya clásico estudio sobre las consecuencias físicas y psicológicas de la desnutrición, Keys demostró que las personas normales sometidas a desnutrición controlada tenían, junto a síntomas físicos diversos, alteraciones psicopatológicas centradas en síntomas depresivo-ansiosos y pensamientos y conductas obsesivas en relación a la comida. La experiencia clínica demuestra que un número valorable de pacientes obesos tiene alteraciones psicopatológicas durante el proceso de reducción ponderal, fundamentalmente en forma de cuadro depresivo ansioso. Desde que en 1959 Stunkard realizara la primera revisión sistemática sobre el tema, se han publicado numerosos estudios que confirman que probablemente un 50% de los pacientes obesos sometidos a tratamiento de adelgazamiento tienen trastornos afectivos (inicio y reagudización de distimia depresiva, inicio o reagudización de ansiedad) que pueden ser decisivos en la cifra elevada de abandonos de tratamiento producidos en los programas terapéuticos clásicos de reducción ponderal. Stunkard ha señalado que la alta incidencia de trastornos emocionales en los obesos sometidos a tratamiento (ambulatorio o en internamiento) parece estar influida por tres variables: *a)* los pacientes cuya obesidad empezó en la infancia parecen más vulnerables que los que la desarrollan en la vida adulta; *b)* una intensa restricción calórica parece que produce síntomas con más facilidad que un ayuno total, y *c)* el tratamiento ambulatorio parece más ansiógeno que el instaurado en régimen de internamiento. En un estudio en mujeres obesas, Ley señaló qua había una correlación positiva entre la intensidad del sobrepeso y los grados de depresión y de ansiedad presentados durante la dieta, y que las mujeres que a lo largo del tratamiento habían perdido más peso que la media del grupo tenían, respecto a las que habían perdido menos, más recaídas depresivas y ansiosas al final del tratamiento.

Tanto los resultados de Stunkard como los de Ley podrían hacer suponer que los pacientes con obesidad mórbida sometidos a cirugía bariátrica tendrían que presentar alteraciones psicopatológicas graves en el transcurso de la masiva y rápida pérdida ponderal que se produce en el primer año después de la intervención. Sin embargo, tanto los enfermos sometidos a *bypass* yeyuno-ileal como a gastroplastia vertical anillada tienen un sorprendente bajo nivel de alteraciones psicopatológicas durante la reducción ponderal. Así, en los pacientes estudiados por Halmi et al, frente al número elevado de casos de depresión y de ansiedad presentados durante los intentos de adelgazamiento tradicionales, fueron escasos los cuadros disfóricos evidenciados por los enfermos después de la cirugía gástrica. Hemos encontrado resultados similares en nuestra muestra de 69 obesos mórbidos sometidos a gastroplastia vertical anillada (38 kg de pérdida ponderal media en un año después de la intervención) y que evaluados psicopatológicamente antes de la intervención y después de un año de su realización, evidenciaron una disminución estadísticamente significativa de los grados de ansiedad y de depresión mostrados basalmente, sin que la presencia significativa de síntomas ansiosos y depresivos antes de la intervención permitiera predecir en ningún sentido la evolución del peso en el primer año (datos no publicados).

Junto a las reacciones emocionales adversas, en el transcurso del tratamiento de adelgazamiento se puede desarrollar un cuadro de bulimia. En los estudios de campo del BED se ha demostrado que las cifras de pacientes obesos que desarrollan un patrón de ingesta bulímico en el transcurso del tratamiento de la obesidad con diversos programas terapéuticos acreditados oscila entre el 16 y el 52%. La presencia de conductas bulímicas parece que está claramente aumentada en los pacientes con obesidad mórbida y, así mismo, la prevalencia de atracones se incrementa con la elevación del índice de masa corporal. El posible desarrollo de un patrón de ingesta bulímico durante el tratamiento dietético hay que detectarlo precozmente, ya que para su control hace falta efectuar cambios sustanciales en el programa de modificación conductual, así como instaurar un tratamiento psicofarmacológico.

Bibliografía general

Black DW, Yates WR, Reich JH et al. DSM III personality disorder in bariatric clinic patients. Ann Clin Psychiatry 1989; 1: 33-37.

Blundell JE. The biology of appetite. Clin Appl Nutr 1991; 1: 21-31.
Bull RH, Engels WD, Engelsman F et al. Behavioral changes following gastric surgery for morbid obesity: a prospective, controlled study. J Psychosom Res 1983; 27: 457-467.
Castelnuovo-Tedesco P, Schiebel P. Studies of superobesity (I). Psychological characteristics of superobese patients. Int J Psychiat Med 1975; 6: 465-480.
Duckro PN, Leavit JN, Beal DG, Chang AF. Psychological status among female candidates for surgical treatment of obesity. Int J Obes 1983; 7: 477-485.
Glucksman ML. The response of obese patients to weight reduction: a clinical evaluation of behavior. Physchosom Med 1968; 30: 1-11.
Glucksman ML, Hirsch J, McCully RS et al. The response of obese patients to weight reduction (II). A quantitative evaluation of behavior. Psychosom Med 1968; 30: 359-374.
Halmi KA, Long M, Stunkard AJ. Psychiatric diagnosis of morbidly obese gastric bypass patients. Am J Psychiatry 1980; 137: 470-472.
Halmi KA, Stunkard AJ, Mason EE. Emotional responses to weight reduction by tree methods; gastric bypass, jejunoileal bypass, diet. Am J Clin Nutr 1980; 33: 446-451.
Kaplan HI, Kaplan HS. The psychosomatic concept of obesity. J Nerv Ment Dis 1967; 125: 181-201.
Keys A, Brozek J, Herchel A, Michelsen O, Taylor HL. The biology of human starvation. Minneapolis: University of Minnesota Press, 1950.
Larsen F. Psychosocial function before and after gastric banding surgery for morbid obesity. Acta Psychiatr Scand 1990; 82 (Supl 359): 1-57.
Ley P. Psychological and behavioural factors in weight loss. En: Bray GA, editor. Recent advances in obesity research 2. Londres: Newman Publishing, 1978.
Mills MJ, Stunkard AJ. Behavioral changes following surgery for obesity. Am J Psychiatry 1976; 133: 527-531.
Morley JE, Blundell J. The neurobiological basis of eating disorders: some formulations. Biol Psychiat 1988; 23: 53-78.
Rascovsky A, De Rascovsky MW, Schlossbert T. Basic psychic structure of the obese. Int J Psycho Anal 1950; 31: 144-149.
Robbins TW, Fray PJ. Stress-induced eating: fact, fiction, or misunderstanding? Appetite 1980; 1: 103-133.
Sánchez Planell L, Díez C, Martínez B. Alteraciones psicopatológicas en la obesidad mórbida. Endocrinología (Barc) 1992; 39: 360-364.
Silverstone JT, Lascelles BD. Dieting and depression. Br J Psychiat 1966; 112: 513-519.
Spitzer RL, Yanovski S, Wadden T et al. Binge eating disorder: its further validation in a multisite study. Int J Eat Disor 1993; 13: 137-153.
Stunkard AJ, McLaren-Hume M. The results of treatment of obesity. A review of the literature and report of series. Arch Intern Med 1959; 103: 79-85.
Stunkard AJ, Rusch J. Dieting and depression reexamined: a critical review of reports of untowards responses during weight reduction for obesity. Ann Intern Med 1974; 81: 526-533.
Stunkard A, Wadden T. Psychological aspects of severe obesity. Am J Clin Nutr 1992; 55: 524-532.

Sullivan MB, Sullivan LG, Kral JG. Quality of life assessment in obesity; physical, psychological and social function. Gastroenterol Clin North Am 1987; 16: 433-441.
Wadden TA, Stunkard A. Social and psychological consequences of obesity. Ann Intern Med 1985; 103: 1.062-1.067.
Wadden TA, Stunkard A. Psychopathology and obesity. Ann NY Acad Sci 1987; 499: 55-56.

CAPÍTULO 8

Aspectos generales del tratamiento de la obesidad

X. Formiguera

Generalidades

El objeto principal de este capítulo no es el de profundizar en los diversos métodos útiles para el tratamiento de la obesidad –esto ya se aborda en los capítulos siguientes–, sino dar una visión global e integradora de las posibilidades terapéuticas disponibles. Una visión de tipo práctico que nos permita, ante un enfermo concreto, disponer de una guía para orientarnos sobre cuáles son las técnicas terapéuticas más útiles en cada etapa del tratamiento.

En los capítulos precedentes ha quedado sobradamente demostrado que la obesidad es una enfermedad de origen multifactorial. Por este motivo, el tratamiento ha de ser también multidisciplinario. Pretender solucionar el problema de un paciente obeso desde un único frente (dietético, psicológico, farmacológico o quirúrgico), es una idea simplista y, casi siempre, condenada de antemano al fracaso. Esto solamente es posible en algunos casos de obesidad leve de grado I (véase capítulo 1) pero, cuando el problema es más grave (grados II, III y IV), hay que utilizar el tratamiento combinado, atacando el problema desde varios frentes a la vez. Así pues, el tratamiento dietético obtendrá mejores resultados y será mejor tolerado si, al mismo tiempo, tenemos en cuenta los posibles conflictos psicológicos que la obesidad en sí puede provocar y/o los que puede comportar el hecho de seguir una dieta hipocalórica (véase capítulo 7). En algunos casos el paciente puede beneficiarse de la ayuda que le puede proporcionar el tratamiento farmacológico (véase capítulo 9). Otras veces, durante el período de pérdida de peso, es recomendable que entre ya en contacto con el especialista en cirugía plástica (véase capítulo 12), para que se empiece a planificar lo que habrá que hacer cuando se alcance el peso pactado previamente. Esto puede convertirse en un aliciente que estimule el seguimiento de la dieta y propicie la pérdida de peso.

Finalmente, cuando el paciente no consigue mantener el peso perdido nos queda el recurso de la cirugía bariátrica (capítulo 11), muy útil en casos de obesidad mórbida (índice de masa corporal [IMC] > 39,9 kg/m²) en los que han fallado todos los intentos previos de evitar la recuperación del peso perdido por otros métodos, o en los casos de obesidad de grado III (IMC de 35-39,9 kg/m²) acompañada de enfermedades relacionadas con la obesidad y susceptibles de mejoría si disminuye en grado.

A continuación, comentaremos por separado cada una de las opciones terapéuticas, haciendo hincapié en sus ventajas y en el momento óptimo de aplicación dentro del organigrama de tratamiento integral de la obesidad. Finalmente, intentaremos dar una visión práctica de cómo, en un paciente concreto, hemos de avanzar por las diferentes etapas del tratamiento de la obesidad.

Pautas útiles en el tratamiento de la obesidad

Dietas hipocalóricas

Dieta hipocalórica «clásica». Es, sin lugar a dudas, la más segura de todas las dietas y la única que garantiza un equilibrio correcto entre los diferentes macro y micronutrientes, lo que permite, en los casos necesarios, que pueda ser seguida durante un período de tiempo indefinido.

Su aporte calórico varía en función del enfermo al que vaya destinada. Debe respetar las preferencias gastronómicas del paciente, tener en cuenta el gasto energético en reposo (GER) o metabolismo basal (MB), siempre que se pueda determinar, debe adecuarse al tipo de trabajo, al horario laboral y considerar la edad de la persona que la va a seguir. Así, por ejemplo, en un sujeto de edad media (30-60 años) y con un trabajo de tipo sedentario (administrativos, funcionarios, cargos directivos, profesiones liberales, artistas, etc.) utilizaremos de entrada dietas con un aporte energético entre las 1.000 y las 1.200 kcal/día. En profesiones con un gasto energético más elevado (trabajadores manuales, deportistas, etc.) recomendamos dietas que suministren 1.200, 1.500 e incluso 1.800 kcal/día, según la intensidad del trabajo. Finalmente, en personas de edad avanzada o con limitaciones orgánicas que impidan un nivel de actividad física conveniente deberemos limitar la aportación energética diaria a las 800 o 1.000 kcal. Dietas de menos de 800 kcal/día pueden seguirse ambulatoriamente siempre que sea posible un estricto control médico con una periodicidad que no supere las 2 semanas.

Dietas cualitativas. En realidad no son dietas sino consejos dietéticos que no tienen en cuenta el aporte energético diario aunque sí el tipo de alimento o condimentación.

Estos consejos son útiles especialmente en niños obesos, ajenos a los problemas que puede comportar la obesidad en su vida adulta y que, en general, por más que nos esforcemos con sus padres en solucionar el problema, son incapaces de seguir una dieta estricta.

Afortunadamente, en esta época de la vida hay un aumento progresivo de la talla, por lo que, en la mayoría de los casos, basta con mantener un peso estable hasta que esté acorde con la altura.

Básicamente, estas dietas consisten en suprimir de la alimentación diaria del niño todos los productos alimentarios «superfluos» que, por lo general, poseen un elevado contenido en hidratos de carbono de absorción rápida y grasas saturadas, como el chocolate, todos los productos de pastelería en general (pastas, cruasanes, ensaimadas, pasteles, etc.), caramelos, mermeladas, helados, bebidas refrescantes dulces (naranjadas, limonadas, colas, horchata, etc.) y, muy en especial, la bollería industrial de cualquier tipo. Es conveniente también reducir el aporte de alimentos con un elevado contenido en grasas como la mantequilla y disminuir el consumo de pan en los casos en que éste sea exagerado.

Para conseguir buenos resultados en la obesidad infantil es imprescindible la información y la educación alimentaria de la familia del niño (padres, abuelos y hermanos) y de los profesionales de la educación en el caso en que el niño almuerce habitualmente en la escuela.

Dietas de muy bajo contenido en calorías. Quizá más conocidas con las siglas inglesas VLCD *(very low calorie diet)* son, por definición, dietas con un aporte energético diario no superior a las 500 kcal. Superada ya la fase inicial con problemas graves derivados de la poca cantidad y de la mala calidad de las proteínas, disponemos hoy día de preparados seguros con una formulación correcta (tabla 8.1). Se presentan por lo general bajo la forma galénica de polvo herméticamente cerrado dentro de un sobre en la cantidad necesaria para una comida. Tres sobres al día aportan los macro y micronutrientes necesarios para una persona adulta sin sobrepasar las 500 kcal/día. Pueden utilizarse formando parte de dietas mixtas (sustituyendo una comida de la dieta hipocalórica «clásica» por un batido preparado con el contenido de un sobre) o bien como dieta exclusiva administrando tres sobres al día.

La utilización como dieta exclusiva puede hacerse de forma ambulatoria siempre que sea posible un estricto control médico (una vez a la semana como mínimo), pero es preferible emplearlas con el paciente internado en un centro especializado con la finalidad de prevenir o tratar las posibles complicaciones (trastornos gastrointestinales, hipoglucemias, etc.). En el capítulo 9 se expone con más detalle la utilización de estas dietas de muy bajo contenido calórico.

TABLA 8.1
Composición de una dieta muy baja en calorías

Composición	*Un sobre*	*Tres sobres*
Proteínas (g)	17,3	52
Grasas (g)	2,3	7
Hidratos de carbono (g)	15	15
Energía (kcal)	153	458
Minerales y oligoelementos		
Sodio (mg)	333	1.000
Potasio (mg)	667	2.000
Calcio (mg)	300	900
Magnesio (mg)	116	350
Fósforo(mg)	267	800
Cloro (mg)	400	1.200
Hierro (mg)	6	18
Cobre (mg)	0,84	2,5
Manganeso (mg)	1	3
Cinc (mg)	5	15
Flúor (mg)	0,67	2
Yodo (μg)	50	150
Cromo (μg)	33	100
Molibdeno (μg)	67	200
Selenio (μg)	25	75
Vitaminas		
A (mg)	0,33	1
D_3 (μg)	1,67	5
E (mg)	4	12
K_1 (μg)	33,3	100
B_1 (mg)	0,53	1,6
B_2 (mg)	0,67	2
B_6 (mg)	0,67	2
B_{12} (μg)	1	3
C (mg)	25	75
Biotina (μg)	67	200
Ácido fólico (μg)	133	400
Nicotinamida (mg)	6	18
Ácido pantoténico (mg)	2,7	8

Modifast® (Novar Nutrition).

Ejercicio físico

En el capítulo 3 ha quedado claro que, por lo menos en parte, la obesidad es el resultado de un desequilibrio entre el gasto energético diario y la ingesta de energía. No es pues descabellado considerar que el aumento del gasto energético mediante el ejercicio físico es una buena manera de ayudar a corregir este desequilibrio. Sin embargo, esta suposición, que desde un punto de vista teórico es del todo cierta, en la práctica no se cumple del todo. Así, el incremento del ejercicio físico comporta siempre un aumento del apetito que explica que la pérdida de peso obtenida sea siempre muy inferior a la esperada. En nuestra opinión, fundamentada en la experiencia de otros grupos, el ejercicio físico por sí solo es poco útil para tratar la obesidad. Sin embargo, con la dieta y con el apoyo psicológico, constituye un elemento muy útil para evitar, a largo plazo, la recuperación del peso perdido. Por otra parte, la actividad física regular es muy importante para mejorar las complicaciones metabólicas de la obesidad, en especial en los casos de diabetes tipo 2.

Como conclusión, podemos decir que hay que recomendar y estimular la práctica del ejercicio físico regular en todos los obesos, siempre que esto sea posible. El tipo de actividad física ha de instaurarse en consonancia con las posibilidades de cada paciente que, a veces, pueden ser muy limitadas (personas con coxartrosis o gonartrosis avanzadas). Recomendamos, en general, la deambulación (1-2 horas diarias de paseo), la natación y los ejercicios gimnásticos o de movilización dentro del agua.

Psicoterapia

Las relaciones entre problemas psicoafectivos y obesidad son muy frecuentes y variadas (véase capítulo 7). A la hora de planear la estrategia terapéutica en un paciente concreto hay que tener muy en cuenta estos aspectos. El éxito del tratamiento de la obesidad a largo plazo depende, en gran parte, del apoyo psicológico que reciba el enfermo y, en los casos en que la obesidad sea secundaria a una ingesta alimentaria «ansiolítica», es imprescindible la modificación conductual. Diversos estudios hechos en series amplias de enfermos obesos demuestran que la utilización de técnicas de modificación de la conducta alimentaria es capaz de evitar la recuperación del peso en la fase de mantenimiento.

Farmacoterapia

El empleo de fármacos anorexígenos puede constituir una excelente ayuda para ciertos pacientes obesos con hiperfagia que tienen grandes dificultades para seguir una dieta hipocalórica, pero nunca deben utilizarse como primera y única opción terapéutica.

Entre los anorexígenos encontramos dos grupos distintos: los catecolaminérgicos y los serotoninérgicos. Dentro de los primeros, usados desde hace años, los más empleados son el dietilpropión y el fenproporex. Su inconveniente es que, al actuar aumentando la liberación de catecolaminas, pueden inducir hipertensión arterial, taquicardia, etc., y, por lo tanto, están contraindicados en personas obesas con hipertensión arterial (asociación muy frecuente). Dentro de los serotoninérgicos se podía disponer de fenfluramina y de su derivado, la dexfenfluramina. La reciente descripción en Estados Unidos de casos de valvulopatía aórtica atribuidos al uso de la asociación de fentermina con fenfluraminna ha provocado la prohibición de su uso por la Food and Drug Administration y la retirada cautelar por parte del laboratorio fabricante, de la fenfluramina y de la dexfenfluramina del mercado farmacéutico internacional por lo que, hasta que no se aclare el grado de causalidad de estos fármacos en la patología que se les imputa no se podrá disponer de los mismos.

Dentro del grupo de los serotoninérgicos, la fluoxetina, sin ser un anorexígeno propiamente dicho, puede ser de utilidad en los casos de pacientes obesos con problemas depresivos y en los comedores compulsivos. Su mecanismo de acción serotoninérgico se basa en inhibir la recaptación de 5-HT. Utilizado inicialmente sólo como antidepresivo, se demostró con posterioridad su capacidad de disminuir la sensación de hambre y facilitar la reducción ponderal. La fluoxetina está especialmente indicada en pacientes con trastornos del comportamiento alimentario de tipo bulímico como la bulimia nerviosa, bulimia o el *binge eating disorder* (BED) acompañados o no de obesidad.

Es posible que en un futuro no muy lejano podamos disponer de fármacos «termogénicos». Estos fármacos, actualmente en fase de investigación, actúan estimulando la termogénesis por una acción agonista sobre los receptores β_3-adrenérgicos del tejido adiposo. Su utilización clínica está pendiente de solucionar los problemas de la falta de selectividad sobre los receptores β_3.

Dos fármacos, actualmente en fase 3 de investigación, han empezado a hacer su aparición en el mercado farmacéutico internacional:

Sibutramina. Su mecanismo de acción parece ser doble, serotoninérgico y catecolaminérgico, a la vez que tiene una acción agonista del receptor β_3, por lo que su efectividad parece asegurada. De todas formas, los estudios clínicos, actualmente en marcha en toda Europa perfilarán sus indicaciones, aunque, por el momento, todo parece indicar que será un fármaco muy útil y eficaz.

Tetrahidrolipstatina (orlistat). Su mecanismo de acción se basa en inhibir la acción de la lipasa pancreática con la consiguiente disminución de la absorción de la grasa a nivel intestinal. La novedad de su mecanismo de acción y los resultados preliminares de los estudios multicéntricos desarrollados en el mundo hacen de él una de las esperanzas futuras del tratamiento de la obesidad.

Finalmente la *leptina*, proteína codificada por el gen *ob*, y recientemente sintetizada por Friedman et al, ha demostrado su eficacia en los ratones *ob/ob* con una obesidad causada por un defecto en el gen *ob*. Por el momento, su utilidad en seres humanos resulta más que discutible, dado que la mayor parte de los humanos obesos son resistentes a la leptina con hiperleptinemia, por lo que, en principio, no tendría sentido su utilización. Sin embargo, el descenso de las concentraciones de leptina durante el proceso de adelgazamiento y la aparición de resistencia a seguir perdiendo peso que se observa en casi todos los pacientes, podrían justificar su uso, aunque por el momento sólo desde un punto de vista experimental. Si se hallan más casos de obesidad humana por defecto del gen *ob* podrían ser candidatos para el tratamiento con esta hormona recientemente descubierta.

Cirugía bariátrica

Ante un enfermo con una obesidad mórbida, en el que han fracasado todos los intentos de conseguir una pérdida de peso valorable y permanente debemos plantearnos la opción de la cirugía bariátrica. Bajo esta denominación se engloban diferentes técnicas quirúrgicas encaminadas a reducir la capacidad gástrica (gastroplastias), a disminuir la absorción intestinal mediante cortocircuitos gastrointestinales (*by-pass* gástrico) o a combinaciones de estos mecanismos (técnicas de Salmon y de Scopinaro).

Los resultados a largo plazo son buenos y las complicaciones poco frecuentes. Sin embargo, es imprescindible disponer de un equipo multidisciplinario integrado por cirujanos, anestesistas, endocrinólogos, psiquiatras, psicólogos, nutriólogos y personal de enfermería especializado, así como respetar de forma escrupulosa los criterios de selección de pacientes. Basándonos en nuestra experiencia personal (véase capítulo 11), estos criterios de selección son los siguientes:

1. Paciente con obesidad de grado III o mórbida (IMC > 34,9 kg/m^2).

2. Edad entre 18 y 50 años.

3. Comprobación previa de la pérdida de peso con dieta.

4. Fracaso de intentos serios de evitar la recuperación del peso perdido.

5. Exploración psicológica que excluya la presencia de bulimia nerviosa.

6. Presencia de complicaciones médicas de la obesidad susceptibles de mejorar con la reducción de peso (hipertensión arterial [HTA], diabetes mellitus de tipo 2 [DM 2], síndrome de apnea obstructiva del sueño [SAOS], dislipemias, etc.).

Consideramos fundamental informar de manera exhaustiva al paciente y a los familiares que con él convivan sobre el tipo de intervención que se va a practicar, sus ventajas, posibles complicaciones, resultados que se esperan en su caso, tipo de dieta que deberá seguir, problemas que pueden presentarse y forma de solucionarlos. Después de la intervención el enfermo deberá recibir apoyo médico, psicológico y dietético periódico (en general mensualmente) y cada vez que sea preciso, por lo menos durante el primer año después de la intervención quirúrgica.

En el capítulo 11 se aporta información más detallada sobre la utilidad de la cirugía bariátrica en el tratamiento de la obesidad.

Pauta general de tratamiento de la obesidad

Una vez hecho el diagnóstico de obesidad, de su magnitud, del tipo de obesidad y de sus complicaciones, la primera aproximación terapéutica debe basarse en una dieta hipocalórica, adecuada a la individualidad de cada enfermo y reforzada con un frecuente control médico y dietético (cuanto más frecuente mejor) y con un apoyo psicoterápico. Si el paciente se queja de sensación de hambre que le dificulta o impide el correcto seguimiento de la dieta o los resultadados obtenidos son escasos, indicaremos un anorexígeno. Huelga decir que, en esta primera fase, el enfermo seguirá, además, el tratamiento necesario para eventuales enfermedades relacionadas con la obesidad (HTA, DM 2, etc.). También, en esta fase inicial del tratamiento, es conveniente iniciar un programa de actividad física adecuado a las posibilidades del enfermo.

En caso de obesidades de grado I (IMC < 30 kg/m^2), si este programa se sigue con rigor el paciente conseguirá una reducción gradual de peso hasta llegar al convenido al inicio (no tiene por qué ser el peso «ideal»). Casi siempre es más positivo para el enfermo «pactar» un objetivo de peso razonable, que se pueda conseguir, que no el plantearse un objetivo «ideal» y utópico que nunca llegará a alcanzar. La velocidad de disminución de peso es un objetivo secundario aunque no despreciable. Reducciones de 500-1.000 g por semana proporcionan el estímulo suficiente al paciente sin que exijan un sacrificio importante.

Cuando de esta forma no se obtenga una pérdida de peso razonable, o bien si el paciente presenta una obesidad mórbida o complicada, recomendamos la utilización de una dieta muy baja en calorías, ya sea ingresando al enfermo en un centro especializado o de forma ambulatoria si el paciente puede desplazarse a la consulta médica una vez a la semana como mínimo. Este tipo de dietas pueden seguirse durante 4-6 semanas en forma de dieta exclusiva, durante las que se comprueba la posibilidad de perder peso y los beneficios que esto comporta para la salud y el bienestar del obeso. Finalizado este período, el paciente puede reintegrarse a su actividad laboral habitual y seguir con una dieta hipocalórica clásica o mixta (sustituyendo una de las dos principales comidas del día por un batido de una VLCD).

Si a pesar de todo esto el paciente recupera con facilidad el peso perdido y, por diversos motivos, le es muy difícil seguir la dieta hipocalórica de forma correcta, aconsejamos, si se trata de una obesidad de grado III o superior, el tratamiento quirúrgico con la técnica más adecuada en su caso concreto.

En casos especiales de pacientes con *superobesidad* (IMC $\geq$ 50 kg/m^2) y en presencia de complicaciones severas que afectan a corto plazo la vida del enfermo (SAOS en fase avanzada, etc.) o cuando el coeficiente de inteligencia del paciente impida una correcta comprensión del problema (síndrome de Prader-Willi, por ejemplo) indicaremos la cirugía bariátrica como primera opción terapéutica después de un período de comprobación de la reducción ponderal mediante una dieta muy baja en calorías.

Bibliografía general

Astrup A. Manipulation of energy expenditure. Ulm: Comunicación al 5th European Congress on Obesity, 1993.

Breum L, Pendersen JK, Ahlstrom F, Frimodt-Moller J. Dexfenfluramine and ephedrine/caffeine (letigen) in the treatment of obesity in general practice. Ulm: Comunicación al 5th European Congress on Obesity, 1993.

Garrow JS. Practical treatment strategies: behaviour modification. En: Garrow JS, editor. Obesity and related diseases. Londres: Churchill Livingstone, 1988.

Halaas JL, Gajiwala KS, Maffei M et al. Weight-reducing effects of the plasma protein encoded by the obese gene. Science 1995; 269: 543-546.

CAPÍTULO 9

Tratamiento dietético y farmacológico de la obesidad

M. Barbany

Introducción

El tratamiento de la obesidad plantea, en la actualidad, multitud de dificultades en la práctica clínica del día a día. Aunque a corto plazo el tratamiento de la obesidad puede dar buenos resultados, es muy frecuente que en unos meses o años se recupere el peso perdido. Esto es siempre algo decepcionante tanto para los pacientes como para los médicos. No obstante, el médico ha de intentar tener una actitud activa y positiva frente a un problema tan frecuente como es la obesidad, procurando crear un clima de confianza y de motivación entre paciente y médico, de manera que el obeso siga el tratamiento durante el tiempo que sea necesario.

Es importante recalcar que cuanto antes se inicie el tratamiento tendremos más posibilidades de éxito. Así, si la obesidad se inicia en niños o adolescentes se ha de empezar a tratar para intentar evitar que en la edad adulta ésta conlleve complicaciones y más dificultades al tratamiento. Es evidente, pues, que una de las mejores maneras de solucionar la obesidad es prevenirla.

Una interpretación sencilla de la fisiopatología de la obesidad puede hacer creer que el tratamiento sea fácil, ya que bastaría con disminuir durante un tiempo suficiente la ingesta calórica por debajo del gasto energético hasta conseguir una normalización ponderal. Sin embargo, existen otros factores (genéticos, metabolismo basal, termogénesis, etc.) que influyen en la patogenia de la obesidad y que hacen que perder peso no sea tan sencillo.

Cabe destacar que el tratamiento de la obesidad mórbida lo debe realizar un equipo multidisciplinario, integrado por distintos especialistas: endocrinólogos, psicólogos, psiquiatras, cirujanos generales, cirujanos plásticos, etc. De esta forma podemos cubrir todos los aspectos de la enfermedad.

Antes de iniciar el tratamiento deben ser valorados una serie de datos recogidos en la anamnesis y exploración del paciente:

– Edad y sexo del paciente.

– Presencia de comportamiento compulsivo-impulsivo en el momento de comer.

– Posibilidad de un embarazo.

– Ejercicio físico.

– Valorar el grado de obesidad (índice de masa corporal [IMC]).

– Distribución androide o ginecoide de la grasa.

– Valorar la presencia de complicaciones de la obesidad como diabetes mellitus, dislipemias, hipertensión arterial [HTA], etc.

– Descartar una causa endocrina de la obesidad, como por ejemplo hipotiroidismo, enfermedad de Cushing, etc.

La valoración de todos estos parámetros nos permitirá establecer una orientación terapéutica correcta.

Tratamiento dietético de la obesidad

Actualmente, aún es la base y el primer paso en cualquier caso de obesidad y muchas veces el único tratamiento posible.

Cómo debe ser una dieta adecuada

Para instaurar una pauta dietética correcta se deben conocer las costumbres alimentarias del enfermo, la forma de vivir, su historia clínica y las posibles complicaciones añadidas a la obesidad.

Por todo esto, es necesario realizar un interrogatorio exhaustivo al paciente para poder conocer qué, cómo y por qué come.

Historia dietética. Al interrogar al paciente es imprescindible averiguar:

– El total de calorías que el enfermo ingiere diariamente. Se debe intentar realizar un cálculo de las calorías y conocer qué come en cada comida y entre horas, plato por plato y conducir bien el interrogatorio con preguntas tipo: ¿pone azúcar al café?

– Los posibles desequilibrios de la dieta: cantidad de proteínas, grasas, glúcidos, etc.

– Aportación de vitaminas, minerales y agua.

– Consumo de alcohol.

– Consumo de refrescos.

– Número de comidas que hace al día: no desayuna, hace una sola comida al día, etc.

– Dónde come: empresa, restaurante, en casa, etc.

– Con quién come: solo, con la familia, etc.

– Posibles anomalías del comportamiento alimentario: pica entre horas, bulimia, hambre nocturna, preferencia por lo dulce o salado.

Es conveniente que el interrogatorio lo realice una persona entrenada, ya que muchas veces el enfermo, ya sea consciente o inconscientemente, no es lo bastante sincero, algo que debe captar el terapeuta.

Dieta personalizada. Una vez conocemos los hábitos alimentarios del paciente, hemos de intentar hacer una dieta tan personalizada como sea posible, adecuándola a los gustos, horarios (es muy distinto una persona que trabaja de noche o que esta muchas horas fuera de casa), su nivel socioeconómico y cultural, ya que existen muchas variaciones culturales en el momento de comer según el país de origen del paciente.

Hemos de estar seguros que el sujeto entiende todo lo que le estamos diciendo y que es capaz de entender toda la información que le estamos dando para poder seguir la dieta (personas mayores, con nivel cultural bajo, etc.).

Otro punto importante es adecuar la dieta a las posibles complicaciones añadidas a la obesidad, como diabetes mellitus, dislipemias, HTA, hiperuricemias, etc.

En el momento de seguir una dieta es básica la motivación del obeso para seguir el régimen. Los tratamientos suelen ser largos y el paciente tiene tendencia a cansarse y el médico o terapeuta debe estimularle para que siga con la dieta. Muchas veces el estímulo puede ser mejorar las enfermedades concomitantes como la artrosis o las dislipemias, pero otras veces la motivación es estética, social o cultural.

Es importante mantener esta última durante todo el tiempo que dure la dieta y una forma de conseguirlo es creando un ambiente adecuado de entendimiento entre el paciente y el médico, de forma que este último no debe actuar de juez ni ser crítico con las actitudes del enfermo, sino que debe darle apoyo técnico y psicológico.

Control periódico. Otro punto importante es el control periódico del paciente. La experiencia demuestra que el seguimiento semanal o quincenal del paciente es indispensable para obtener buenos resultados. El contacto frecuente del paciente con el terapeuta es un estímulo que le da fuerza para continuar.

La pérdida de peso se debe pactar con el enfermo. Si la pérdida es superior podemos aumentar ligeramente la dieta. Durante las dos primeras semanas, la reducción de peso es superior debido a una pérdida de agua asociada al catabolismo del glucógeno y de las proteínas. Pasado este tiempo, la reducción de peso es menos importante por el catabolismo del tejido adiposo.

A medida que el obeso adelgaza encuentra una sensación de bienestar que le motiva a seguir el tratamiento, se cansa menos, duerme mejor, deja de roncar, etc.

Si el peso que debe perder es muy elevado, deberemos realizar distintas adaptaciones a la dieta durante el tratamiento, ya que el organismo tiende a adaptarse a la cantidad de energía suministrada.

Dieta equilibrada. La dieta hipocalórica debe disminuir la energía suministrada, pero no la proporción de nutrientes necesarios para mantener el estado de salud.

La reducción energética de la dieta se hará siempre según la ingesta previa. En principio, se aconseja disminuir un 40% la energía de la alimentación habitual, aunque esto depende mucho de la cantidad de peso a perder y también de la actividad física del obeso (tipo de trabajo, realizar ejercicio con frecuencia, etc.).

Las dietas hipocalóricas habitualmente utilizadas aportan 800-1.200 kcal/d y si éstas son de menos calorías se deben realizar bajo control médico.

Dwyer (1992) diferencia, según el IMC, la cantidad de energía que se debe reducir. Así, con un IMC de 25-27,9, la reducción será de un 50%; con un IMC de 28-31,9 será de un 60%. Según el mismo autor, cuando el IMC se sitúa entre 32-41,9 kg/m^2, la reducción será del 70-80% y deberá realizarse en un centro adecuado y con vigilancia médica estricta.

Con un IMC de 42 kg/m^2 o superior, la reducción debería ser de un 80 a 85%, es decir, con la utilización de dietas muy bajas en calorías. Para este autor, los obesos mórbidos no serían subsidiarios de realizar una dieta convencional.

Como ya hemos comentado anteriormente, a pesar de la reducción energética de una dieta hipocalórica, ésta debe conservar la cantidad adecuada de nutrientes de la alimentación normocalórica, nutrientes que se pueden clasificar en:

Hidratos de carbono. Un 50-60% de la energía total de la dieta debe ser en forma de hidratos de carbono, de tal manera que deben aportar un mínimo de 100 g diarios. Esta cantidad evita la presencia de cetosis.

Proteínas. Se debe mantener la cantidad de 0,8 g/kg/día de peso teórico, es decir, más o menos un 15% del total energético. La disminución de la cantidad y calidad de las proteínas puede provocar problemas cardíacos graves.

Grasas. Un 30-35% de la energía total ingerida debe ser en forma de grasas, y siempre que sea posible en la siguiente proporción: un 10% de ácidos grasos saturados, un 10% de monoinsaturados y un 10% de ácido linoleico.

Vitaminas y minerales. Se deben respetar las necesidades recomendadas. A veces esto no es posible en dietas muy bajas en calorías (inferiores a 800 kcal/d) y deben administrarse suplementos. No obstante, las necesidades quedan cubiertas si la dieta contiene 50 g/día de queso sin grasa y una cantidad suficiente de verdura, ensalada y fruta.

Fibra. Durante los últimos años, se ha evidenciado que la fibra vegetal tiene un papel muy importante en el mantenimiento del bienestar general y en la prevención de ciertas enfermedades.

TABLA 9.1.
Dieta equilibrada

Hidratos de carbono: 50-60% del total de la energía
Proteínas: 15% del total de la energía
Grasas: 30-35% del total de la energía
Vitaminas y minerales en las cantidades recomendadas
Presencia de fibra en la dieta
Ingesta adecuada de agua

La función de la fibra vegetal en el intestino es diversa:

– Efecto saciante: la fibra hidrosoluble, en contacto con el agua, forma geles que aumentan de volumen y producen un efecto de saciedad.
– Aumenta el volumen fecal, acelera el tránsito intestinal y evita el estreñimiento.
– Capacidad de absorber sustancias dificultando su paso al organismo, como sucede con el colesterol alimentario y algunos hidratos de carbono. De ahí deriva su acción como protector de ciertas enfermedades.

Se puede definir la fibra como la parte de la dieta que no se digiere enzimáticamente y por tanto no puede ser absorbida. Está formada por polisacáridos distintos al almidón y por lignina.

Se ha calculado que la ingesta media de fibra en el mundo occidental es de unos 20 g por persona y día, mientras que la dieta de los habitantes de gran parte de África rural es de unos 100-170 g al día.

Agua. Se debe beber diariamente, como mínimo, 1,5 l de agua. En dietas hipocalóricas el catabolismo de las proteínas está aumentado de manera que la eliminación urinaria de nitrógeno también está incrementada, lo que hace que sea necesario mantener una buena diuresis (tabla 9.1).

Mantenimiento

Una vez se ha llegado al peso deseado, el paciente debe recibir una serie de consejos en cuanto a hábitos alimentarios y control de peso para intentar que no recupere el acúmulo graso perdido. Debemos tener en cuenta que la situación metabólica de la persona que ha perdido peso no es la misma que aquella que está en normopeso y, por tanto, hay muchas posibilidades de recaer. En contra de lo que se cree habitualmente, estas posibilidades de recaída no son debidas sólo a un aumento de la ingesta –a una polifagia–, sino más bien a factores genéticos que afectan los requerimientos energéticos, al tamaño de las células adiposas y a una baja respuesta catecolamínica al estrés que ha sido descrita recientemente en personas exobesas.

Se debe recomendar al paciente que consulte con el terapeuta en caso de recuperar un poco de peso para poder actuar antes de que no sea demasiado tarde.

Se debe prever que hay momentos en la vida en que las posibilidades de ganar peso aumentan; por ejemplo: el embarazo, la lactancia, la jubilación, dejar de hacer ejercicio, cambios de clima, etc.

En la actualidad, hemos establecido cinco grupos de alimentos y de raciones diarias de cada uno de éstos que ayudan a seguir una dieta de mantenimiento.

Grupo 1. Productos lácteos. Tomar 2 vasos de leche descremada (o semidescremada) al día, o sus equivalentes. Un vaso, 200 ml, de leche descremada equivale a 2 yogures naturales descremados, 100 g de requesón, 25 g de queso tipo manchego, roquefort, etc.

Grupo 2. Carnes, pescados, huevos. Tomar 2 raciones al día seleccionando los menos grasos. Una ración equivale a 100 g de ternera, buey o caballo, un cuarto de pollo o conejo, 125 g de pescado blanco o azul, 150 g de sepia, calamares o pulpo, 100 g de gambas o 2 huevos.

Grupo 3. Verduras. Tomar entre una y 2 raciones al día, sabiendo que una ración equivale a 200-300 g de acelgas, espinacas, calabacín, col, coles de Bruselas, coliflor, judías tiernas, puerros, espárragos, champiñones, pimientos, berenjenas; 200 g de alcachofas, guisantes, menestra de verduras congelada. Frutas: tomar entre 2-3 piezas medianas al día. Ensaladas: es conveniente tomar 1-2 ensaladas al día. Su composición y volumen es libre siempre que sólo contenga hortalizas crudas.

Grupo 4. Cereales y derivados. Tomar 50 g de pan blanco o integral al día, o bien 35 g de biscotes o 30 g de cereales.

Se debe tomar también una ración al día de alguno de estos alimentos: 50 g de arroz, pasta o legumbres o 200 g de patatas.

Grupo 5. Alimentos grasos. Se pueden tomar 3 cucharadas soperas de aceite (30 ml). Se recomienda el aceite de oliva, pero se puede utilizar cualquiera. Una cucharada sopera de aceite equivale a 12 g de margarina o mantequilla, 15 g de manteca, 30 g de nata o crema de leche y 15 g de frutos secos (tabla 9.2).

Ejemplos de dietas

Dieta de 800 kcal/día. Desayuno: 200 ml de leche descremada. Almuerzo: 200 g de acelgas, 130 g de ternera, 90 g de piña natural. Merienda: 100 g de requesón. Cena: ensalada variada, tortilla de 2 huevos, una manzana.

Aceite: 10 ml al día; condimentos: edulcorantes artificiales, sal (excepto contraindicación médica), pimienta, perejil, zumo de limón, vinagre; bebi-

TABLA 9.2.
Raciones diarias de alimentos

Dos raciones de alimentos lácteos
Dos raciones de carne, pescado o huevos
Una o dos raciones de verdura
Dos o tres piezas de fruta
Una o dos raciones de ensalada
Una ración de pan
Una ración de alimentos ricos en glúcidos
Tres cucharadas soperas de aceite

das: agua natural o con gas. Infusiones, café con moderación. Formas de cocinar: plancha, vapor, hervido, al horno, a la brasa. Ausencia de fritos, rebozados, salsas o guisos. Están prohibidos el azúcar, la mermelada, dulces, galletas, miel, pasteles, helados, zumos de fruta preparados, frutos secos, fruta en almíbar, alcohol, pan, pasta italiana, arroz, legumbres y patatas.

Dieta de 1.200 kcal/día. Desayuno: 200 ml de leche descremada, 50 g de pan. Media mañana: una naranja. Almuerzo: 200 g de espárragos, un cuarto de pollo, 100 g de patata al horno, 200 g de melón. Merienda: 2 yogures naturales descremados. Cena: 100 g de judía tierna, 150 g de pescado blanco, 50 g de pan, 2 mandarinas.

Aceite: 15 ml al día. Los condimentos, bebidas y formas de cocinar son iguales a la dieta de 800 kcal/día. Los alimentos prohibidos también son iguales a los de la dieta anterior, excepto la cantidad permitida de pan (50 g para el almuerzo y 50 g para la cena). Hay que saber que 50 g de pan equivalen a 30 g de biscotes, 30 g de palitos, 100 g de arroz cocido, 80 g de pasta o sémola cocida, 100 g de patata hervida o al horno y 60 g de legumbre cocida.

Dietas erróneas

Existen una serie de dietas, que actualmente se utilizan bastante, y que no son correctas. Citaremos algunas:

Dieta basada en el cálculo de calorías. Esta dieta permite comer los alimentos que se prefieran sin sobrepasar un número de calorías. A la larga puede resultar una dieta muy desequilibrada si el paciente no conoce bien los componentes de los alimentos y el equilibrio alimentario.

Dieta Atkins. Se basa en la reducción o supresión de glúcidos de la dieta. Es una dieta cetogénica que tiene como ventaja la disminución del apetito, pero, por otro lado, se desaconseja porque puede aumentar el ácido úrico, causar trastornos vesiculares y producir estreñimiento en algunos enfermos.

Dieta de la Clínica Mayo. Debe seguirse durante 14 días. Es muy desequilibrada, con un consumo excesivo de huevos. No es cierto que cambie el metabolismo y no tiene nada que ver con la Clínica Mayo.

Dieta disociada. Se trata de comer cada día de la semana un alimento distinto. Por ejemplo, el lunes sólo pescado, los martes leche, los miércoles manzanas, etc. Es una dieta totalmente desequilibrada, con carencias vitamínicas y minerales, que pueden producir trastornos digestivos e incluso psicológicos a causa de la ruptura del ritmo alimentario.

Dieta de Shelton. Consiste en no consumir al mismo tiempo alimentos que necesiten secreciones digestivas diferentes. Prohíbe la asociación ácido-almidón, ácido-proteínas, azúcar-almidón, etc. Es una dieta muy desequilibrada y que hace adelgazar porque las numerosas combinaciones prohibidas hacen que se produzca una disminución importante de la ingesta calórica.

Ayuno absoluto. Cada vez se utiliza menos, ya que conlleva muchos riesgos y debe hacerse con el enfermo hospitalizado.

Dieta Montignac. Es una dieta de moda actualmente. Se basa en que la energía de los alimentos no tiene importancia, es decir, las calorías no son la forma de medir los alimentos, sino que se miden según el índice glucémico. Separa los alimentos en los que tienen un alto índice glucémico y los llama glúcidos «malos» (maltosa, glucosa, patatas, miel, zanahorias, azúcar, chocolate, etc.) y los que tienen un índice glucémico bajo son glúcidos «buenos» (arroz integral, guisantes, cereales completos, legumbres, fruta, chocolate amargo, etc.). Se deben evitar los alimentos «malos». Al mismo tiempo, es una dieta que conlleva la ingesta de alimentos ricos en grasas que pueden provocar dislipemias. Tampoco existe ningún fundamento que explique que la fruta deba ingerirse en ayunas.

Éstos son algunos ejemplos de dietas que atraen a personas con ganas de perder peso rápidamente y sin sacrificios. Como son dietas que se ponen de «moda» suelen durar poco tiempo, ser muy desequilibradas y muy hipocalóricas. Si se siguen durante un período prolongado pueden ser perjudiciales.

Dietas muy bajas en calorías

Desde hace años se conocen las dietas muy bajas en calorías, *very low calorie diet* (VLCD). Generalmente, son líquidas, bien equilibradas, con proteínas de alto valor biológico, que aportan de 400-600 kcal/día, con los hidratos de carbono suficientes para evitar la cetosis, y que incluyen los ácidos grasos esenciales y las vitaminas y los minerales recomendados.

La popularidad de las VLCD se debe a dos factores. Por un lado, las campañas publicitarias que se hacen de estos productos tanto al público en general como al personal sanitario. Por otro, fue definitivo el informe que en 1985 realizó el Instituto de Salud sobre las implicaciones de la obesidad sobre la salud en Estados Unidos que relaciona el grado de obesidad con la morbimortalidad.

Perspectiva histórica

Se conocen desde hace años las dificultades para perder peso y también para mantener a una persona a dieta durante mucho tiempo.

Las VLCD se remontan a más de 60 años de antigüedad. En 1924, Mason utilizó dietas de 500 kcal durante 100 días, y observó una pérdida de peso de 31-43 kg, pero sin realizar ningún estudio metabólico. En 1929, Evans y Strang publicaron el primer estudio científico sobre VLCD con una dieta de 400 kcal y 50 g de proteínas y comunicaron una pérdida de peso de 1-2 kg por semana. Estos trabajos quedaron en el olvido durante unos años. Más tarde, a finales de los cincuenta y principios de los sesenta, se volvieron a instaurar dietas muy bajas en calorías, con pérdidas de peso muy importantes en períodos breves de tiempo. Esto comportó la aparición de hipotensión postural y síncopes, hiperuricemia, dolor abdominal y muerte, en algunos casos, sin que hubiera otra causa que lo justificase. Los pacientes morían de paro cardíaco y, en estudios necrópsicos, se observó una degeneración de la fibra miocárdica que se relacionó con la baja cantidad y calidad de las proteínas. Todo esto hizo que se abandonara el uso de estas dietas durante muchos años.

A partir de 1977, se introdujeron en el mercado nuevas dietas de muy bajo contenido calórico en las que el aporte de proteínas se originaba por otras de alto valor biológico (lácticas, ovoalbúmina) en cantidades de 35-70 g/día, 35-45 g/día de hidratos de carbono y suplementos variables de vitaminas, minerales y oligoelementos, que cubrían los requerimientos diarios mínimos.

Se ha demostrado que la introducción de hidratos de carbono en estas dietas es beneficiosa, ya que los pacientes tienen la misma pérdida de peso y no modifica la continuidad del tratamiento, se mantienen mejor las proteínas viscerales y la capacidad para realizar ejercicio físico. La suplementación de vitaminas y minerales se ha considerado indispensable para evitar alteraciones electrolíticas.

Con este tipo de dietas, el balance nitrogenado es negativo durante las dos primeras semanas de tratamiento, y se equilibra a partir de este momento. No se conoce ninguna muerte con estas dietas, lo que puede ser debido a la suplementación adecuada de minerales y oligoelementos.

En 1987, en el Reino Unido, el Departamento de Salud y Seguridad Social creó el grupo de trabajo COMA para evaluar la seguridad de las dietas muy bajas en calorías y llegó a las siguientes conclusiones:

– Las VLCD se deben utilizar cuando han fracasado las dietas hipocalóricas habituales.
– Establece la cantidad mínima de calorías en 400 para las mujeres y 500 para los varones, con 40 g de proteínas en las primeras y 50 g en los últimos.
– Los pacientes deben consultar al médico antes de utilizarlas.
– Están contraindicadas en niños, en embarazadas, en la lactancia, en enfermos con diabetes mellitus insulinodependientes, gota, porfiria, insuficiencia renal y cardíaca. En estas últimas situaciones, no obstante, el médico, en cada caso, ha de valorar la posibilidad de utilizarlas. No deben consumirlas mujeres con historia de anorexia nerviosa, bailarinas o atletas. También están contraindicadas en personas con historia psiquiátrica, sobre todo si está relacionada con la alimentación, el alcoholismo o el abuso de drogas.
– No deben seguirse durante más de 4 semanas.

Todos estos puntos se encuentran actualmente en vigor.

Seguimiento de la dieta

Mientras sigan este tipo de dietas los pacientes deben beber un mínimo de 2 l de alguna bebida no calórica al día.

Al iniciar una VLCD se debe realizar una anamnesis al paciente y una exploración física, un hemograma y una bioquímica completa, un análisis de orina y un electrocardiograma. Todos estos parámetros se deben repetir con frecuencia mientras se sigue la dieta. En pacientes con arritmias se practicará un Holter y si la arritmia aparece se suspenderá la dieta.

La pérdida de peso suele ser de unos 5 kg la primera semana, después varía de 1,5 a 2,5 kg a la semana en varones y 1-2 kg en mujeres.

Lo ideal, una vez concluida la dieta muy baja en calorías, es introducir los alimentos lentamente. Los azúcares sencillos y la sal se deben añadir gradualmente para evitar la acumulación de líquidos. Ingerir grandes cantidades de comida después de una dieta severa puede producir alteraciones electrolíticas, arritmias cardíacas y, esporádicamente, colecistitis y pancreatitis.

Sería conveniente que después de una pérdida de peso importante, los pacientes continuasen siendo controlados por psicólogos y dietistas como mínimo durante 3-4 meses y lo ideal sería alargarlo hasta 6-12 meses más.

Complicaciones

Muerte súbita. Es la más importante de las complicaciones de las VLCD. En ningún paciente donde ha ocurrido se ha encontrado otra causa de muerte que no estuviera relacionada con la dieta. Actualmente, con las VLCD que se utilizan no se ha detectado ningún caso de muerte súbita.

En ninguno de los estudios realizados se ha podido determinar con exactitud la causa de la muerte; algunas se atribuyen a alteraciones electrolíticas y otras a arritmias cardíacas. Algunos autores creen que la causa de la muerte es una depleción proteica que conlleva una atrofia del miocardio.

Muchas veces se observa un control médico deficitario, preexistencia de enfermedades y, finalmente, y quizá lo más importante, el obsesivo seguimiento de la dieta que conlleva una pérdida masiva y precipitada de peso.

Efectos indeseables. No son graves, pero sí molestos para el paciente. Fueron descritos por el estudio COMA y revisados, posteriormente, por otros autores. Se atribuyen a la alta osmolaridad de la dieta de fórmula la presencia de flatulencia, náuseas, vómitos y diarrea. Estos síntomas suelen desaparecer al cabo de unos días.

El estreñimiento y las hemorroides se controlan con un suplemento de fibra. En personas obesas, es frecuente la existencia de cálculos biliares de colesterol que pueden aumentar con este tipo de dieta. Algunos estudios muy recientes parecen demostrar que se podría utilizar aspirina y ácido ursodesoxicólico como profilaxis. También es frecuente la elevación en sangre de las concentraciones de ácido úrico, que suelen estabilizarse al cabo de 2 semanas de seguir la dieta. En casos extremos es necesario el uso de fármacos antihiperuricémicos.

Otros efectos indeseables son las menstruaciones irregulares, la disminución de la libido, la caída del cabello, la intolerancia al frío, las cefaleas, la dificultad para concentrarse, la fatiga, la hipotensión postural y las rampas musculares. Todos estos síntomas suelen ser transitorios y se deben a una diuresis más elevada.

No suelen aparecer trastornos psicológicos cuando se sigue esta dieta.

Las arritmias cardíacas que constituían una de las causas de muerte súbita, no son un problema en las actuales VLCD, puesto que contienen proteínas de alto valor biológico y suplementos minerales.

Resultados

Hay numerosos estudios que valoran la eficacia de las VLCD, aunque no siguen la misma metodología y, a veces, es difícil compararlos. Lo que está claro es que la pérdida de peso se relaciona con la duración del tratamiento. Así, tratamientos de 4 semanas tienen una disminución de 9 kg de peso de media y llegan a 21-31 kg si dura 14-24 semanas. Nuestra experiencia en 65 enfermos es de una pérdida de 15 ± 4 kg durante 42 días en régimen de internamiento en el hospital. Hay estudios que demuestran que la pérdida de peso es igual en mujeres que en varones sometidos al mismo tratamiento.

La tolerancia a las VLCD suele ser buena en la mayoría de casos, aunque a veces se evidencian síntomas de intolerancia gástrica como náuseas y vómitos.

En los distintos estudios, hay cierta contradicción sobre el balance de nitrógeno. Si tenemos en cuenta las dificultades que tiene la técnica para valorarlo (recogida de orina de 24 horas durante todo el tratamiento) y las interferencias que pueden ocasionar la diarrea o el estreñimiento, el balance de nitrógeno suele ser negativo durante la pérdida de peso. No obstante, en bastantes estudios éste se positiviza a las 2-3 semanas de tratamiento. Todo esto nos lleva a creer que se deben realizar las VLCD bajo control médico.

En la actualidad, se considera que a las VLCD se deben añadir las dosis recomendadas diariamente de micronutrientes esenciales para que queden cubiertas todas las necesidades.

También debe haber una cantidad adecuada de hidratos de carbono para evitar la cetosis y disminuir la hiperuricemia, al mismo tiempo que se mantienen mejor las proteínas viscerales y la capacidad de realizar ejercicio. Hemos de considerar, pues, que las VLCD son una buena solución cuando se necesita una pérdida de peso importante en un breve período de tiempo.

Actualmente, se está trabajando en la posibilidad de añadir tratamientos concomitantes con las VLCD (p. ej., fibra) y mejorar el estreñimiento. Muchas veces se incluyen programas de ejercicio en las VLCD, con lo que se incrementa la motivación y el buen humor de los pacientes.

Beneficios médicos de las VLCD

Cuando se produce una rápida pérdida de peso al seguir una dieta muy baja en calorías, hay una serie de parámetros que mejoran sustancialmente. Así, podemos citar como ejemplo el caso de la hipertensión. Con una rápida disminución del peso los pacientes obesos mejoran los valores de la tensión tanto sistólica como diastólica, de forma que muchas veces se puede suprimir la medicación hipotensora.

Algo parecido sucede con la diabetes mellitus tipo 2, que muchas veces es secundaria a la obesidad y que cuando ésta mejora también lo hace la diabetes, con aumento de la tolerancia a la glucosa y disminución de las concentraciones en plasma de la insulina.

Muchos estudios demuestran también la disminución de las concentraciones de colesterol y triglicéridos en pacientes sometidos a VLCD.

En cuanto a la patología hepática, estudios recientes realizados en personas con obesidad mórbida y sin otros procesos conocidos que han seguido una VLCD y han conseguido perder bastante peso (una media de 34 kg) demuestran una regresión del hígado graso y de las áreas de necrosis focal. También se observa una disminución de la fibrosis portal y una disminución de la concentración de las fosfatasas alcalinas, GOT y GPT plasmáticas.

Hay que destacar la mejoría de otros procesos como la insuficiencia respiratoria, las apneas del sueño, las miocardiopatías congestivas, etc., lo que hace que estas dietas sean de utilidad cuando estos procesos se agravan por la presencia de obesidad.

Finalmente, se ha comprobado que en las VLCD utilizadas en la actualidad no aparecen trastornos del ritmo cardíaco, lo que se puede relacionar con la suplementación adecuada de minerales y oligoelementos.

Tratamiento farmacológico de la obesidad

Muchos estudios demuestran que un sobrepeso del 20% por encima del peso ideal, que corresponde a un IMC de 27,2 para el varón y de 26,9 para la mujer (tablas de la Metropolitan Life Insurance Company de 1983), conlleva un riesgo significativo de asociarse a afecciones cardiocirculatorias (cardiopatía isquémica, HTA), metabólicas (diabetes, hiperlipemias), osteoarticulares y otras que hacen necesario el tratamiento de la obesidad.

Como ya hemos comentado con anterioridad, el primer paso en el tratamiento de la obesidad es la dieta hipocalórica, personalizada para cada enfermo según sus necesidades, actividad física, ejercicio, trabajo y horario laboral. En muchas ocasiones, no obstante, la dieta no es suficiente o es difícil de seguir y se necesita un fármaco que complemente el tratamiento.

En los últimos años, se han realizado muchos esfuerzos para obtener fármacos que contribuyan de forma eficaz, sostenida y segura a la pérdida de peso de los enfermos obesos.

Fármacos para el tratamiento de la obesidad

Hemos de dividir este tipo de fármacos en dos grandes categorías:

– Inhibidores de los depósitos de grasa: anorexígenos, inhibidores de la absorción de alimentos, así como de la síntesis de ácidos grasos.

– Estimulantes de la utilización del tejido adiposo: agentes termogénicos y lipolíticos.

Indicaciones del tratamiento farmacológico

Existen una serie de preguntas que debemos hacernos antes de iniciar un tratamiento farmacológico en un obeso:

– ¿Cuándo está indicado el tratamiento con medicamentos?
– ¿Qué tipos de fármacos hay que utilizar?
– ¿Existen medicamentos específicos para los distintos tipos de obesidad?
– ¿Se puede considerar a la obesidad una enfermedad crónica?

Todas estas cuestiones todavía no están resueltas. Actualmente, se considera que los tratamientos a largo plazo están indicados en un tipo específico de enfermos (cuando el IMC es superior a 30 kg/m²) o bien se asocian enfermedades como HTA o diabetes mellitus de tipo 2.

Estamos convencidos que se desarrollarán nuevos agentes de forma que los medicamentos no se utilizarán solamente en la pérdida de peso, sino también para mantener el peso perdido o para prevenir la aparición de obesidad.

Lo que está demostrado es que la fisiopatología de la obesidad tiene un origen multifactorial, con alteraciones de la ingesta alimentaria y del gasto energético. Hay que esperar que los estudios que hoy día se realizan con nuevos medicamentos den un poco de luz y se pueda mejorar el tratamiento farmacológico de la obesidad.

Descripción de los distintos tipos de medicamentos

Inhibidores del apetito

Medicamentos de acción catecolamínica. Los principales son: anfetamina, fentermina, fenproporex y dietilpropiona.

Su mecanismo de acción es adrenérgico y aumentan la liberación de adrenalina y noradrenalina hipotalámicas. Son estimuladores del SNC.

Efectos secundarios: estimulación del SNC (irritabilidad, nerviosismo, etc., euforia, adicción y tolerancia).

Otros efectos derivados de la acción adrenérgica son: taquicardia, arritmia, HTA, sudación.

Está demostrado que el efecto supresor del apetito de estos fármacos desaparece a partir de la 12 semana; por tanto, su utilización en la obesidad debe ser breve. Actualmente, su uso está muy discutido debido a sus efectos secundarios.

Un grupo aparte dentro de los inhibidores del apetito lo forman los fármacos agonistas de la serotonina.

Agonistas de la serotonina. Los principales representantes son la *fenfluramina* y la *dexfenfluramina.*

Su mecanismo de acción es serotoninérgico, a través de un aumento de la liberación de serotonina en la sinapsis nerviosa y de la inhibición de su recaptación.

La fenfluramina no posee acción estimuladora sobre el SNC y no produce dependencia psicológica. No obstante, al suprimir la medicación puede aparecer depresión, por lo que está contraindicada en personas con historia de síndrome depresivo.

La dexfenfluramina se considera un selector dietético ya que favorece la reducción espontánea por los alimentos ricos en hidratos de carbono, respetando el consumo de proteínas. Hay estudios que demuestran que la dexfenfluramina también es activa en personas con bulimia y en el síndrome premenstrual, donde la apetencia por los hidratos de carbono es muy alta.

Un estudio de Marks et al (1996) expone que la dexfenfluramina constituye un tratamiento coadyuvante útil que reduce la grasa visceral en los varones con diabetes mellitus no insulinodependiente y obesidad abdominal y mejora la sensibilidad a la insulina.

Un aspecto positivo de este fármaco es la posible utilización durante más tiempo que otros medicamentos. Un estudio de Guy Grand et al (1989) realizado en 818 obesos demostró que la administración de 30 mg/día de dexfenfluramina posee una eficacia en la pérdida de peso superior a la del placebo durante un período de un año. Aunque la diferencia obtenida en la disminución de peso no es muy importante (2,7 kg), permite la posibilidad de establecer tratamientos a largo plazo en algunos pacientes.

Hay muchos estudios que indican que la dexfenfluramina tiene un efecto termogénico en animales y en seres humanos, con estimulación de la actividad del tejido adiposo marrón. Hay otros estudios, muy recientes, que parecen apuntar la posibilidad de que la dexfenfluramina también disminuya la apetencia por los alimentos ricos en grasas.

Entre los efectos indeseables de la dexfenfluramina, la mayoría poco importantes, debe señalarse que, en personas predispuestas, la supresión del fármaco puede desencadenar la aparición de un síndrome depresivo. Se han descrito algunos casos de hipertensión pulmonar atribuidos a la administración de dexfenfluramina y de otros anorexígenos, pero puede asegurarse que el riesgo de este fármaco es poco relevante por la mínima incidencia de su aparición (Abenhaim et al, 1996).

Una publicación muy reciente ha señalado la incidencia de valvulopatías asociadas a la administración conjunta de fenfluramina y fentermina (Connolly et al, 1997). En el citado artículo se describe la aparición de lesiones valvulares en 24 mujeres sometidas a esta combinación de anorexígenos no autorizada por la Food and Drug Administration (FDA) ni utilizada en Europa. Veinte de las 24 pacientes habían tomado esta asociación durante 6 meses seguidos o más. Por otra parte, se han publicado unos pocos casos de valvulopatías, atribuidos posiblemente a la administración aislada de fenfluramina o dexfenfluramina. Estos hechos han motivado la suspensión cautelar de estos medicamentos en todo el mundo (septiembre de 1997). Esperemos que la puesta en marcha de estudios cuidadosos y con un buen diseño metodológico permitirá en un próximo futuro dilucidar el grado de la posible implicación de la fenfluramina y de la dexfenfluramina aisladas en la génesis de las valvulopatías. El análisis de estos datos quizá permita que la citada suspensión cautelar sea parcial o totalmente derogada.

La *fluoxetina* es un antidepresivo de acción serotoninérgica, que actúa inhibiendo la recaptación de serotonina en el espacio sináptico. Favorece la pérdida de peso, por lo que está especialmente indicada en pacientes depresivos obesos o con antecedentes de obesidad.

La *sibutramina* es un nuevo agente farmacológico, inhibidor específico de la recaptación tanto de noradrenalina como de serotonina, que en la actualidad está en fase avanzada de precomercialización, al parecer con expectativas esperanzadoras. En una reciente publicación (Ryan, 1995) relativa a un estudio multicéntrico, la sibutramina producía una disminución de peso dosis-dependiente. En general, el fármaco es bien tolerado, pero entre sus posibles efectos indeseables se señala el estreñimiento, la sequedad de boca, el insomnio y un leve incremento de la tensión arterial y de la frecuencia cardíaca.

Fármacos termogénicos

Durante muchos años la investigación de nuevas posibilidades terapéuticas de la obesidad se ha centrado en fármacos u hormonas que, desde un punto de vista teórico, pudieran tener una acción estimuladora sobre el consumo calórico y, por tanto, favorecer la pérdida de peso.

Hormonas tiroideas. Son el prototipo de fármacos termogénicos. La administración exógena de hormonas tiroideas inhibe su producción endógena. Ya que la mayoría de obesos tienen una función tiroidea normal, el uso de estas hormonas es difícil de justificar.

Es conocido el efecto favorecedor sobre el catabolismo proteico y la pérdida de calcio de las hormonas tiroideas. También pueden producir disfunción cardiocirculatoria. En resumen, por lo tanto, estas hormonas no deben utilizarse para el tratamiento de la obesidad.

Dinitrofenol. Es el primer fármaco termogénico de síntesis. Sus efectos indeseables son muchos y graves: defectos neurológicos, cataratas y muerte en algunos casos; por lo que no se utiliza en la actualidad.

Cafeína y nicotina. Son agentes de consumo habitual por parte de la población en general. Parece que la cafeína no es efectiva en seres humanos porque su efecto estimulador metabólico es muy escaso y fugaz.

Los efectos de la disminución del apetito de la nicotina son bien conocidos, y muchas veces son la causa de que se aumente de peso al dejar de fumar. Está demostrado que fumar tiene un efecto termogénico, y seguramente éste es debido a la nicotina.

Simpaticomiméticos: efedrina. Es un producto sintético de efecto simpaticomimético y broncodilatador con propiedades alfagonistas y betadrenérgicas. Produce efectos indeseables sobre el SNC y el cardiocirculatorio (HTA y taquicardia). En conjunto, todos estos fármacos termogénicos descritos hasta ahora no deben utilizarse en el tratamiento de la obesidad.

Agonistas betadrenérgicos. Son unos fármacos en estudio en la actualidad y en teoría podrían ser agentes terapéuticos muy útiles. Tienen un efecto estimulador de la termogénesis en el tejido adiposo marrón de los animales y provocan la reducción del contenido de grasa sin reducción de la ingesta.

Los fármacos actualmente en estudio son los siguientes: BRL-26830, BRL-35135, LY-79771, ICI-198157, ICI-201651, RO-168714 y RO-40-2148. Todos éstos estimulan los receptores β_3-adrenérgicos específicos del tejido adiposo marrón y, así, tendrían una acción selectiva sobre la termogénesis, con reducción del tejido graso y aumento discreto del tejido magro.

Los efectos secundarios son moderados y producen taquicardia, temblor y aumento de la tensión arterial sistólica. También se han comprobado beneficios en procesos asociados a la obesidad, como mejora en la homeostasis glucémica y en la resistencia insulínica, y reducción significativa de la hipertrigliceridemia.

Actualmente, la experiencia en humanos es aún reducida y la posible utilización en la clínica humana no esta todavía autorizada.

Inhibidores de la absorción

Los distintos intentos para utilizar fármacos de este grupo para el tratamiento de la obesidad han tenido hasta ahora poco éxito, en buena parte por los efectos colaterales digestivos que acompañan a este tipo de medicamentos. En la actualidad, tras ser publicados los resultados de un estudio europeo multicéntrico (Drent et al, 1995), está en fase de precomercialización la *tetrahidrolipostatina,* que inhibe la lipasa pancreática y, en consecuencia, la hidrólisis de triglicéridos y la absorción de lípidos. Entre los efectos indeseables del fármaco cabe señalar la absorción reducida de vitaminas liposolubles y trastornos gastrointestinales como la alteración en la consistencia de las heces.

Fármacos reguladores del metabolismo energético

El descubrimiento del gen *ob* y de la proteína que codifica, denominada leptina (Zhang et al, 1994), hizo concebir esperanzas en su posible utilización en el tratamiento de la obesidad humana, ya que el modelo del ratón *ob/ob,* con un defecto en el gen *ob* y falta de secreción de leptina, cursa con obesidad que se corrige con la administración de esta proteína que disminuye el apetito y aumenta la termogénesis. No obstante, el entusiasmo inicial sobre la posible utilización de la leptina en terapéutica pronto decayó al comprobarse que la obesidad humana cursa con hiperleptinemia (Considine et al, 1996). Los ensayos clínicos iniciales realizados con leptina han sido decepcionantes. No obstante, en la actualidad existen otras líneas de investigación en este campo que mantienen las expectativas abiertas, como la de modificar la molécula de leptina para, de este modo, poder «engañar» al receptor que se supone que presenta una resistencia a la leptina, o las relacionadas con el *oleato de estrona*, otra hormona reguladora que produce adelgazamiento en el ratón, descubierta en Barcelona por Alemany y su grupo (1996).

Fibra

La fibra dietética está formada por polisacáridos, lignina, hemicelulosa, gomas y alginatos que resisten la hidrólisis gastrointestinal. Su efecto hidratante produce la sensación mecánica de plenitud gástrica y la dilución del bolo alimentario provoca la aparición de una información rápida a los receptores que inducen un retraso del vaciamiento gástrico. También pueden producirse efectos sobre la liberación de hormonas gastrointestinales favoreciendo la saciedad. Al mismo tiempo, el aumento del bolo alimentario hace que mejore el peristaltismo del intestino, de forma que se acelera el tránsito intestinal y previene el estreñimiento.

La fibra tiene otra propiedad: capta ciertas sustancias (contaminantes y sustancias tóxicas) ingeridas con los alimentos (colesterol –en poca proporción–, glucosa, etc.). También posee la ventaja de permitir la absorción de alimentos durante un período de tiempo más largo; lo que nos sirve también para disminuir el efecto del apetito asociado a la hipoglucemia y disminuye la respuesta insulínica a los alimentos.

La capacidad de la fibra para retener agua mejora la tolerancia a la dieta y aumenta el bienestar de las personas sometidas a una dieta hipocalórica.

En la actualidad, un tipo de fibra, el glucomanano, parece que tendría todas estas acciones expuestas con anterioridad.

La utilización de fibra implica la acción de la flora intestinal, y se produce hidrógeno, metano y otros gases que pueden crear un cierto grado de incomodidad en algunas personas.

Otros fármacos no recomendables

Dedicaremos este párrafo a una serie de fármacos que no deben utilizarse en el tratamiento de la obesidad.

– Gonadotropinas: se utilizaban en el tratamiento de individuos con «obesidad hipofisaria». Se ha demostrado su total ineficacia.

– Diuréticos: no deben utilizarse excepto cuando estén indicados por algún otro proceso concomitante.

– Laxantes: nunca son de utilidad en el tratamiento de la obesidad a largo plazo. En algunos casos pueden provocar depleción hídrica y otras complicaciones.

– Píldoras «milagrosas»: durante los últimos años ha existido una profusión extraordinaria de fármacos que mezclan distintos compuestos como anfetaminas, hormonas tiroideas, diuréticos, etc., con los que se asegura una pérdida de peso sin necesidad de seguir una dieta y que algunos profesionales de la salud prescriben sin pensar en sus posibles repercusiones en la persona obesa. A causa de frecuentes y peligrosos efectos secundarios (HTA, taquiarritmias, dependencia, etc.) están totalmente contraindicadas en el tratamiento de la obesidad.

Para finalizar, esperamos y deseamos que las apasionantes vías de investigación abiertas en el momento actual en el campo de la fisiopatología de la obesidad permitan en un futuro no demasiado lejano la obtención de grandes avances en el tratamiento farmacológico de este proceso.

Bibliografía general

Abenhaim L, Moride Y, Brenot F, Rich S, Benichou J, Kurz X et al. Appetite-suppressant drugs and the risk of primary pulmonary hypertension. N Engl J Med 1996; 335: 609-616.

Astrup A. The sympathetic nervous system as a target for intervention in obesity. Int J Obes 1995; 19 (Supl 7): 24-28.

Astrup A, Buemann B, Gluud C et al. Prognostic markers for diet-induced weight loss in obese women. Int J Obes 1995; 19: 275-278.

ADA reports. Position of the American Dietetica Association: very low calorie weight loss diets. J Am Diet Assoc 1990; 90: 722-726.

Björntorp P, Brodoff B. Obesity. Filadelfia: J.B. Lippincott Company, 1992.

Braguinsky J. Obesidad: patogenia, clínica y tratamiento. Buenos Aires: Editorial Promedicina, 1987.

Bray GA. Drug treatment of obesity. Am J Clin Nutr 1992; 55: 538.

Cervera P, Clapés J, Rigolfas R. Alimentación y dietoterapia. Madrid: Emalsa, Interamericana, División de McGraw-Hill, 1988.

Connolly H, Crary J, McGoon M, Hensrud D, Edwards B et al. Valvular heart disease associated with fenfluramine-phentermine. N Engl J Med 1997; 337: 581-588.

Considine RV, Sinha MK, Helman ML, Kriauciunas A, Stephens T, Nyce M et al. Serum immunoreactive-leptin concentrations in normal weight and obese humans. N Engl J Med 1996; 334: 292-295.

Drent ML, Larsson I, William-Olsson T et al. Orlistat (RO 18-0647), a lipase inhibitor, in the treatment of human obesity: A multiple dose study. Int J Obes 1995; 19: 221-226.

Dwyer JT. Treatment of obesity: conventional programs and fat diets. En: Björntorp P, Brodoff BN, editores. Obesity. Filadelfia: J.B. Lippincott, 1992; 662-676.

Formiguera X, Barbany M, Carrillo M et al. Modificaciones antropométricas y balance de nitrógeno en pacientes con obesidad mórbida tratados con dieta muy baja en calorías. Med Clin (Barc) 1991; 96: 401-404.

Garrow JS. Obesity and related diseases. Nueva York: Churchill Livingstone, 1988.

Garrow JS. Treatment of obesity. Lancet 1992; 340: 409-413.

Guy Grand B, Apfelbaum M, Crepaldi G et al. International trial of long term dexfenfluramine in obesity. Lancet 1989; 2: 1.142-1.145.
Marks SJ, Moore NR, Clark ML, Strauss BJG, Hockaday TDR. Reducción del tejido adiposo visceral y mejoría de los índices metabólicos de la DMNID con la dexfenfluramina. Obesity Res 1996; 1: 1-8.
Munro JF. Drug Treatment of obesity: an overview. Int J Obes 1987; 11: 13.
National Institute of Health Consensus Development Conference Statement. Health Implications of Obesity. Ann Intern Med 1985; 103: 1.073.
Ryan DH, Kaiser P, Bray GA. Sibutramine: a novel new agent for obesity treatment. Obes Res 1995; 3 (Supl 4): 553-559.
Sanchis D, Balada F, Del Mar M, Virgili J, Peinado J, Montserrat C et al. Oleoylestrone induces the loss of body fat in rats. Int J Obes 1996; 20: 588-594.
Smith V. Dietary fibre, diabetes and obesity. Scand J Gastroenterol 1977; 22: 151-153.
Sullivan AC. Drug Treatment of obesity: a perspective. Recent advances in obesity research. Vol 5. Londres: John Libbey, 1987.
Vague J. Obesities. Londres: Editions Solal, 1991.
Waddec T, Stunkard A, Brownell K. VLCD: their efficacy, safety and future. Ann Int Med 1983; 99: 675-684.
Wurtman R, Wurtman J. Human obesity. Ann NY Acad Sci 1987; 499: 250-317.
Zhang Y, Proenca R, Maffei M, Barone M, Leopold L, Friedman JM. Positional cloning of the mouse obese gene and its human homologue. Nature 1994; 372: 425-432.

CAPÍTULO 10

Tratamiento psicológico de la obesidad

B. Martínez y L. Sánchez Planell

Introducción

La obesidad como forma de percibirse a uno mismo está condicionada por multitud de factores socioambientales, modelos estéticos, culturales, creencias, valores, símbolos, hábitos de alimentación, características personales y familiares. Actualmente, las presiones socioculturales favorecen desde los medios de comunicación la moda de la delgadez y las «dietomanías». Proliferan en revistas y pasarelas, modelos con aspecto de ingravidez anoréxica, clónica y enfermiza, expresión prototipo del triunfo social y magnetismo sexual, potenciado por el cine, la publicidad y la moda *(heroin-addict-chic)*. Como fenómeno de mimetismo, en especial los grupos más vulnerables (adolescentes y obesos) son proclives a dejarse influir por una serie de reclamos y mensajes externos que los convierten en víctimas propiciatorias de padecer un trastorno de la alimentación.

Desde la perspectiva de la Sanidad, se impone distinguir rotundamente cuándo la obesidad es una enfermedad física con riesgo para el paciente, si es causa o consecuencia de trastornos psicológicos o una mera cuestión estética; ya que en cada caso se requiere una intervención específica. En el plano psicológico, el concepto «obesidad», además, adquiere otras connotaciones. «Ser obeso» no es lo mismo que «sentirse obeso». Por ejemplo, una persona delgada puede percibirse como obesa *(trastorno dismórfico corporal)* o tener miedo persistente a engordar, estando muy por debajo del peso que le corresponde como en la anorexia nerviosa, resultado de la *distorsión de su imagen corporal.* En otro sentido, una persona con sobrepeso, al margen de una mera preocupación estética, tal vez desee perder peso por razones médicas, dadas las complicaciones físicas asociadas a la obesidad, como la diabetes mellitus, hipertensión, dislipemia, trastornos cardiovasculares, respiratorios (apneas del sueño) y artrosis, sin presentar por este motivo efectos psicológicos adversos.

La obesidad es un problema de nuestro tiempo, ya que a lo largo de la historia de la humanidad no se había considerado «enfermo» al obeso. En la frontera de los trastornos de la alimentación, de la anorexia y bulimia nerviosas, la obesidad no se ha contemplado como una patología clínica psiquiátrica y sólo se incluye en los recientes sistemas de clasificación (DSM-IV y CIE-10) en el grupo de *«trastornos de la alimentación sin especificar»*. Dentro de esta categoría se engloba, sin posibilidad de diferenciarlos en los sistemas nosológicos actuales, a un grupo de *obesos comedores compulsivos*, que no pueden ser diagnosticados de bulimia nerviosa, ya que no tienen mecanismos compensatorios tras el episodio de ingesta voraz. Otra cuestión distinta serían las consecuencias psicológicas derivadas de la propia obesidad, la presión socioambiental y los tratamientos para perder peso.

Se entiende por «peso ideal» aquel que se asocia estadísticamente a una mejor salud física y máxima expectativa de vida. La obesidad en términos clínicos viene determinada por el grado de sobrepeso, proporción y distribución de la grasa corporal (índice de masa corporal [IMC] > 30 kg/m^2) que influye negativamente en la salud global de un individuo.

A lo largo de las últimas dos décadas se han utilizado diversos criterios para clasificar la obesidad. Entre éstos destacamos los etiológicos, anatómicos (obesidades hiperplásicas e hipertróficas), distribución de la grasa corporal (ginecoide y androide), psicopatológicos y grado de obesidad. La clasificación que parece tener tradicionalmente más repercusión en la comunidad científica es el porcentaje de sobrepeso, propuesto por Stunkard (1986), que diferencia tres tipos de obesidad: leve, moderada y severa, que corresponden a distintos abordajes terapéuticos en función del porcentaje de sobrepeso y de las complicaciones físicas asociadas. Distribuir los distintos subtipos de obesidad es primordial para derivar orientaciones terapéuticas específicas y adaptar de forma personalizada los programas de intervención.

Como se señala en el capítulo 7, las relaciones entre las alteraciones psicológicas y la obesidad se pueden organizar en tres niveles: *a)* pacientes con trastornos psicológicos primarios que pueden constituir un factor etiopatogénico en el origen y desarrollo de la obesidad (trastornos de la personalidad, disforia, patología ansiosa, depresiva y, por supuesto, conductas bulímicas); *b)* pacientes obesos con alteraciones reactivas a su obesidad (rechazo a su imagen corporal, trastornos afectivos derivados de la presión social, prejuicios y discriminación), y *c)* alteraciones psicopatológicas que se desarrollan en el curso de una reducción ponderal (cuadros depresivos-ansiosos, bulimia).

Al acto de alimentarse, no se le atribuye únicamente una conducta instintiva y biológica destinada a la supervivencia, sino que en sí misma contiene y refleja una fuerte carga simbólica. Con frecuencia los trastornos de la alimentación sirven como vehículo y recurso expresivo por medio del cual una persona deja traslucir al exterior su problemática interna.

Los trastornos producidos y derivados de la conducta alimentaria son muy complejos y se intentan dilucidar por la interacción de múltiples contingencias; por lo tanto, se plantea la necesidad de observar su tratamiento desde una *configuración multidisciplinaria*. La función del psicólogo clínico en este ámbito consiste en tratar a la persona obesa que se siente «enferma» como efecto de su insatisfacción corporal y las consecuencias físicas, personales y psicosociales que se derivan de esto.

Tratamiento psicológico de la obesidad

La mayoría de los tratamientos existentes para combatir la obesidad se basan en un principio tan sencillo como que el obeso acumula peso porque come más o gasta menos de lo que necesita. Por lo tanto, el dispositivo más lógico para perder peso sería establecer un balance calórico negativo, disminuir el aporte o aumentar el gasto energético. A la luz de este supuesto han surgido multitud de falsos tratamientos: desde terapias basadas en datos seudocientíficos, sin demostrar, realizadas por equipos de «iluminados» o desaprensivos, hasta propuestas que parecen extraídas de manuales de torturas o guiones de ciencia ficción. El obeso aparece perseguido por multitud de reclamos que le invitan a creer en milagros y conseguir evaporar la grasa por arte de magia; o bien, a someterse a tremendos sacrificios, martirios, renuncias y suplicios que deberá soportar con abnegación para conseguir tener un cuerpo imposible. Toda esta miscelánea de propuestas es viable gracias a que: *a)* la obesidad es una enfermedad crónica; *b)* es muy difícil y caro adelgazar, y *c)* se obtienen escasos resultados a largo plazo con la medicina tradicional, con dietas hipocalóricas, de muy bajo contenido calórico (VLCD: *very low calorie diets*), ejercicio físico intenso supervisado, psicofármacos, anorexígenos o productos saciantes *(bulkings agents)*. En el caso de la obesidad severa, merecen comentario aparte las técnicas de cirugía bariátrica con las que, sin ser una panacea, se obtienen pérdidas de peso en personas con obesidad mórbida –si la indicación es correcta– cuando todos los intentos previos han fracasado.

En esta amplia, variada y no siempre fiable oferta de tratamientos, surgen de forma paralela o complementaria diversas terapias psicológicas orientadas al mismo fin: *adelgazar*. La mayoría tienen un objetivo común: provocar un cambio real en relación a los hábitos alimentarios con el objetivo no sólo de perder peso, sino de mantenerlo estable.

El concepto *psicoterapia* abarca cualquier modalidad de tratamiento de los trastornos psíquicos mediante la ayuda de la psicología y la comunicación verbal entre el paciente y el terapeuta. Se tiende a considerar «psicoterapia» al tratamiento psicológico alternativo al psicoanálisis. El término *psicodinámico* se suele referir al psicoanálisis y por extensión a aquellas terapias en las que el *conflicto intrapsíquico* posee un papel central. En los modelos psicodinámicos la terapia no tiene como finalidad la eliminación del síntoma que presenta el paciente, sino el cambio de la estructura de fondo, retrocediendo a la infancia y elaborando las fases de evolución de la personalidad por medio del método de la asociación libre. Desde esta perspectiva, tradicionalmente la génesis del trastorno de la alimentación se sitúa en la fase oral. Hilda Bruch (1973) indica que las madres obesogénicas provocan una sobreingesta en su hijo, al ser incapaces de diferenciar entre las señales que emite el niño, al que alimentan de forma indiscriminada. Por este motivo, en la época adulta estas mismas personas tienen dificultades para autotranquilizarse cuando se sienten ansiosas, deprimidas o solas, con una tendencia a sobreingerir con voracidad, para suplantar y reproducir una calma que no ha sido interiorizada convenientemente. Si se tienen en cuenta las controversias ocasionadas por la indicación, aplicación, eficacia, duración y coste del psicoanálisis clásico, podría ser beneficioso en algunos pacientes obesos con alteraciones psicopatológicas primarias. Los autores del trabajo no han encontrado registrado en la literatura científica reciente ni resultados ni estudios de seguimiento de tratamientos psicoanalíticos individuales en obesos. Por este motivo parece imprudente y aventurado opinar acerca de si sería conveniente o no su aplicación en pacientes con alteraciones reactivas y en los que desarrollan trastornos como consecuencia de los programas de reducción de peso.

Nacidas de este mismo modelo psicodinámico se desarrollan otras líneas terapéuticas, como la terapia breve psicoanalítica, el enfoque lacaniano vinculado a la lingüística, las terapias sobre el análisis del *self*, de las que derivan las terapéuticas humanistas existenciales y la psicoterapia interpersonal.

La *psicoterapia interpersonal*, de orientación psicodinámica, considera que el trastorno de la alimentación es secundario a un proceso psicopatológico profundo, confiando que la mejoría global de los conflictos subyacentes, en especial los derivados de las interacciones personales, provoquen la eliminación de los síntomas.

En 1991 Fairburn et al aplicaron por primera vez la psicoterapia interpersonal en la bulimia nerviosa. A diferencia del psicoanálisis, los procesos transferenciales y contratransferenciales en la relación paciente-terapeuta no tienen un protagonismo especial. El objetivo terapéutico tampoco se focaliza en los hábitos alimentarios alterados o en las crisis bulímicas, sino en reducir las emociones negativas que aparecen en el área de las relaciones *interpersonales*. El terapeuta trabaja de una forma semidirectiva, proponiendo de manera concreta estrategias, técnicas y posibles soluciones a los problemas derivados de las relaciones interpersonales de los pacientes.

Tratamiento cognitivo-conductual de la obesidad

La *modificación de la conducta* hizo su aparición en el escenario de los tratamientos psicológicos a finales de los años cincuenta como una alternativa radical a los modelos existentes en la época, esencialmente los psicoanalíticos. La terapia del comportamiento basa su constructo teórico en la hipótesis de que la conducta, tanto la adaptada como la inadaptada, es aprendida y, por lo tanto, los principios descritos por las *teorías del aprendizaje* pueden ser utilizados y aplicados en la práctica clínica. De este postulado se deriva que, en lugar de indagar y explorar acerca de posibles conflictos intrapsíquicos subyacentes, los terapeutas de la conducta ajustan, enfocan y dirigen el tratamiento hacia el cambio de la conducta observable en sí misma. Con este objetivo, impulsan y desarrollan una evaluación y metodología diagnóstica que permite identificar, intervenir y cambiar las circunstancias, así como los factores y parámetros que mantienen la conducta inadaptada en el presente. Los programas de modificación conductual en el tratamiento de la obesidad están basados en una serie de supuestos relativos referidos a los hábitos en la conducta de la ingesta (Vera y Fernández, 1989), como son: *a)* la obesidad es una alteración de aprendizaje y su consecuencia final es un exceso de consumo de calorías; *b)* la persona obesa come más que la no obesa; *c)* entre el estilo de alimentación de una persona obesa y otra no obesa, se observan numerosas diferencias; *d)* las personas obesas responden más a estímulos externos relacionados con la comida que las no obesas; *e)* entrenar y educar a una persona obesa a comer de una forma similar a la no obesa resolvería el problema, y *f)* es innecesario considerar los problemas emocionales para evaluar y tratar el problema de la obesidad.

Los tratamientos conductuales gravitan en el supuesto de que los obesos, además de los hábitos alimentarios erróneos que conducen a los errores en la alimentación, aprenden patrones de escasa actividad física y sedentarismo que se mantienen debido a estímulos ambientales como pueden ser la excesiva y sugerente exposición a los alimentos, modelos sociales incorrectos o refuerzos inadecuados del ambiente sociofamiliar. Los primeros tratamientos conductuales se basaron en esta hipótesis de externalidad y en el peculiar estilo de alimentación de los obesos. El procedimiento consistía fundamentalmente en dos partes. Primero se efectuaban exhaustivas evaluaciones del comportamiento previo al tratamiento. Después se diseñaban instrumentos para la aplicación de las diferentes técnicas de modificación conductual, con autorregistros de ejercicio físico, de tipo de alimentación, control de estímulos recibidos y gráficas de peso.

Las estrategias de autocontrol se organizan alrededor de tres fases: autocontrol, autoevaluación y autorrefuerzo.

La efectividad de los tratamientos conductuales ha sido analizada en numerosas revisiones (Agras y Werne, 1981; Stunkard, 1982) extrayéndose las siguientes conclusiones: *a)* el número de sujetos que abandonaban el tratamiento era de un 15% más bajos que en los tratamientos clásicos (dieta, fármacos y ejercicio físico) (25-75%); *b)* no producía reacciones emocionales negativas como efecto psicopatológico colateral indeseable; *c)* la media de pérdida de peso al final del tratamientos, en los 21 estudios revisados por Stunkard en 1982, fue de 5 kg; pérdidas de peso similares a las obtenidas por los tratamientos tradicionales; *d)* las revisiones con un seguimiento más largo son escasas y los resultados poco alentadores, especialmente en el caso de la obesidad severa (IMC > 50 kg/m^2); esta pobreza de respuesta a los programas conductuales provoca que Stunkard se manifieste en contra de esta modalidad de tratamiento para los pacientes con obesidad severa y sea partidario de abordajes más agresivos como la cirugía bariátrica. El único estudio que valora la eficacia de un programa conductual 5 años después de terminar el tratamiento indica que los sujetos recuperan el 72% del peso perdido según la revisión de García Grau (1996), y *e)* a nivel metodológico, se observan grandes diferencias en las unidades de análisis que se seleccionan para informar de los resultados. La mayoría de autores ofrecen sólo la media de kilogramos perdidos sin tener en cuenta el peso inicial de cada paciente. Estos factores obstaculizan cualquier investigación que intente evaluar la eficacia a largo plazo y la comparación de resultados con otras modalidades terapéuticas.

La acumulación de datos empíricos que cuestionan la credibilidad de los presupuestos conductuales, la reducida eficacia en el mantenimiento del peso perdido a largo plazo y las limitaciones de los tratamientos conductuales han obligado a la incorporación de otras técnicas para reforzar los resultados. Los tratamientos más recientes utilizan combinaciones de tratamientos distintos: modificación de conducta, fármacos, ejercicio físico, depósitos monetarios, información dietética, reestructuración cognitiva, apoyo social del compañero o grupal y técnicas de resolución de problemas en el mantenimiento.

Las *terapias de modelo cognitivo* destacan la importancia de las cogniciones, tanto en el origen de las alteraciones psicopatológicas como en el procedimiento de cambio terapéutico. El concepto *cognición* incluye ideas, constructos personales, expectativas, atribuciones, imágenes y creencias. La cognición no se refiere únicamente a los procesos intelectuales y al pensamiento, sino que abarca también patrones complicados de significado en los que se entrecruzan emociones, pensamientos y conductas. En relación a los trastornos de la alimentación, las operaciones cognitivas se fundan en el esquema de procesamiento automático de pensamientos distorsionados como mensaje que genera y mantiene el ciclo de errores cognitivos. Existen numerosos modelos de terapias cognitivas que aplican desde procedimientos originados en la modificación de conducta hasta otros más específicos. En una primera fase se solicita del paciente una autobservación con *autorregistro*, no sólo del comportamiento alimentario, sino también del procesamiento de la información.

En una segunda etapa se introducen elementos de entrenamiento personalizado para incrementar las habilidades de enfrentamiento mediante técnicas de identificación de pensamientos disfuncionales, errores cognitivos, búsqueda de soluciones alternativas, técnicas de distracción, relajación, programación de actividades y biblioterapia. Ninguna de éstas debería ser aplicada de una forma indiscriminada, sino dentro de un diseño terapéutico coherente, de manera que mantengan la unidad de un tratamiento particular que respete las características personales, así como las peculiaridades cognitivas de cada paciente.

García Grau (1996), en su amplia y exhaustiva revisión acerca de la evolución, comparación y resultados de los tratamientos cognitivoconductuales (1987-1991), afirma que, a pesar de los recientes avances tecnológicos, se registra una escasa efectividad de los programas de adelgazamiento, pues no se consiguen pérdidas significativas de peso a largo plazo y, lo que es más importante, aquellos sujetos que consiguen adelgazar recuperan su peso antes de 5 años.

La comparación de los resultados y la efectividad de las distintas combinaciones terapéuticas se hace muy dudosa dada la diversidad en la metodología aplicada. Algunos autores aportan información insuficiente de la muestra, duración, aplicación de las técnicas y criterios de seguimiento. Asimismo, se aprecia una marcada variabilidad individual en los resultados, fluctuaciones de peso y recaídas. En la mayoría de los estudios revisados por García Grau no se analizan de forma simultánea el cumplimiento de las prescripciones, la tasa de abandonos, la confección de autorregistos y el nivel de adherencia al programa. También observa que intentan identificar variables predictivas de la pérdida ponderal, apareciendo como más potente el nivel de cumplimiento de los autorregistros de alimentación.

En otras líneas de intervención, aparentemente muy potentes, en las que utilizan la mayoría de técnicas cognitivoconductuales disponibles y además aplican VLCD, con una duración de un año (sesiones semanales), más otro año de mantenimiento (sesiones quincenales), tampoco se consiguen los resultados esperados. Terence Wilson (1995) advierte que la pérdida ponderal disminuye de forma notable en la segunda mitad del tratamiento y los sujetos recuperan peso durante el programa de mantenimiento.

Afortunadamente, algunas posiciones terapéuticas recientes tienden a «humanizarse y compadecerse» del obeso al introducir cambios paulatinos en los hábitos alimentarios incorrectos y cambiar el estilo de vida de los pacientes, sin tener como único objetivo adelgazar. El fin primordial es mantener el peso estable con tratamientos largos y programas de mantenimiento (Wadden y Wingate, 1995). Algunos autores creen que cada persona se convierte en obesa por distintas causas y su consecuencia afecta a cada sujeto de una forma diferente. Respetan sus decisiones en cuanto a la elección de los métodos de tratamiento, les animan a hablar de los sentimientos que les provoca la dificultad de perder peso y les ayudan con apoyo individual y grupal durante todas las fases del tratamiento, en especial en las recaídas.

Las *consecuencias psicosociales* de la obesidad derivan de la marginación, el prejuicio y el rechazo de la sociedad. Las actitudes hacia la silueta de los obesos son contundentes y negativas. La culpabilidad por ser obeso aparece incluso fomentada por los mismos profesionales sanitarios que los ven como molestos, torpes, poco atractivos y con falta de voluntad (Agell y Rothblum, 1991; Stunkard y Wadden, 1992).

En un estudio realizado con personas que habían sido obesas severas, tras perder una media de 45 kg con cirugía bariátrica, se observó que todos preferían ser diabéticos, sordos, disléxicos o padecer una enfermedad cardíaca que no ser obesos, y sólo un 10% escogerían la obesidad a ser ciegos y un 8% sufrir la amputación de algún miembro (Wadden y Wingate, 1995).

El desprecio y la marginación que desde la infancia vive la persona obesa le causa un daño irreparable en la valoración de su imagen corporal y autoestima, hasta el punto de huir del contacto social por temor a la descalificación personal. Contra las actitudes de estigma social, Stunkard y Sobal (1995) proponen a los psicólogos, médicos y sociólogos, un diseño de afrontamiento para: *a)* ayudar a las personas a reconocer el estigma; *b)* prepararlos para responder ante los prejuicios y la discriminación; *c)* reaccionar ante estas actitudes, y *d)* reparar el dolor causado por la estigmatización.

Tratamiento cognitivo-conductual de los obesos comedores compulsivos

La existencia dentro de la obesidad de un elevado porcentaje (20-35%) de personas que tienen una sintomatología bulímica ha sido destacada por numerosos autores (Yanovski, 1993; Sánchez Planell, 1998). Estos pacientes obesos sufren episodios repetitivos de ingesta voraz que, a diferencia de la bulimia nerviosa (tipo purgativo y no purgativo [DSM-IV]), no se acompañan de maniobras compensatorias de la sobreingesta, como el ayuno, el vómito, el uso de diuréticos, los laxantes o el ejercicio físico intenso. En algunos casos, se manifiesta hiperfagia nocturna *(night eating syndrome)* con disgripnia (Sánchez Planell, 1998).

En este subgrupo se observa una mayor prevalencia de episodios depresivos, trastorno de angustia, trastorno límite de la personalidad, así como de personalidad por evitación (Yanovski, 1993). La mayoría de los autores parecen estar de acuerdo en considerar que los obesos que tienen una forma comórbida de bulimia responden menos al tratamiento y poseen un peor pronóstico que el resto de los pacientes obesos. Subyacente a la apariencia de homogeneidad en la presentación clínica, se esconde una gran diversidad de trastornos asociados a los atracones. La preocupación mórbida por la imagen corporal y el peso, en la mayoría de obesos bulímicos, no permite ser abordada únicamente por técnicas de modificación conductual estrictas. Se considera imprescindible la evaluación detallada de los síntomas y aspectos etiopatogénicos implicados en el trastorno para diseñar un tratamiento personalizado. En pocos casos la evolución será favorable con una orientación psicoeducativa, mientras que, en el resto, el tratamiento deberá ser flexible, prolongado y adecuarse a las diferencias individuales de cada paciente.

El primer programa terapéutico para la bulimia nerviosa con un enfoque cognitivo conductual fue elaborado por Fairburn en 1981. Posteriormente, siguiendo los mismos principios, se han efectuado diversas modificaciones tanto en tratamientos grupales como individuales (Garner et al, 1987). En este modelo terapéutico se pueden precisar tres etapas diferenciadas:

1. En la primera fase del tratamiento, el objetivo principal es la interrupción del ciclo de atracones y la supresión del método compensatorio si lo hubiera (algunos pacientes obesos toman laxantes o diuréticos). En el contexto terapéutico, se inicia una reeducación alimentaria con información clara acerca de nutrición y dietética, con el fin de establecer un patrón equilibrado de comida (nunca dietas muy hipocalóricas ni estrictas). Es imprescindible que el terapeuta posea unos conocimientos adecuados y suficientes sobre nutrición o, en su defecto, sería conveniente que fuera asesorado por un médico endocrinólogo o especialista en dietética. La mayoría de pacientes no aceptan rápidamente los cambios propuestos, por lo que las modificaciones deben ser adaptadas de forma gradual a su estilo de alimentación, caótico y descompensado, para ir introduciendo de forma paulatina mayores exigencias.

Desde la primera entrevista, se plantea la necesidad de confeccionar un *autorregistro diario de alimentación,* que detalle no sólo el tipo, frecuencia y cantidad de comida ingerida, sino también las circunstancias y sentimientos que preceden y acompañan tanto a las comidas normales como a los episodios de voracidad. Algunos enfermos, a pesar de aceptar el compromiso y comprender la finalidad terapéutica del *autorregistro* diario en la etapa inicial del tratamiento, incumplen esta norma, avergonzados de sus pantagruélicos atracones y peculiares preferencias. Otros incluso mienten, se engañan («yo no como para estar así») o abandonan las sesiones cuando incrementan de peso. Es imprescindible ofrecer un clima de aceptación y empatía facilitador de la comunicación para que el paciente deje de culpabilizarse y pueda utilizar el valor terapéutico del autorregistro por sí mismo como sistema de control y autoconciencia del trastorno.

Beck et al en 1979 ya habían enfatizado que en el tratamiento cognitivo-conductual de la depresión, así como en otros trastornos emocionales, el ingrediente esencial para que se produzca el cambio es el clima de confianza y la *empatía* con el terapeuta. La relación sólida paciente-terapeuta más que representar un elemento no específico en el tratamiento de los trastornos de la alimentación es un ingrediente fundamental que canaliza, promueve y facilita la evolución terapéutica.

2. En la segunda fase, el tratamiento se enfoca hacia las actitudes, creencias irracionales en torno a la alimentación, cogniciones subyacentes y personales y circunstancias laborales y familiares. La terapia cognitiva se basa en el supuesto de que las falsas cogniciones subyacen a los problemas emocionales y a la conducta desadaptativa.

Antes de decidir el diseño terapéutico más adecuado para cada paciente, es imprescindible señalar que existen numerosas diferencias teóricas entre los distintos tratamientos cognitivo-conductuales y, por lo tanto, previa a la aplicación de las diversas opciones, deben observarse cuidadosamente las características físicas, psicológicas y sociales de cada paciente. Las decisiones y secuencias del tratamiento se determinarán por condiciones como la edad, estilo de vida, duración del trastorno, tratamientos anteriores, gravedad, cronicidad, sintomatología actual, funcionamiento premórbido y complicaciones médicas de su tipo de obesidad.

Los tratamientos cognitivo-conductuales en los obesos comedores compulsivos tienen algunas características comunes, como la preocupación extrema de estos pacientes por su imagen corporal y su peso. Los restantes aspectos son secundarios y estas cogniciones son de importancia primordial en el mantenimiento del trastorno.

Las técnicas más utilizadas son las de reestructuración cognitiva, el autorregistro de pensamiento y conductas relevantes, el uso de estrategias de autocontrol para establecer un patrón de alimentación regular y la introducción de comidas evitadas.

3. Con objeto de prevenir las recaídas, en esta etapa se siguen utilizando los elementos terapéuticos anteriores, insistiendo en que si la recuperación del paciente debe perdurar, los cambios cognitivos tienen que afianzarse en forma de *actitudes y creencias racionales.* Algunos programas incluyen elementos adicionales como la relajación progresiva, la desensibilización en la imagen corporal, la asertividad y las habilidades sociales para mejorar la autoestima. Además, precisan un intenso entrenamiento en la resolución de problemas, las técnicas de tratamiento de la ansiedad y la exposición con prevención de respuesta.

Stunkard y Sobal (1995), entre los efectos psicológicos de la obesidad, destacan la presencia de atracones en un 30% de los pacientes sometidos a tratamientos de control de peso. Estos autores observan un incremento de la prevalencia cuanto mayor es el grado de sobrepeso. Los obesos bulímicos tienen una mayor incidencia de abandono prematuro del tratamiento y recuperan el peso que han perdido con más facilidad.

Fairburn et al, en 1991, en un estudio de seguimiento a los 5 años de haber padecido una bulimia nerviosa, al comparar los tres tratamientos –modificación de conducta, terapia cognitivo-conductual y psicoterapia interpersonal–, observaron que evolucionaban de forma más favorable los pacientes que habían seguido una terapia cognitivo-conductual y psicoterapia, frente a los que recibieron modificación conductual.

Obesidad severa

La obesidad severa (IMC > 50 kg/m^2) puede ser considerada en sí misma una auténtica enfermedad. Es una «obesidad maligna», pues su índice de morbimortalidad es significativamente mayor al de la población normal. Estudios realizados sobre las características de personalidad de obesos mórbidos evidencian una gran discrepancia de resultados en relación a la presencia de patología psiquiátrica. Atkinson y Ringuette (1967) encontraron hasta un 62% de trastornos depresivos; Halmi et al (1980) diagnosticaron un 29% de trastornos afectivos en una entrevista semiestructurada basada en el DSM-III. En el otro extremo, Castellnuovo-Tedesco y Schiebel (1976) observaron alteraciones de la personalidad, pero ningún paciente (0%) tenía un trastorno psiquiátrico. Stunkard y Wadden (1992), en su trabajo de recopilación de las exploraciones realizadas previas a la cirugía bariátrica, dedujeron que: *a)* no existe una personalidad peculiar que caracterice a los obesos severos; *b)* no se aprecian mayores grados de patología psiquiátrica general que el resto de población, y *c)* se distinguen alteraciones significativas en la conducta alimentaria (presencia de comportamientos bulímicos) y en la distorsión de la imagen corporal.

Estas mismas conclusiones también han sido observadas por los autores de este capítulo en el seguimiento de los primeros 125 pacientes incluidos en el protocolo quirúrgico bariátrico del HUGTiP (Hospital Universitario Germans Trias i Pujol. Badalona. Alastrué et al, 1995).

Cuando estos sujetos acuden a la consulta de un psicólogo clínico, derivados por el endocrinólogo o el cirujano, para efectuar la exploración psicológica previa al tratamiento bariátrico, éstos se encuentran en una situación extrema. Llegan tras un largo peregrinaje por diversos centros y especialistas. Han seguido multitud de dietas restrictivas y fórmulas mágicas. Han sido sometidos a técnicas de acupuntura, hipnosis, grupos de autoayuda, liposucciones, homeopatía y, en algunos casos, incluso han ingerido productos milagrosos que les prometían adelgazar de una forma rápida y sin esfuerzo. Frecuentemente, expresan sentimientos de fracaso, agotamiento y desesperación ante la imposibilidad de perder peso y, lo que es peor, de no volver a engordar.

En estas precarias condiciones de calidad de vida, y cuando la obesidad se resiste a las combinaciones estándar de dietas, fármacos, ejercicio físico, e incluso a ingresos con dietas de muy bajo contenido calórico (VLCD), parece justificada la cirugía. La otra alternativa, si se considera la obesidad severa como aquella patología rebelde a cualquier tratamiento médico, dietético y

TABLA 10.1.
Contraindicaciones psicológicas relativas y absolutas de la cirugía bariátrica (criterios diagnósticos) DSM-IV

Contraindicaciones psicológicas relativas
- Retraso mental leve y algunos tipos específicos de subnormalidad (Prader-Willi)
- Presencia de atracones y comportamiento bulímico
- Trastornos afectivos moderados reactivos a la obesidad
- Trastornos somatomorfos, como el trastorno dismórfico corporal

Contraindicaciones psicológicas absolutas
- Retraso mental (moderado, grave y profundo)
- Esquizofrenia y trastornos psicóticos (paranoide, desorganizado, catatónico y residual)
- Trastornos relacionados con adicción a sustancias
- Trastorno por consumo o abuso de alcohol
- Bulimia nerviosa grave (tipos purgativo o no purgativo)
- Trastorno límite de la personalidad

conductual, es seguir aumentando de peso y, como consecuencia, incrementar el riesgo de morbimortalidad.

En estos casos la *función del psicólogo* consiste básicamente en colaborar con el equipo médico-quirúrgico en la óptima selección del candidato a cirugía, con objeto de descartar o alertar ante las posibles contraindicaciones psicológicas (tabla 10.1), y tratarlas previamente si es preciso, como en el caso de la presencia de episodios de atracones (contraindicación relativa). También es importante que el psicólogo informe detalladamente acerca de los hábitos de alimentación y sobre el estado psicopatológico del paciente para que el equipo quirúrgico decida la técnica quirúrgica más adecuada (restrictiva, malabsortiva o mixta). Es imprescindible informar al enfermo y al grupo interdisciplinario de tratamiento sobre la necesidad ineludible, en algunos casos, de proporcionar apoyo psicológico en el seguimiento del postoperatorio. Los autores del presente capítulo realizan previa a la cirugía la exploración psicológica expuesta en la tabla 10.2.

En cuanto a los *hábitos alimentarios*, es fundamental reconocerlos y describirlos de forma detallada con el fin de informar al equipo médico-quirúrgico sobre las peculiares características de cada paciente. Es primordial que se estudien de forma cuidadosa todas y cada una de las variables individuales, ya que deben ser tenidas en cuenta al programar un tratamiento quirúrgico, dado que el resultado final depende del diseño quirúrgico seleccionado. Con un objetivo eminentemente práctico, el equipo de trabajo del HUGTiP ha aislado seis subgrupos teóricos de comportamiento alimentario en obesos mórbidos:

TABLA 10.2.
Exploración psicológica previa a la cirugía bariátrica

1. Entrevista semiestructurada de antecedentes y comportamiento alimentario
Valoración de los hábitos de alimentación
Autorregistro de alimentación previo a la intervención quirúrgica
2. Administración de pruebas
BITE (test de bulimia Edimburgo)
BSQ (test de imagen corporal)
IDB (inventario de depresión de Beck)
IAH (escala para la ansiedad de Hamilton)
3. Estudio de la personalidad
MMPI. Test multifásico de la personalidad
16 Pf de Catell
4. Psicodiagnóstico e informe dirigido al endocrinólogo, internista y cirujano

1. Los *big's*, grandes comedores que ingieren de forma copiosa en las comidas principales.

2. Los *sweet's* se caracterizan, además, por la ingesta de alimentos ricos en hidratos de carbono o con alto contenido calórico más de dos veces por semana.

3. Los *fast food's* prefieren comidas rápidas, fritos, pizzas, alimentos preparados o bocadillos.

4. Los *snacker's* entre las comidas principales «pican» cantidades ingentes de alimentos o bebidas altamente calóricas (más de 150 kcal cada vez).

5. Los *binge's* se caracterizan por su ingesta constante de ciertos tipos de alimentos en particular.

6. Naturalmente, resta un grupo, que por presentar bulimia nerviosa *(bulimic´s)* o dependencia del alcohol *(alcoholic´s)* nunca deben entrar en un programa bariátrico y sí, en cambio, requerirán tratamiento psiquiátrico-psicológico. En el capítulo 11, se especifican las distintas técnicas quirúrgicas en función de estos hábitos.

Desde una óptica psicológica, el tratamiento quirúrgico –en concreto en los diseños restrictivos– funciona como una *técnica aversiva*. Si el paciente come muy rápido, no mastica correctamente, no selecciona de forma adecuada el tipo de alimento ni la cantidad que en cada momento del período postoperatorio se le ha indicado (volumen del reservorio gástrico: 15-20 ml), sentirá molestias esofagogástricas, y con toda seguridad vomitará. Con el tratamiento se persigue que el paciente *reeduque* su forma de comer y utilice convenientemente la técnica quirúrgica. El objetivo principal no sólo es conseguir perder peso con una moderada sensación de hambre, pero con saciedad precoz, sino también equilibrar la alimentación y mejorar en general su calidad de vida (ejercicio físico, relaciones interpersonales, imagen corporal y autoestima).

De la publicación de Alastrué et al (1995), en el que se revisan los primeros 125 pacientes intervenidos en el HUGTiP, a los 5 años del tratamiento quirúrgico se extraen las siguientes conclusiones: *a)* en los resultados basales se recogieron cifras moderadamente elevadas de sintomatología ansiosa-depresiva, aunque con escasa presencia de síndromes ansiosos o depresivos mayores, ni alteraciones de personalidad; *b)* se detectó un elevado índice de presencia de conductas hiperfágicas y mala autoimagen corporal, las que desaparecieron tras la intervención de forma progresiva; *c)* en los controles realizados en el seguimiento, se ha apreciado una disminución estadísticamente significativa de los grados de ansiedad y depresión basales; *d)* la elevada pérdida ponderal (38 kg de media, un año después de la intervención) tuvo una repercusión muy positiva en las relaciones sexuales y en el funcionamiento psicosocial.

Los resultados coinciden con los obtenidos por Stunkard y Wadden (1992), que señalan que: *a)* la intervención quirúrgica incrementa notablemente la autoestima y la seguridad en sí mismos; *b)* se aprecia una disminución en la distorsión de la imagen corporal; *c)* mejora la satisfacción marital (si ya existía una relación previa suficientemente buena), y *d)*, las conductas bulímicas cesan de forma drástica.

El análisis de los posibles predictores de éxito de la intervención sigue siendo confuso. Webb et al (1990) señalan que la puntuación típica en la escala de hipocondriasis (Hs) en el MMPI (test multifásico de personalidad) sería un posible predictor de resultados. Gandolfo et al (1996) destacan que tras la aplicación de la bandeleta gástrica, la pérdida de peso se correlaciona positivamente con la tendencia a la desinhibición; y, al contrario, a más autocontrol, más miedo a las consecuencias aversivas (náuseas, vómitos) y menor pérdida de peso. Alastrué et al (1996) afirman que, por el momento, no se puede identificar un «perfil» de paciente que pueda hacer fracasar significativamente una determinada técnica y que tampoco se puede prever qué paciente puede desarrollar una bulimia yatrogénica secundaria al diseño bariátrico. Estos autores destacan que la *motivación* y sobre todo la *información* preoperatoria son dos factores cruciales en el resultado final. Naturalmente, la indicación acertada es fundamental, así como adecuar la técnica bariátrica. Es imprescindible que el equipo quirúrgico posea una amplia experiencia que contemple un amplio abanico de diseños bariátricos, aplicables en función del informe psicológico y de los hábitos alimentarios del paciente.

El objetivo es que el paciente aprenda a utilizar la técnica bariátrica para modificar de forma permanente sus hábitos alimentarios de forma sana y equilibrada, lo que repercutirá favorablemente en su salud y calidad de vida.

Conclusiones

Los estudios epidemiológicos más recientes coinciden en verificar un aumento alarmante de la incidencia de la obesidad. El estilo de vida actual, consumista y sedentario, tiene un papel indiscutible en el progreso de este incremento.

Desde todas las disciplinas se hace esencial actuar a distintos niveles; así pues, desde el ámbito de la psicología se puede intervenir: *a)* en la escuela, exigiendo profundizar en los planes de educación para poder proporcionar programas de información acerca de una correcta nutrición y hábitos dietéticos saludables. Al detectar posibles comportamientos de riesgo en niños, adolescentes y familias, se podría actuar de forma precoz en su solución; *b)* en los medios de comunicación, a través de activar acuerdos en el control de la publicidad y la moda de la delgadez. Ya sea atacando estereotipos sociales acerca de la obesidad o intentando luchar contra las fuentes de prejuicios y discriminación de los obesos; y *c)* en la práctica clínica, cuando en la relación terapéutica existe una demanda por parte del paciente de adelgazar, los costes y beneficios de la pérdida de peso deben ser valorados de una forma cuidadosa.

En vista de lo aparentemente desolador de los resultados finales en las investigaciones empíricas, parece probable que no compense luchar encarnizadamente contra el sobrepeso en aquellas personas cuya obesidad no conlleve problemas de salud o psicosociales. Desde la actuación profesional, se debe contribuir a que no se sientan estigmatizados por el sobrepeso, aunque su físico no se ajuste a los crueles cánones estéticos de la moda. En muchos casos, el objetivo de la psicoterapia sería aceptarse a uno mismo y mejorar la autoestima; lo que significa, entre otras muchas responsabilidades, *cuidar el estilo de vida y la salud*. No es una tarea fácil, pero, en algunas personas obesas, bastará que *aprendan* a disfrutar comiendo menos cantidad y más despacio, de una forma ligera, sana y equilibrada. Si, además, realizan algún tipo de actividad física moderada, supervisada, «probablemente» perderán peso o, por lo menos, lo mantendrán.

Bibliografía general

Agell G, Rothblum E. Effects of clients obesity and gender on the therapy judgments of psychologists. Professsional Psychology Research and Practice 1991; 22: 223-229.

Agras S, Werne J. Disorders of eating. Handbook of clinical behavior therapy. Nueva York: Wiley-Intersciencie Publication, 1981.

Alastrué A, Rull M, Formiguera X, Martínez B, Sánchez Planell L, Salvá J. Gastroplastia vertical anillada. Experiencia de un grupo multidisciplinario de tratamiento en 65 pacientes. Complicaciones metabólicas y resultados psicológicos. Cir Esp 1991; 50: 349-357.

Alastrué A, Rull M, Casas D et al. Obesidad mórbida. Reflexiones sobre un protocolo quirúrgico (I). Protocolo clínico y perioperatorio. Nutr Hosp 1995; 10: 307-320.

Alastrué A, Rull M, Formiguera J et al. Obesidad mórbida. Reflexiones sobre un protocolo quirúrgico a los 5 años (II) (125 pacientes). Nutr Hosp 1995; 10: 321-330.

Alastrué A, Rull M, Broggi MA. Indicaciones de la cirugía bariátrica. FMC. 1996; 3: 122-128.

Atkinson RM, Ringuette EL. A survey of biographical and psychological features in extraordinary fatness. Psichosom Med 1967; 29: 121-133.

Beck AT, Rush AJ, Shaw BF, Emery G. Cognitive therapy of depression. Bilbao. Desclee de Brouwer, S.A., 1979.

Bruch H. Eating disorders: obesity, anorexia nervosa and the person within. Nueva York: Basic Books, 1973.

Castellnuovo-Tedesco P, Schiebel D. Studies of superobesity II: psychiatric appraisal of jejunoileal bypass surgery. Am J Psychiatry 1976; 133: 26-31.

Fairburn CG. A cognitive-behavioral approach to the management of bulimia. Psycological Medicine 1981; 11: 707-711.

Fairburn CG, Jones R, Peveler RC, Carr SJ, Solomon RA, O'Connor ME. Three psychological treatments for bulimia nervosa. Arch Gen Psychiatr 1991; 48: 463-469.

Freixas G, Miró T. Aproximaciones a la psicoterapia. Barcelona: Ed. Paidós, 1993; 132: 87-207.

Gandolfo P, Gianetta E, Meneghelli A, Cuneo S, Scopinaro N, Adami GF. Preoperative eating behavior and weight loss after gastric banding for obesity. Minerva Gastroenterol Dietol 1996; 42: 7-10.

García Grau E. Intervención cognitivo-conductual de la obesidad [Tesis doctoral]. Barcelona: Universidad de Barcelona, Hospital Clínic i Provincial, 1996.

Garner DM, Fairburn CD, Davis R. Cognitive-behavioral treatment of bulimia nervosa. A critical appraisal. Behavior modification 1987; 11: 398-431.

Halmi KA, Long M, Stunkard AJ, Mason E. Psychiatric diagnosis of morbidly obese gastric bypass patients. Am J Psychiatry 1980; 137: 470-472.

Sánchez Planell L. Trastornos de la conducta alimentaria. En: Vallejo J, ed. Introducción a la psicopatología y la psiquiatría. Barcelona: Masson, 1998.

Stunkard AJ. Psychological and social aspects of the surgical treatment of obesity. Am J Psychiatry 1986; 143: 417-429.

Stunkard AJ, Wadden TA. Psychological aspects of severe obesity. Am J Clin Nutr 1992; 55: 524-532.

Stunkard AJ, Sobal J. Psychosocial consequences of obesity. En: Brownell KD, Fairburn CG, editores. Eating disorders and obesity: a comprehensive handbook. Nueva York: The Gilford Press, 1995.

Vera N, Fernández C. Prevención y tratamiento de la obesidad. Barcelona: Edit. Martínez Roca, 1989; 20-30.

Wadden TA, Wingate BJ. Compassionate treatment of the obese individual. En: Brownell KD, Fairburn CG, editores. Eating disorders and obesity. A comprehensive handbook. Nueva York: The Gilford Press, 1995.

Webb WW, Morey LC, Castellnuovo-Tedesco P, Scott HW. Heterogeneity of personality traits in massive obesity and outcome prediction of bariatric surgery. In J Obes 1990; 14: 13-20.

Wilson GT. Behavioral approaches to the treatment of obesity. Comprehensive handbook. Nueva York: The Gilford Press, 1995; 479-483.

Yanovski SZ. Association of binge eating disorder and psychiatric comorbidity in obese subjects. Am J Psy 1993; 150: 1.472-1.479.

CAPÍTULO 11

Obesidad severa y cirugía

A. Alastrué, M. Rull y M. A. Broggi

Introducción

La obesidad es el trastorno nutricional más frecuente en el mundo occidental. Cuando un paciente acude a un profesional para que le trate la obesidad, posiblemente ya ha seguido en la mayoría de los casos, aunque en muchos con carácter autónomo, algún tratamiento dietético y éste ha fracasado. Por lo tanto, este momento es muy importante pues se le han de aportar los medios para que de una forma definitiva, según el grado de obesidad, el enfermo consiga sus propósitos que no son más que la normalización de su peso corporal.

Ahora bien, la experiencia siempre demuestra que intentar arreglar un determinado objeto, enseñar sobre un tema que se desconoce o hacer incursiones en otras labores que no son de la propia especialidad, trae como consecuencia un fin no deseado o un resultado peor que el inicial. Éste es el principio de la «competencia» que Garrow (1994) muy bien explica en la introducción de su corto pero certero artículo sobre si debe tratarse o no la obesidad.

A lo largo del presente capítulo, los autores no intentan aportar un tratamiento definitivo para todos los pacientes obesos si no, como cualquier tratamiento en medicina, conseguir que un grupo seleccionado de sujetos tengan una vida más larga y tolerable. La cirugía bariátrica lo consigue en algunos casos de una forma permanente y definitiva.

¿Por qué un tratamiento tan agresivo? Sencillamente, porque si somos sinceros, se tiene que reconocer que la obesidad, por el momento, no puede ser tratada de una forma concreta y generalizada. Así pues, es difícil el tratamiento de la obesidad cuando ya es una enfermedad (severa o mórbida), pues en este caso ya no se trata de un paciente con un problema estético. En estos casos, si se intenta de nuevo un tratamiento, es preciso convencer al paciente de que es una empresa muy difícil.

Existe un error muy generalizado acerca de que el paciente obeso es totalmente el responsable de su exceso de peso y que puede perder peso fácilmente. En el concepto de enfermo obeso se supone una posición similar al enfoque que se tenía hace muchos años del paciente alcohólico, puesto que se le consideraba débil de carácter, lo que conllevaba un gran número de prejuicios que agravaban el enfoque multidisciplinario del tratamiento. Esta actitud es la resultante del problema de reconocer una doble visión: la compleja etiología de este proceso y los pobres resultados que se consiguen con las modalidades actuales de tratamiento.

Etiología de la obesidad

«*Nature vs nurture*». Ésta es la tremenda dualidad del problema. Al paciente obeso se le reconoce un gran componente genético en su evolución patológica como es la obesidad, como muy fácilmente se puede observar al estudiar la obesidad familiar, aunque estudios recientes realizados en Dinamarca en gemelos demuestran que no influye tanto el componente genético. Posiblemente, la distribución de la grasa se relaciona con una herencia poligénica pero no existe expresamente un gen de la superobesidad, pues, en muchos casos, la mayoría, como lo demuestran los resultados conseguidos con la cirugía, la superobesidad es reversible.

A continuación, antes de entrar en el gran capítulo de la cirugía, se ha creído oportuno resaltar un hecho muy importante: ¿Quién debe tratar la obesidad? ¿Cómo?

La obesidad es una patología que se extiende día a día y los tratamientos actuales, médico-dietéticos y conductuales, fracasan en un 90-95% de los casos a largo plazo. Así pues, se puede argumentar que un tipo determinado de tratamiento puede ser controlado por la atención primaria y, en cambio, otros sólo en un nivel hospitalario. Los pacientes siempre han de ser valorados correctamente por especialistas en el tema que combinen su actuación con el centro de referencia mediante protocolos uniformes. Diferenciar un sobrepeso, una obesidad (grasa corporal) y un obeso mórbido, implica el nivel de actuación.

Definición de sobrepeso y obesidad

Se podría definir que un paciente con sobrepeso, sin riesgo y feliz, no debe incluirse en un programa de pérdida de peso, aunque no se desdeña la posibilidad de una dieta equilibrada y un adecuado aprendizaje de unos nuevos hábitos alimentarios. Un obeso simple (IMC o índice de masa corporal [índice de Quetelet] < 30 kg/m^2) debe ser controlado en atención primaria en régimen ambulatorio. Un obeso con un IMC > 30 kg/m^2 ya debe ser visitado por un especialista en un centro de atención primaria o en un hospital y si el IMC es superior a 35 kg/m^2 lo será en una unidad especializada donde se ensayen formas individuales de terapia o nuevos avances en grupos concretos. En dicha unidad debe existir también un psicólogo y un psiquiatra, un dietista y un especialista en obesidad, con un programa interdisciplinario coordinado en el que ya formen parte los cirujanos (generales y plásticos), los anestesistas, los miembros del servicio de rehabilitación, etc., como partícipes activos de dicho equipo.

Objetivos de un programa bariátrico

El objetivo de todo el grupo de tratamiento de la obesidad es hacer que el paciente disminuya la energía que ingiere (dieta) y aumente el gasto energético (ejercicio). Los fracasos deben ser asumidos en su conjunto y utilizados como aprendizaje activo de futuros proyectos. Ésta es una de las razones del por qué otros grupos de salud dedicados a la obesidad como el NIH (National Institute of Health) en su punto de vista definitivo, concretamente en el grupo de pacientes superobesos (IMC > 50 kg/m^2), por ejemplo, se defina partidario de no ensayar ningún tratamiento médico, dietético o conductual, y los incluya desde la primera visita en un programa quirúrgico. Una decisión difícil pero argumentada por el «peso» de los fracasos.

Estas mismas directrices han sido adoptadas por el grupo de trabajo de los autores, tal como se especifica en la tabla 11.1 (tratamiento) y en la tabla 11.2, donde se resumen los requisitos previos a una intervención bariátrica.

No hay ningún misterio y tampoco hay que focalizar las causas en un problema de herencia, en una errónea biología de regulación del peso del sujeto ni por un problema fisiológico como podría ser un metabolismo mal dirigido en cuanto al gasto energético. Simplemente, descartado un problema orgánico (p. ej., hipotiroidismo), centrarlo en un problema de entradas y gasto. Prueba de ello es que si una técnica restrictiva quirúrgica bariátrica, como la gastroplastia vertical anillada, funciona adecuadamente en un paciente debidamente seleccionado, el número de fracasos a largo plazo es mínimo.

Tampoco hay que dejarse dominar por la desesperación de los pacientes y aceptar que la cirugía es la única solución. Una curiosidad al releer la historia de la cirugía bariátrica (Ravitch y Brolin, 1979) es lo que aconteció a los pacientes que eran portadores de un cortocircuito intestinal, que actualmente no se utiliza pues, aunque efectivos (pérdida de peso), conllevaban muchas complicaciones metabólicas y, por esta razón, debían ser reintervenidos para subsanar su problema. Los autores observaron que estos pacientes se negaban a ser intervenidos y preferían su estado actual –no obeso–, aunque con problemas graves, a una nueva aventura en el terreno de la obesidad.

TABLA 11.1.
Tratamiento médico o quirúrgico de la obesidad

Obesidad severa			
Obesidad mórbida 35-49 kg/m^2		Superobesidad 50 kg/m^2	
↓		↓	
Tratamiento Médico/dietético/conductual		Tratamiento quirúrgico	
↓	↓	↓	↓
M Efectivo	M No efectivo	Q (?) Contraindicado	Q (?) Indicado
↓	↓	↓	↓
Seguimiento	Q	M	Técnica (?)
↓			1. GVA*
Mal → Q			2. BPG
			3. Salmon

M: médico; Q: quirúrgico; GVA: gastroplastia vertical anillada; BPG: *bypass* gástrico o cortocircuito gástrico; Técnica de Salmon: GVA + BPG.
*Con/sin vagotomía troncular.

TABLA 11.2.
Requisitos previos a un tratamiento quirúrgico

Reunir los criterios de indicación quirúrgica
Analítica general. Descartar enfermedad orgánica primaria
Ecografía abdominal y tránsito gastroduodenal
ECG, radiografía de tórax y pruebas de función respiratoria
Entrevista personal semiestructurada por el psicólogo y un estudio psiquiátrico-psicológico (tests) (nivel de inteligencia, afectividad, conductas alimentarias y bulimia, imagen corporal y autoestima, personalidad)
Valoración anestésica favorable
Consentimiento informado (paciente y familiares)
Aprobación por el equipo quirúrgico
Aceptación por parte del paciente en acudir a los diferentes controles que se le indicarán

Dentro del grupo de la obesidad, existe un gran número de variables que deben ser conocidas para poder definir a quién y cómo se trata. El nivel de obesidad (IMC), la propia comorbilidad de la obesidad, la individualizada historia dietética, el grado de conservadurismo o radicalidad que el paciente demanda o precisa, el ambiente donde se trata o estudia la obesidad, qué se ha conseguido hasta el momento y, sobre todo, tener muy presente, que siempre se trata a un paciente y nunca a la obesidad en sí misma. Una dieta equilibrada con ejercicio supervisado, una corrección de los trastornos emocionales o alimentarios, una valoración de la auténtica imagen corporal, conocer qué perjuicios le ha comportado el ser obeso (estigmas) y, sobre todo, qué conlleva la rutina médico-paciente como interacción encaminada al fracaso ya revivido, son puntos negativos para instaurar una nueva relación. Por otra parte, siempre que se decida un tipo de tratamiento, obliga a una información detallada de los éxitos, fracasos, riesgos, soluciones y, principalmente en el grupo de pacientes que pueden ser operados, recordarles que seguirán teniendo unas manos con qué coger la comida y una mente que lo dirigirá y que, aunque se actúe en su estómago (reducción gástrica o cortocircuito), si el paciente quiere, seguirá siendo un obeso.

Fundamentos de la cirugía bariátrica

En casos seleccionados la obesidad severa o mórbida (OM) (IMC > 35 kg/m^2), es tributaria de tratamiento quirúrgico. En el siguiente apartado, se presenta un protocolo bariátrico según la experiencia adquirida durante más de 7 años en una unidad interdisciplinaria de tratamiento de la obesidad con más de 250 pacientes intervenidos hasta el momento de cerrar este capítulo (agosto de 1997). También se resumen los criterios actuales de selección y aquellos aspectos puntuales que los autores consideran que son necesarios en la valoración técnica del diseño quirúrgico.

Finalidad de un programa bariátrico

Idealmente, la cirugía bariátrica persigue dos propósitos: *a)* una pérdida efectiva de peso patológico, y *b)* una mejoría absoluta cuantificada de los problemas médicos relacionados con la salud. Principalmente, en este último grupo, se valoran la tensión arterial, la tolerancia a la glucosa, la regulación de las concentraciones de lípidos plasmáticos con sus factores de riesgo, la corrección de cualquier problema relacionado con el sueño (SAS) y conseguir una mejoría o, por lo menos, un retraso en cualquier proceso degenerativo osteoarticular (artropatía) en relación con el exceso de peso. Una pérdida absoluta o relativa de peso es un factor que muchas veces sólo debe ser considerado como un parámetro poco sensible e inespecífico. Una paciente de 230 kg puede perder 100 kg y seguir siendo una OM con todo el riesgo de una obesidad patológica, a pesar de una mejoría evidente en su calidad de vida. En sus resultados, la cirugía bariátrica busca una normalización del peso con una calidad de vida satisfactoria.

Existen escasos trabajos en la literatura médica que focalicen sus esfuerzos en valorar adecuadamente –o por lo menos de una forma real– el éxito o el fracaso de cualquier procedimiento quirúrgico bariátrico, pues muchas veces el seguimiento es incompleto o los resultados son demasiado optimistas a corto plazo. En la mayoría, así como se ha podido comprobar en la serie de los autores con más de 200 GVA (gastroplastia vertical anillada), además de otras técnicas en casos puntuales (superobesos mórbidos, reconversiones, enfermedad de Prader-Willi, etc.), se confirma que, una pérdida efectiva, permanente y sustancial de peso, en la mayoría de los casos reduce o elimina las alteraciones de la tensión arterial y el paciente puede dejar de tomar su medicación habitual (antinflamatorios, antidiabéticos). Posiblemente, los efectos más espectaculares se consiguen en aquellos pacientes con un SAS (síndrome de apneas del sueño) pues con pérdidas de peso relativas –que en algunos casos no podrían clasificarse en el momento de la valoración– quizá a los 6 meses, como un éxito de la intervención (reducir un 30% de su exceso de peso), ya se consigue una mejoría de sus problemas con el sueño así como en su somnolencia diurna. En casi todos estos casos es posible prescindir del uso obligado, vital y necesario de una presión continua aérea positiva nasal (CPAP).

Definición de obesidad severa

Antes de referirnos a las indicaciones quirúrgicas, debemos definir al paciente obeso severo o candidato a una posible intervención bariátrica.

La obesidad constituye uno de los problemas médicos más importantes que influyen en la salud global y supervivencia de una determinada población, con un incremento de la morbilidad y de los costes sanitarios en general. La obesidad es un estado en que el exceso de grasa repercute en la salud de un individuo. En anteriores trabajos, los autores han aportado los distintos parámetros antropométricos que, de una forma sencilla y práctica (una báscula, un lipocalíper y una cinta métrica), pueden utilizarse de manera aproximada, nunca categórica, para definir la obesidad en nuestro medio, ya que los criterios son característicos de la población en estudio. Es necesario definir a cada sujeto mediante unos valores referidos a su peso ideal, al que le corresponde en el subgrupo de edad de su misma población y unos parámetros antropométricos (pliegues de grasa y circunferencia braquial), tomando los percentiles extremos, 85 como obesidad y 95 como obesidad mórbida.

Criterios y justificación de un tratamiento quirúrgico

Según Garrow (1981), la obesidad puede dividirse en varios subgrupos. En el protocolo de inclusión de un programa de cirugía bariátrica, se incorpora a un paciente con un IMC entre 30 y 40 en un tratamiento médico-dietético y/o psicológico. Mientras que un grado de IMC > 40 puede ser ya un candidato a tratamiento quirúrgico en cualquiera de sus técnicas efectivas, si cumple los criterios de inclusión en un protocolo bariátrico: *a)* el paciente ha fracasado reiteradas veces en un tratamiento médico controlado; *b)* el sujeto es un obeso con una larga historia (más de 5 años), aunque si es un obeso supermórbido (IMC > 50) con patología añadida debida a su propia enfermedad, puede ser considerado desde el inicio como candidato; *c)* si su edad está comprendida entre 18 y 50 años; *d)* si el individuo obeso ha demostrado una capacidad real de perder peso con una dieta hipocalórica, pero ha recidivado; *e)* si no existe contraindicación anestésica o un riesgo demasiado elevado para realizar el acto operatorio, y *f)* si el psicólogo clínico del equipo de tratamiento, tras una entrevista personal y la aplicación de unos determinados tests: *a)* no lo excluye del programa por un problema clínico (alcoholismo), psicológico o por tratarse de una bulimia nerviosa, y *b)* manifiesta su consentimiento por necesidad a pesar de las propias características del paciente o porque puede aportarle una terapia de apoyo en el seguimiento postoperatorio. Naturalmente, el paciente y sus familiares, una vez han sido informados del diseño bariátrico, su condicionamiento y las consecuencias del mismo, también deben manifestar su consentimiento por escrito.

Una OM desarrolla un gran número de complicaciones que conducen al paciente a un deterioro progresivo, cuyo final será una muerte prematura. Basta revisar el trabajo de Pi-Sunyer (1991) en el que se realiza una exposición exhaustiva del tema y comprobar que clínica y éticamente es válido introducir a un determinado individuo en un protocolo quirúrgico. Naturalmente, siempre y cuando los resultados de una técnica concreta hayan demostrado ser efectivos y concluyentes.

Por el momento, los efectos positivos de un programa bariátrico superan a los riesgos intrínsecos de la propia intervención, que pueden ser minimizados si el equipo quirúrgico (cirujanos, anestesistas, rehabilitación respiratoria) conocen las características fisiopatológicas peculiares que poseen estos pacientes. Gracias a esto las complicaciones perioperatorias no difieren de las de cualquier intervención de cirugía mayor (abdominal alta programada). La obesidad es una enfermedad rebelde a cualquier tratamiento conservador como muy bien la define Van Itallie (1980).

Introducción a las técnicas quirúrgicas actuales en la cirugía de la obesidad (figs. 11.1-11.4).

En anteriores trabajos, los autores ya han expuesto las principales técnicas bariátricas y han efectuado una valoración crítica de cada una de ellas.

Desde que en 1977 se introdujo la aplicación de las máquinas de autosutura en cirugía bariátrica, el número de diseños se ha incrementado, aunque también el de las complicaciones y fallos en su principio teleológico, muchos de éstos relacionados con la experiencia del grupo. La mayoría acontecen en los primeros 50 pacientes; lo realmente negativo es que se tiene que pasar por este proceso antes de mejorar el porcentaje de las mismas.

De forma resumida se puede argumentar que existen tres modelos o formas distintas de enfocar el problema en cirugía bariátrica.

1. Las técnicas restrictivas. Dentro de éstas, la más popular es la GVA en la que se utiliza una bandeleta (1 cm de diámetro interno) de un material inexpandible (VBG: *vertical banded gastroplasty*) y se confecciona un neorreservorio con una capacidad de unos 15-20 ml (Mason) (1982) (figs. 11.1 F, 11.1 G, y 11.4) o bien, también puede ser realizada mediante uno o dos anillos de silicona (VRG: *vertical ring gastroplasty*) (Ecknout, 1986) (figs. 11.1 G, y 11.2 B). También puede ser incluida en este apartado la bandeleta gástrica ajustable de silicona propuesta por Kuzmac (1991) (fig. 11.2 D).

2. Las técnicas derivativas o parcialmente malabsortivas. El cortocircuito gástrico o *bypass* gástrico (BPG) o técnicamente conocido como cortocircuito en Y de Roux (YRGB: *Y de Roux gastric bypass*), preconizado por Sugerman et al (1987) (figs. 11.1 E, 11.2 E y 11.3 C), es el más popular y actualmente uno de los más utilizados. Posiblemente es más efectivo en los pacientes que ingieren grandes cantidades de alimentos azucarados. Los autores del trabajo utilizan una variante de esta técnica según los trabajos de Torres-Oca (1987) (fig. 11.1 E) y realizan el neorreservorio en una forma más verticalizada, paralela a la pequeña curvatura gástrica.

3. Otras técnicas más agresivas en la que se incluyen el cortocircuito biliopancreático (Scopinaro) (1980) (fig. 11.2 C) cuya técnica ha sido asumida, con algunas variaciones, por otros grupos de trabajo en España, o bien la técnica de Salmon (Canadá) (1988) (VBG + BPG) (fig. 11.2 F) preconizada por nuestro grupo en Europa como indicación válida en pacientes con una obesidad supermórbida (IMC > 50 kg/m^2).

Resultados en función de las indicaciones

No es el momento de entrar en discusión y se remite al lector a una amplia monografía sobre el tema publicada en los suplementos de la revista *American Journal of Clinical Nutrition* (1992; suplemento 55), donde se realiza una exhaustiva actualización de la cirugía bariátrica. También se pueden argumentar como positivos los resultados alcanzados a los 2 y 5 años por los autores de este capítulo (Alastrué et al, 1992). Actualmente, han pasado varios años desde la última revisión y algunos de los problemas se han solucionado, principalmente en cuanto a indicaciones y selección de la técnica. También existen

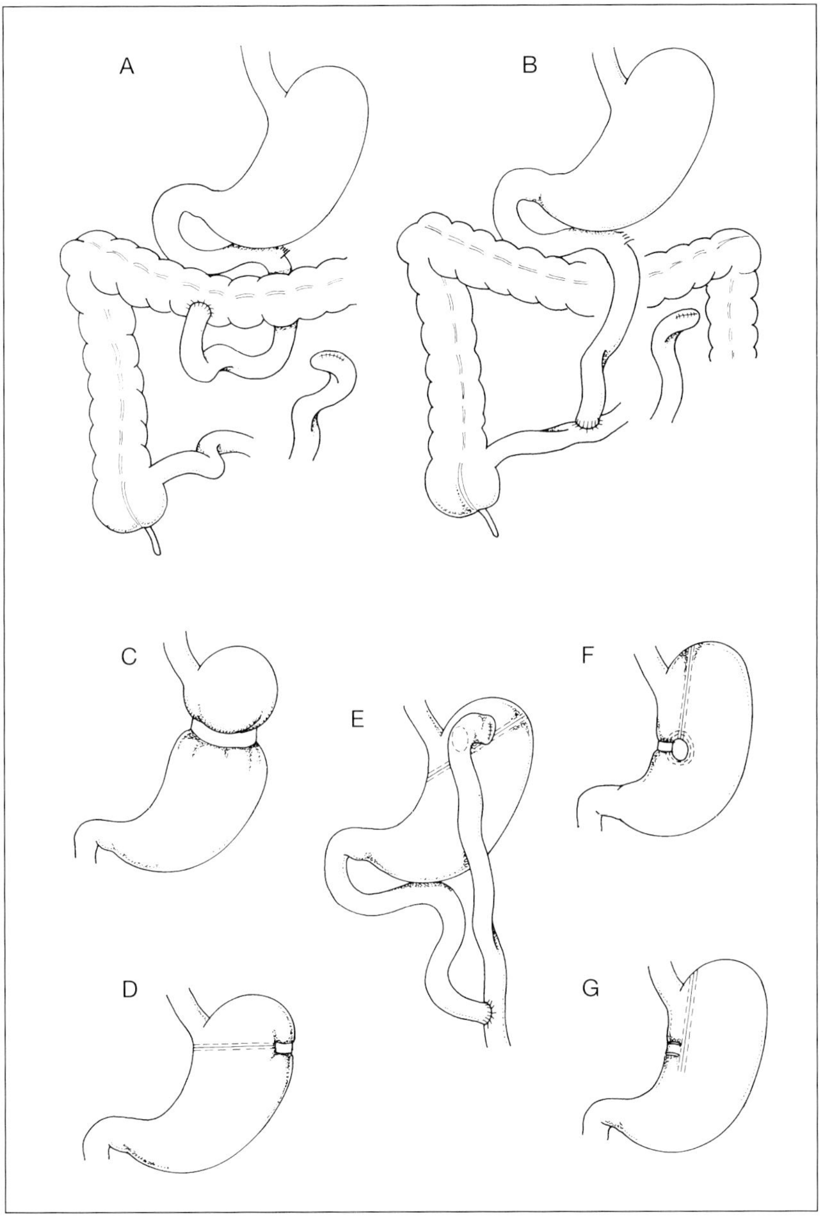

Figura 11.1. *Esquemas de técnicas quirúrgicas bariátricas.*
A-B: cortocircuitos intestinales. C: cerclaje gástrico. D: gastro-gastrostomía anillada. E: cortocircuito gástrico (Sugerman = Horizontal) (Torres-Oca = Vertical). F: gastroplastia vertical con banda (Mason). G: gastroplastia con doble anillado.

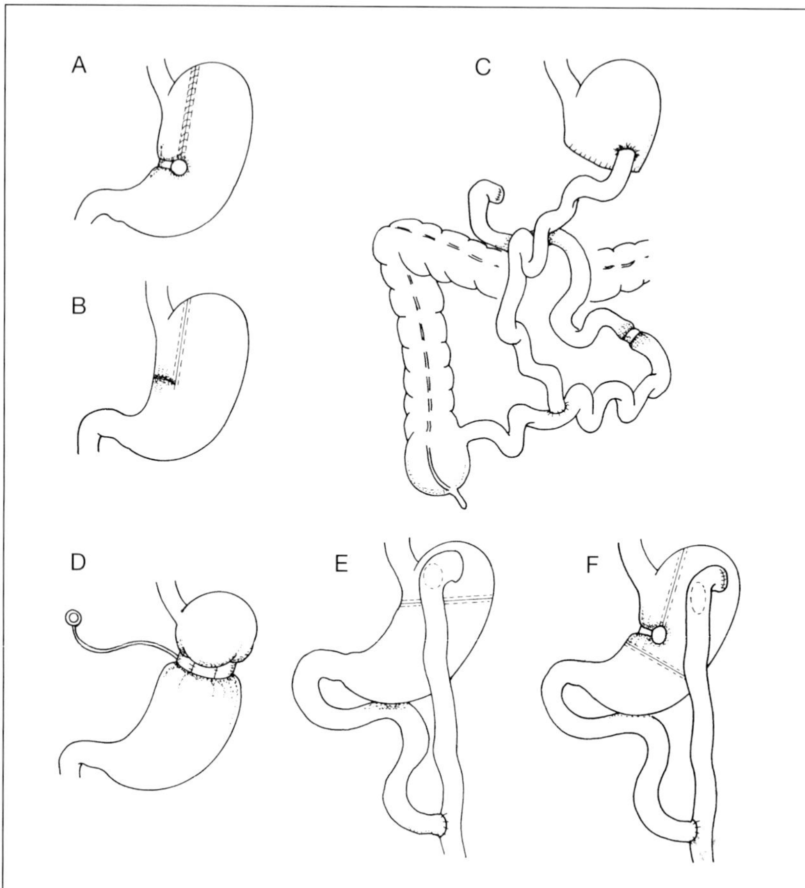

Figura 11.2. *Esquemas de técnicas quirúrgicas bariátricas actuales.*
A-B: Gastroplastia vertical anillada (GVA) con banda o anillo. C: Cortocircuito biliopancreático según Scopinaro. D: Bandeleta gástrica hinchable de silicona según Kuzmac. E: Cortocircuito gástrico horizontal (CCG). F: Técnica de Salmon (GVA + CCG).

espléndidas revisiones en las que se realiza una valoración de los criterios economicistas o de eficacia en cirugía bariátrica (Coldizt, 1992; Makarewicz et al, 1985; Grace, 1992).

En el tratamiento quirúrgico de los pacientes obesos mórbidos seleccionados por un equipo multidisciplinario no debe existir una sola modalidad de intervención y, por ello, no se puede aceptar que un grupo de trabajo realice únicamente un diseño. Cada individuo ha de ser valorado en su conjunto, y su coeficiente intelectual, los hábitos alimentarios, su disposición perso-

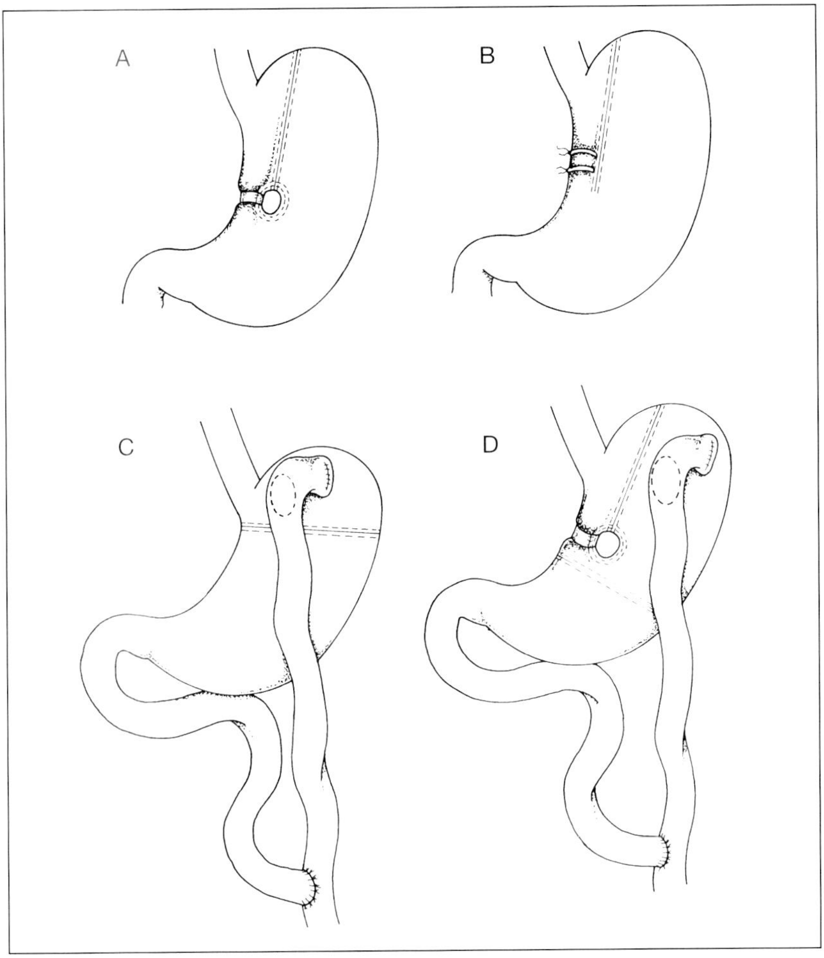

Figura 11.3. *Esquemas de técnicas quirúrgicas bariátricas actuales.*
A: GVA (gastroplastia vertical anillada). B: VRG (vertical ring gastroplasty: anillo simple o doble). C: CCG cortocircuito gástrico en Y de Roux. D: Salmon A + C.

nal, etc., son factores que influirán en el resultado final. En cuanto a los hábitos alimentarios característicos de cada paciente, fundamentales en ser reconocidos de una forma previa a la intervención, se podría definir que existen varios grupos:

1. Los pacientes que realizan grandes comilonas, esto es, enormes cantidades de una comida habitual («grandes comedores»).

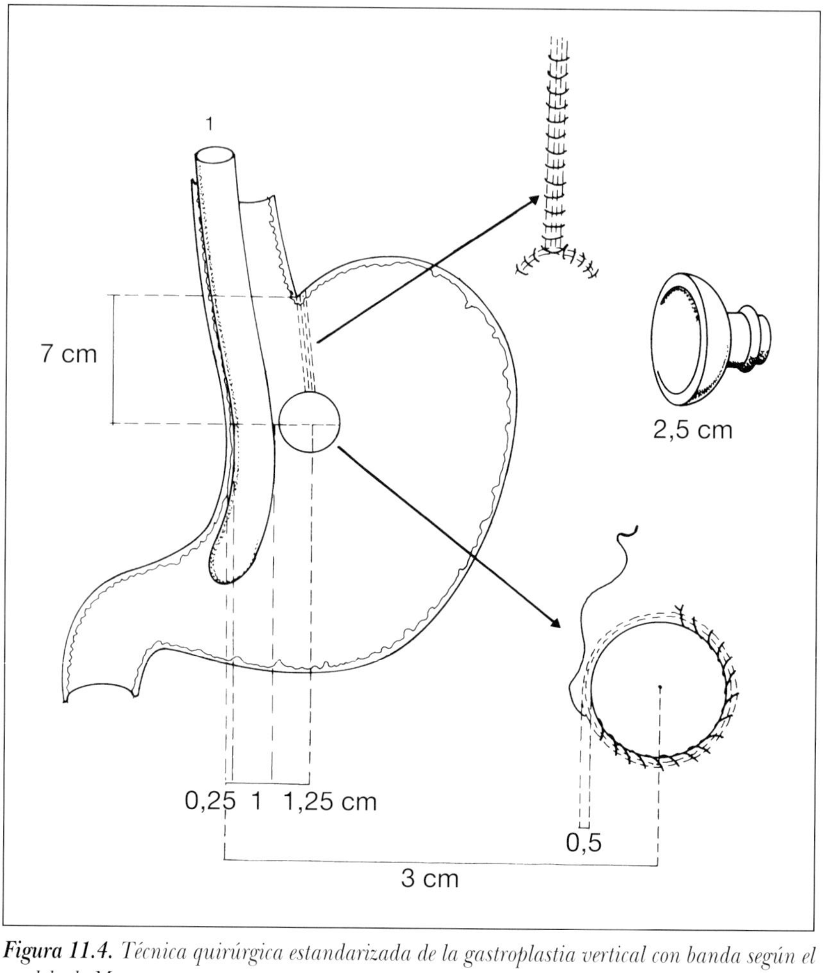

Figura 11.4. *Técnica quirúrgica estandarizada de la gastroplastia vertical con banda según el modelo de Mason.*

2. Aquellos que dirigen su atención hacia alimentos ricos en hidratos de carbono, helados, con alto contenido calórico (líquidos o sólidos) más de dos veces por semana *(sweets eaters).*

3. Los que habitualmente comen fritos, comidas rápidas, pizzas, alimentos preparados, etc. *(fast foods).*

4. Aquellos que entre las comidas principales, ingieren cantidades valorables (> 150 kcal cada vez) de productos nutritivos («picadores»).

Pues bien, cada variable debe ser tenida en cuenta al programar una intervención bariátrica, pues el resultado es distinto en función del diseño. Si se realiza una gastroplastia vertical anillada en un paciente que ingiere grandes cantidades de líquidos azucarados o pasteles, el fracaso estará asegurado y, en estos casos, debería haberse indicado posiblemente un cortocircuito gástrico. Por el contrario, si el paciente ingiere grandes cantidades de comida típica, aunque sea un superobeso mórbido, posiblemente le bastará la gastroplastia (GVA) y no hay que hacer nada más. Si el sujeto, por su coeficiente intelectual, no comprende la intervención, la GVA le provocará una aversión alimentaria (vómitos) y nunca se adaptará al principio teleológico del diseño; esto es, reeducar unos hábitos de una forma más fácil, con sensación de hambre, pero con una saciedad precoz. En estos casos, posiblemente un cortocircuito gástrico (Sugerman o Torres-Oca) sea la intervención aconsejada. Si el paciente es un superobeso de etiología multicausal en cuanto a hábitos alimentarios, no basta la gastroplastia (Salmon, Alastrué) y debe intentarse un tratamiento más agresivo como es la técnica que describió el propio Salmon en 1988.

Naturalmente, antes de indicar una intervención es obligada una encuesta sobre el nivel de alcoholemia, drogas, etc., o si el paciente padece una bulimia nerviosa, definida según los criterios de la American Psychiatric Association, para lo cual, se enfatiza de nuevo, que siempre debe existir en la valoración preoperatoria una entrevista con un psicólogo experto en trastornos de la alimentación.

Otro punto de interés muy importante es el hecho de conocer el entorno familiar, con el fin de verificar el tipo de ayuda y compromiso que aportará al paciente en caso de que se decida la intervención.

Tratamiento quirúrgico de la obesidad severa

El tratamiento de la obesidad no sólo implica conseguir una pérdida efectiva y permanente de peso corporal, fundamentalmente grasa, sino que la mayoría de las enfermedades coexistentes o asociadas, derivadas de este estado patológico, bien sean médicas o psicológicas, también obtengan una mejoría o tratamiento. En algunos casos, la pérdida de peso hasta unos límites normales puede ser un hecho de prioridad secundaria. El éxito o fracaso de cualquier tratamiento está directamente relacionado con que se consiga de forma definitiva una modificación total de los hábitos alimentarios del paciente. En este capítulo se revisan la mayoría de las técnicas mecánicas que existen o se han utilizado para el tratamiento de la obesidad. Algunas son efectivas pero no duraderas. Otras, como las técnicas quirúrgicas, restrictivas o parcialmente malabsortivas, acaparan la mayor atención en este tema pues consiguen a largo plazo unos resultados definitivos y estables, como ha sido confirmado en la reciente reunión americana (National Institute Consensus Co, 1992), en que se acepta esta forma de enfoque en aquellos pacientes que reunen los criterios de indicación.

La obesidad severa es un factor importante para el desarrollo de enfermedades cardiovasculares, diabetes, osteoartritis, patología de la vesícula y algunos tipos de cáncer hormonodependientes. Todas éstas tienen una prevalencia en aumento en la mayoría de los países en desarrollo. No existen trabajos que documenten la efectividad a largo plazo de cualquier tratamiento médico, dietético o conductual. La mayoría de los pacientes OM incluidos en cualquier estudio de dieta controlada, recidivan, no acuden a los controles o vuelven a ganar el peso perdido.

En primer lugar, se mencionan las técnicas mecánicas más actuales que pueden ser útiles para tratar la obesidad. No se profundizará en el tema pues no aportan un tratamiento definitivo del problema que, en el caso de la obesidad severa, ha dejado de ser un trastorno y ya se ha transformado en una auténtica enfermedad, rebelde en la mayoría de los casos a cualquier tratamiento médico, dietético y conductual, por lo que precisa un tratamiento definitivo y permanente como el que aporta la cirugía bariátrica.

Técnicas mecánicas

Paniculectomía (fig. 11.5)

La extirpación de cualquier acumulación de grasa, predominantemente en forma de grandes pliegues, es una técnica que entra dentro del ámbito de la cosmética y no va a ser considerada en profundidad. Esta solución temporal, sin controlar el problema subyacente en el que sólo se extirpa un porcentaje muy pequeño de grasa localizada (liposucción, dermolipeptomía, etc.) no puede considerarse un tratamiento primario de la obesidad. Aunque sí debe ser tenido en cuenta al intentar completar un programa cuando el paciente ha conseguido un pérdida efectiva como acontece con la cirugía bariátrica. Sus efectos psicológicos en la imagen corporal son beneficiosos como se puede observar tras una mamoplastia reductora o una dermolipeptomía abdominal, con el fin de animar al sujeto para que inicie una terapia médica o conseguir unos efectos positivos en corregir una lordosis o un dolor en la espalda.

Si no se acompaña de un tratamiento coadyuvante, la recidiva es segura y siempre se acompaña de un gran desánimo.

Inmovilización forzada de mandíbula: cerclaje bucal

Esta forma de tratamiento fue descrita por Garrow hace muchos años para dar una solución a un grupo de pacientes que difícilmente podían seguir una dieta y precisaban de un obstáculo físico a su ingesta. Sus características de sencillez y efectividad mientras actúa son evidentes, aunque no debe ser considerado un método exclusivo, pues obliga a una supervisión estricta y deben

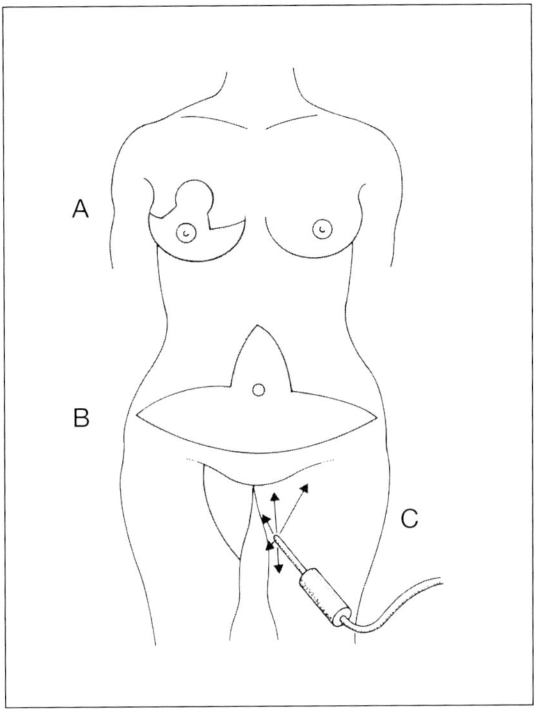

Figura 11.5. *Esquema de la paniculectomía. A: mamoplastia reductora. B: dermolipectomía. C: liposucción.*

establecerse los medios necesarios para evitar una nueva ganancia de peso al finalizar el tratamiento.

La fijación mandibulodental evita la masticación y, por consiguiente, es restrictiva a todo tipo de alimentos que no sean líquidos. Sin embargo, siguen existiendo sujetos que ganan peso a pesar de este mecanismo. Aunque bajo un control estricto, el paciente pierde unos 2 kg al mes tras una primera pérdida mayor en el primer mes. La dieta líquida utilizada fundamentalmente está en la ingesta de leche o líquidos con un contenido calórico de 800 kcal, a la que se añaden suplementos de vitaminas y hierro. Cualquier intento de recambio con gomas menos restrictivas en los controles obligados cada 3 meses para realizar la higiene necesaria o la implantación de un sistema de cerclajes temporales autovoluntarios no consiguen resultados efectivos. Desafortunadamente, casi todos los casos vuelven a ganar peso cuando finaliza el programa. La conclusión actual sobre esta modalidad es negativa.

Posteriormente, en 1981, el propio Garrow junto con Gardiner, como lo refleja en su libro y en sus revisiones del tema, aportan un método alternativo para prevenir que un paciente con un cerclaje bucal vuelva a ganar peso. Para ello, colocan una cinta de nailon en la cintura de aquellos sujetos que ya han conseguido perder el peso deseado, bien sea con una dieta o tras una fijación mandibular. Los bordes de la cinta están soldados con calor. De esta forma, consiguieron que la ganancia de peso fuese menor. Aunque en otro estudio, el 50% de los pacientes controlados fueron derivados hacia un programa bariátrico. La importancia de estas conclusiones es que el otro 50%, bajo un estricto control dietético, conductual y con ejercicio consiguió que el peso se estabilizara (32 meses); aunque, posteriormente, no existen más datos de su seguimiento. Los mismos autores definen un perfil idóneo de paciente para ser incluido en esta modalidad, que en casi todos los apartados coinciden con los que posteriormente se enumeran en el apartado quirúrgico. Aunque en este caso son muy severos en que posean una dentadura perfecta, una buena motivación, una idónea salud mental, sin ningún trastorno de la personalidad (exploración psicológica) y que no exista enfermedad concomitante que la contraindique como puede ser una epilepsia. En la literatura médica existen casos de suicidio poscerclaje. Actualmente, no es una técnica generalizada y casi no se utiliza pues, aunque su implantación parece relativamente barata, posee la gran desventaja de su carácter de recidiva; hecho que la encarece al tener que controlar estrictamente al paciente, quien muchas veces debe estar ingresado en un centro hospitalario. Por ello, no está justificado su uso de forma indiscriminada.

Balones intragástricos

Cualquier cuerpo extraño intragástrico de un material diverso (plástico, bezoar) puede ser tolerado por un individuo con pocos síntomas y provoca un efecto directo en su capacidad de ingesta, con la consecuente pérdida de peso. Estas observaciones y el hecho de que la restricción provocada por cualquier técnica quirúrgica condiciona al paciente, promovió a diversos autores a desarrollar un tipo de balones intragástricos que indujeran una disminución de la capacidad gástrica y, por consiguiente, una saciedad precoz. En 1982, Nieben y Harboe, en su trabajo «Intragastric balloon as an artificial bezoar for treatment of obesity» (*Lancet* i: 189-199), describían su experiencia preliminar y pareció que podían conmocionar los futuros enfoques terapéuticos de los sujetos obesos. Desafortunadamente, los balones iniciales tenían una duración limitada y sólo eran efectivos durante unas semanas. La última generación de este tipo de balones (Garren o Ballobes) han aportado unos mecanismos interesantes, como es la facilidad de introducción endoscópica y una mayor consistencia. Sin embargo, los problemas han seguido existiendo y en algunos casos, cuando se deshinchan, traspasan el píloro y son evacuados si no producen un cuadro oclusivo. Las conclusiones actuales son obvias en cuanto a su efecto temporal, debido a la adaptación del sujeto y a los factores físicos del material. La indicación podría ser individualizada en aquellos casos en que se desea una pérdida de peso efectiva con una finalidad. Ejemplo de esto podría ser la preparación preoperatoria en una intervención de cirugía cardíaca o pulmonar, sobre todo en un individuo hiperfágico con problemas de hipoventilación por su obesidad. Los autores no creen que su difusión futura pueda ser amplia ni que los resultados aporten una solución válida para un paciente OM. Su aplicación se debe centrar en aquellos centros con una larga experiencia en el tema de la obesidad y que los propios resultados en cuanto a eficacia y saciedad les permitan establecer unas indicaciones precisas.

Técnicas quirúrgicas: revisión histórica

Cortocircuitos intestinales (figs. 11.1 A, 11.1 B)

Los cortocircuitos intestinales se hicieron populares en la década de los sesenta debido al resultado obtenido en algún tipo de cirugía como una resección traumática de casi todo el intestino en que se observaba una pérdida muy significativa del peso corporal. Una derivación de 30 cm de yeyuno anastomosada al colon transverso provocaba una pérdida del 64% del peso corporal. Debido a las complicaciones sobre todo metabólicas, se realizaron experimentos en animales y se demostró que la intervención 14-14 (pulgadas) de intestino proximal y distal anastomosado sin resección del resto conllevaba unos resultados mejores como se vio más tarde en que, con muchas complicaciones metabólicas, se consiguió que los pacientes (64%) alcanzaran un promedio de 10 kg por encima de su peso ideal.

Lo más alarmante fueron las disfunciones hepáticas secundarias, en las que, partiendo de una infiltración grasa propia del obeso, se desarrollaban cambios histológicos o franca cirrosis tras estas intervenciones. La ascitis, la ictericia, los edemas periféricos secundarios a un tipo específico y propio de malabsorción (kwashiorkor) no siempre eran debidos a lo que al inicio se propuso como podía ser la ingesta excesiva de alcohol. Esta hepatopatía se desarrollaba durante los primeros 18 meses con una mortalidad del 50%. Secuelas tardías relacionadas posteriormente con la intervención también fueron específicas como la enteritis, la seudobstrucción colónica, las deficiencias de vitaminas liposolubles, la osteomalacia, la poliartritis secundaria a la deposición de complejos autoinmunes, la nefritis intersticial, el exceso de cálculos renales por exceso de absorción de oxalatos, la colelitiasis y la hepatitis aguda fulminante, fueron factores que contribuyeron a finalizar este tipo de proyectos y a inicios de la década de los ochenta fueron abandonados.

Cirugía gástrica

En 1965 Mason realizó la primera operación con otro diseño bariátrico gracias a la gran experiencia adquirida con las grandes resecciones gástricas por otra patología. El cortocircuito gástrico con resección o desconexión o la gastroplastia simple sin refuerzo fueron las técnicas que marcaron, gracias a lo que se denominaba el «síndrome del estómago mínimo», la era de lo que actualmente se entiende por cirugía de la obesidad. En este apartado se pueden mencionar las reducciones gástricas que fueron el prototipo para el diseño de lo que se conoce como bipartición gástrica horizontal, gracias al advenimiento de las máquinas de autosutura, con anastomosis gastrogástrica simple o con refuerzo (fig. 11.1 D). Todas estas técnicas ya no se utilizan debido a la alta incidencia de fracasos o complicaciones. En la mayoría de las técnicas actuales con refuerzo, se pierde peso hasta que, aproximadamente, a los 18-24 meses se estabiliza, en la mayoría de los casos, con un peso aceptable. En los diseños iniciales este fenómeno no sucedía debido fundamentalmente a que el paciente se adaptaba, aprendía a comer (no existía un anillo) y no se autocondicionaba a que cambiara sus hábitos. La mortalidad global en casi todas estas técnicas era más elevada de la que se observa hoy día con los nuevos procedimientos, que se sitúa en un 1% y la morbilidad en un 15%. El mayor problema de un paciente obeso se centra en el riesgo anestésico, sobre todo debido a la hipoventilación e hipoxemia consecuente, con el riesgo de complicaciones pulmonares, hecho que también influyó en los resultados iniciales, pues no existía la experiencia ni los actuales medios de monitorización intraoperatorios. También existían una serie de problemas mecánicos que en la mayoría de las series con experiencia se han minimizado por ser un tipo de cirugía muy estandarizada (figura 11.4) y que se realiza mediante instrumentos de autosutura que simplifican la intervención y el tiempo quirúrgico que, por ejemplo, en una gastroplastia anillada es aproximadamente de 90 minutos. Las complicaciones metabólicas descritas en la literatura médica sobre el tema (neuropatía periférica, encefalopatía de Wernicke, déficit de vitaminas A y E, y otras del grupo B, así como de oligoelementos), actualmente casi no existen, pues la mayoría de problemas (estenosis, vómitos persistentes) se resuelven precozmente. También existe una alta incidencia de colelitiasis postoperatoria, hecho que actualmente ha inducido a diversos autores a realizar una colecistectomía de rutina en todos los pacientes.

Cirugía bariátrica actual. Fundamentos, criterios de inclusión y técnicas

El concepto de obesidad es arbitrario y se define como el aumento patológico del peso corporal a expensas del tejido graso. El término obeso severo o mórbido (Garrow : IMC > 40 kg/m^2) engloba aproximadamente a un 0,1% de los pacientes obesos y los clasifica de una forma muy específica, pues las complicaciones médicas derivadas de su estado justifica actualmente una intervención quirúrgica. El incremento de mortalidad (Garrow, Pi Sunyer), morbilidad (miocardiopatía, o síndrome de apneas del sueño [SAS]; disfunción pituitaria o gonadal, osteoartritis) o cualquier otra complicación sobreañadida, se suman al gran número de trastornos socioeconómicos y psicosociales (Stunkard y Sorensen, 1993) que se incrementan en su mayoría por el carácter de recidiva que tiene esta enfermedad. Los resultados obtenidos por cualquier otra opción no quirúrgica han condicionado al NIH *(National Institute Health Consensus Development Conference on Gastrointestinal Surgery)*, formado por un grupo de diversos especialistas sobre obesidad severa, a recomendar unas directrices muy específicas. Una vez ha fracasado un tratamiento médico debidamente controlado, cualquier técnica bariátrica restrictiva o parcialmente malabsortiva puede ser realizada en un determinado paciente si ha sido seleccionado y motivado. La experiencia de un equipo quirúrgico y la de los distintos profesionales que se encargan del seguimiento de un paciente intervenido influyen directamente en los resultados finales. Actualmente, se puede afirmar que si éstos han sido satisfactorios, los pacientes presentan una expectativa y calidad de vida similar a la de cualquier individuo normal de su misma edad y sexo.

Técnica quirúrgica. Criterios de selección y normas perioperatorias

La tasa elevada de fallos en el tratamiento no quirúrgico implica que, muchas veces, cualquier intento pueda ser considerado inútil, pues en la mayoría de los estudios realizados, la pérdida de peso alcanzada por cualquier dieta específica no consigue resultados superiores al 5% al año de seguimiento. Si además se tiene en cuenta que los efectos de una nueva recuperación del peso perdido (efecto yo-yo) repercute de una forma perjudicial, a veces en exceso y en muchos casos de forma cíclica, confirma el enfoque definitivo y efectivo de un tratamiento quirúrgico.

Un paciente candidato debe tener entre 18 y 50 años, un peso habitual que exceda en más de 45 kg al peso ideal que le corresponde (tablas de población) o un porcentaje de exceso de peso superior al 150% y que haya fracasado en anteriores tratamientos no quirúrgicos, pero demostrado su capacidad de pérdida de peso. Naturalmente, un SAS, una diabetes o una hipertensión severa, incrementan la necesidad de un enfoque drástico así como una obesidad en una disposición truncal (centrípeta).

Cualquiera de estas intervenciones pertenecen al grupo de cirugía mayor, más por el entorno perioperatorio o anestésico que por el tipo de técnica, pues en la mayoría de los casos está muy estandarizada. En anteriores trabajos, los autores han detallado los criterios y las normas que deben valorarse para incluir a un sujeto en un programa bariátrico. Aunque siempre es importante valorar los riesgos individuales que pueden existir y los beneficios esperados. Todos los sujetos deben ser intervenidos y valorados por un equipo con experiencia así como por un psicólogo experto en trastornos de la alimentación. Es importante en este aspecto descartar cualquier tipo de patología (psicopatía, alcoholismo y bulimia nerviosa) y conocer los hábitos alimentarios, el apoyo familiar o el entorno social, así como las características de su personalidad, con el fin de intentar predecir un éxito, valorado como pérdida efectiva de peso y la no existencia de complicaciones, al mismo tiempo que aconsejar la necesidad de una terapia postoperatoria.

El hecho de existir una buena información y una motivación por parte del candidato son las claves de una buena colaboración con el equipo de control en la aplicación de las normas postoperatorias, así como una participación estrecha en el seguimiento.

Los pacientes con un IMC superior a 40 kg/m^2 quedan por definición inscritos en un programa quirúrgico, pues, en este grupo, la obesidad severa ya les influye en su salud global. Aunque también pueden incluirse otros pacientes con un IMC entre 35-40 kg/m^2 que presenten complicaciones asociadas (SAS, o diabetes) o problemas físicos (osteoartrosis o tamaño corporal) que les interfiera en su vida social (trabajo), deambulación o familia y, por consiguiente, son subsidiarios de intentar mejorar de forma definitiva su vida y su salud.

En todos los casos se requiere una valoración anestésica y una estrecha colaboración con el servicio de rehabilitación para poder aportar a cada paciente unas medidas de fisioterapia respiratoria en el período preoperatorio. Sugerman et al (1987) especifican que es muy importante reconocer el tipo de dieta que habitualmente selecciona el paciente. Cualquier preferencia manifiesta por los hidratos de carbono les condiciona a indicar una técnica parcialmente malabsortiva. Esta idea ha motivado también a Salmon y a los autores del trabajo a desarrollar una técnica más agresiva si el paciente es un obeso supermórbido (IMC > 50 kg/m^2 o de exceso de peso > 225%).

Cirugía bariátrica en 1997: técnicas quirúrgicas e indicaciones

Existe un gran número de intervenciones bariátricas descritas. Las más importantes están representadas en las figuras 11.1 y 11.2. Algunas ya no se utilizan como ya se ha comentado con los denominados cortocircuitos intestinales. La gran mayoría de las técnicas que actualmente se emplean (fig. 11.2) podrían ser incluidas en dos grandes modalidades: las puramente restrictivas y las mixtas o restrictivas-parcialmente malabsortivas. El primer grupo es el más importante, pues ayudan al paciente a *modificar sus hábitos alimentarios de una forma definitiva*. La gastroplastia simple, anteriormente mencionada, descrita por Mason e Ito ha evolucionado a un diseño vertical. La nueva bolsa formada se anilla mediante: *a)* uno o dos aros; en la mayoría de los casos se utiliza una gruesa sutura cubierta con un pequeño tubo de silicona (VRG), o *b)* con una bandeleta (GVA-VBG) (Marlex o PTFe [politetrafloruroetileno expandido]) (fig. 11.2). Este diseño bariátrico se basa en la confección de un nuevo reservorio gástrico, con un volumen residual de 20-30 ml, gracias a la facilidad intrínseca de las máquinas de autosutura que grapan la pared anterior y posterior gástrica mediante 4 o 6 hileras de grapas en una posición paralela a la pequeña curvatura gástrica. La salida queda reforzada con una banda de un material de unas dimensiones determinadas (1 cm de diámetro o 5 cm de circunferencia) (fig. 11.3). La elección de esta disposición se debe a que proporciona un mejor drenaje de la bolsa y la zona es menos apta a dilatarse que una bolsa horizontal.

Existen otras técnicas como es el cortocircuito gástrico CCG o YRBP *(Y de Roux gastric bypass)* en que también se crea una bolsa gástrica horizontal, pero en este caso, al ser completamente cerrada, se debe anastomosar a una asa desfuncionalizada en Y de Roux con una longitud determinada (45-60 cm), según se desee, con el fin de vaciar el estómago. Dentro de este grupo se debe mencionar la técnica de Torres-Oca, que realiza el grapaje gástrico en una posición más vertical, pues es un diseño útil para reconvertir una GVA estenosada en una técnica mixta. La decisión de cualquiera de estos procedimientos depende de las preferencias del equipo quirúrgico, de los hábitos del paciente, de las posibilidades de control, del seguimiento postoperatorio (psicólogo) y naturalmente de la experiencia o los resultados alcanzados por el grupo de tratamiento. La opinión de los autores es que la restricción gástrica proporciona un procedimiento más fisiológico al no provocar ningún tipo de malabsorción.

Existen otros tipos de técnicas como la bandeleta gástrica de silicona hinchable (BGSH) que en sus inicios se realizó a través de una laparotomía supraumbilical, pero actualmente es un modelo futuro de técnica laparoscópica, hasta el presente sin series significativas a largo plazo, tanto de resultados como de complicaciones. En este procedimiento quirúrgico ya no se utilizan suturas gástricas y el diámetro interno de la banda hinchable se establece mediante un elastómetro que mide la presión que se transmite al comprimir el extremo de la sonda intragástrica por la banda potencialmente ajustable, gracias a un globo que lleva incorporado y cuyo volumen puede ser modificado en cualquier momento del seguimiento del paciente con una simple punción dirigida por radiología.

El principio fisiológico de las técnicas puramente restrictivas (GVA, BGSH) se basa en influir de forma directa sobre el apetito, al provocar una saciedad precoz. La GVA es la técnica más utilizada internacionalmente, así como también por los autores de este capítulo, por el hecho de reunir una serie de particularidades muy específicas, como: *a)* es una técnica fácil y estandarizada; *b)* los resultados a largo plazo son similares a los conseguidos por los cortocircuitos gástricos (tablas 11.3 y 11.4); *c)* mantiene la digestión y la absorción de los alimentos de una forma fisiológica y normal; *d)* la pérdida de peso conseguida sigue siendo efectiva a los 5 y 10 años; *e)* permite un buen seguimiento al radiólogo, pues no se crean áreas digestivas inaccesibles, co-

TABLA 11.3.
Resumen de la bibliografía

Autores	*Tipo de intervención*	*Seguimiento (pacientes) (años)*	*Sin control*	*% peso perdido*
Linner/Drew	YRBP	17 (5)	4	74
Benotti	YRBP	187 (5)	35	60
Yale	YRBP	225 (5)	10	60 ± 23
	200 GVA 4,5-5 cm	195 (1)	5	53,4/54
Flanagan	YRBP	26 (6)	15	70
MacLean	GVA	57 (5)	–	60 ± 3
		200 (2)	29	75% > 25%
Brolin	YRBP	37 (5)	15	48 ± 22
Grace	200 GVA	102 (5)	30	28,3
Mason	GVA	OM 163 (5)	–	62
		SOM 93 (5)	–	53
Sugerman	YRBP	114 (5)	–	60 ± 23
		15 (8)	–	51 ± 17
Adelaida	GVA	106 (3)	26	48
	GG	105 (3)	12	17
	YRBP	99 (3)	23	66,7
Nightengale	GVA	70 (3)	2	40

GVA: gastroplastia vertical anillada; YRBP: cortocircuito gástrico (CCG); GG: gastro-gastrostomía; OM: obeso mórbido (IMC < 49 kg/m^2); SOM: superobeso (IMC > 50 kg/m^2).

mo ocurre en los cortocircuitos gástricos; *f)* es la intervención más conocida y, por consiguiente, se conoce de una forma muy concreta la forma cómo resolver la mayoría de las complicaciones posibles; *g)* provoca una saciedad efectiva, y *h)* el paciente debidamente motivado la comprende de una forma fácil.

La anastomosis en el YRGB se intenta que sea de 1 cm de diámetro y la longitud del asa de 45 cm, con el fin de prevenir el reflujo. Los autores del trabajo lo realizan con 4 tiras de grapas con una sutura de refuerzo continua mediante un material irreabsorbible; no en el caso de un YRBP, sino en la técnica de Salmon en que también se practica una bipartición gástrica con drenaje, una vez se ha realizado la gastroplastia. En esta técnica se aconseja una vagotomía troncular y una colecistectomía si existe una bilis patológica en el estudio intraoperatorio.

Sea cuál sea el tipo de diseño, si el paciente presenta una complicación y no se controla de forma inmediata, como puede ser un problema malabsortivo severo (YRBP) o un cuadro crónico de vómitos (GVA), se pueden obser-

TABLA 11.4.
Estudio comparativo de las distintas series revisadas. Valoración de los resultados

Autores	*Técnica*	*Seguimiento pacientes (años)*	*Resultados en función*		*% exceso de peso*	
			Excelente	*Bueno*	*Pobre*	*Malo*
			< 25	< 50	< 75	> 75
Thompson	YRBP	63 (3)	51	36,5	9,5	3
Sugerman	GVA	15 (3)	0	33,3	33,3	33,3
	YRBP	18 (3)	33,3	55,5	5,5	5,5
MacLean	* GVA	196 (3)	28	32	18	11
	** GVA	47 (4)	57	32	11	0
	OM GVA	149 (4)	54	52	30	4
	SOM GVA	59 (4)	5	19	17	18
Mason	GVA	97 (2)	36	39	16	9
Deitel	GVA	87 (2)	–	83	12	5
Salmon	GVA + YRBP	63 (2)	74	24	2	0
Alastrué y Rull	* GVA	97 (2)	55	32	7	3
	** GVA	77 (2)	55	22	–	–

*Serie global (100 pacientes/5 años de seguimiento).
**Serie seleccionada sin fallos de sutura de los primeros 100 pacientes.
GVA: gastroplastia vertical anillada; YRBP: cortocircuito gástrico; OM: obeso mórbido; SOM: superobeso mórbido.

var déficit de hierro, folatos, vitaminas (B_{12}, tiamina) u oligoelementos (selenio, cromo, cinc). Si no se asumen y resuelven, es posible que un paciente desarrolle un cuadro de polimialgias, polineuropatías o dermatitis periorificial. Las complicaciones existen en todas las series y la mayoría pueden ser resueltas de una forma determinada en el menor tiempo posible.

Sugerman et al (1987) demuestran una mayor efectividad del YRBP en pacientes cuya ingesta selectiva se basa en los hidratos de carbono. La explicación de sus buenos resultados puede ser debida a que se induce un *dumping*, así como cierta malabsorción por el asa desfuncionalizada. La GVA normalmente tiene poca influencia en la respuesta neuroendocrina digestiva; por el contrario, el YRBP provoca una gran respuesta hormonal al paso de los alimentos (CCK, VIP).

Técnica anestésica en la obesidad mórbida

La técnica anestésica ideal en el paciente afectado de OM sigue siendo, en la actualidad, un tema controvertido. La anestesia general modifica la función respiratoria, cardiovascular, hepática y metabólica, además incide en el despertar y en las necesidades analgésicas durante el período postoperatorio. La anestesia combinada (general y regional) permite reducir la dosis de anestésicos depresores, posibilita el mantenimiento de la analgesia vía epidural durante el postoperatorio, aporta una mejoría de la función cardiorrespiratoria, menores repercusiones endocrinometabólicas, una movilización precoz y una reducción de la estancia hospitalaria. Sin embargo, la anestesia combinada tiene los inconvenientes derivados de la propia técnica. Para algunos autores, los beneficios que se obtienen no compensan las desventajas, como pueden ser la dificultad técnica y el tiempo empleado. La valoración preoperatoria por parte del anestesiólogo debe ser exhaustiva y detallada de cada uno de los sistemas: cardiovascular, respiratorio, hepático y gastroduodenal.

La obesidad comporta una reducción de la capacidad residual funcional (CRF), un aumento de la capacidad de cierre de las vías aéreas y una alteración de la relación ventilación-perfusión con un aumento del *shunt* intrapulmonar. Esta disfunción pulmonar, junto con el aumento absoluto del consumo de oxígeno, repercute de forma negativa en las reservas de oxígeno y se traduce en una hipoxemia arterial. Durante la inducción de la anestesia, a pesar de una correcta preoxigenación, el tiempo de apnea es más corto y la hipoxemia aparece precozmente.

La utilización de retractores subdiafragmáticos, la compresión durante la manipulación quirúrgica y los cambios de posición influirán en la aparición de hipoxemia arterial intraoperatoria. La utilización de FiO_2 altas y presión telespiratoria positiva (PEEP) son necesarias para evitar la hipoxemia en el paciente crítico; sin embargo, la aplicación de volúmenes corrientes altos y PEEP han dado resultados contradictorios en el paciente obeso. En la serie revisada por los autores (Vila, Canet), en 16 OM no se han encontrado diferencias significativas en la PaO_2 arterial tras la aplicación de 5,10 y 15 cmH_2O de PEEP.

La OM comporta unos cambios hemodinámicos que deberán tenerse en cuenta al valorar una intervención. El aumento del volumen sanguíneo, volumen sistólico y gasto cardíaco contribuirán en el desarrollo de la hipertensión arterial sistémica (HTA). El riesgo de accidente cerebrovascular, de insuficiencia cardíaca congestiva y de enfermedad coronaria es más elevado en pacientes obesos con hipertensión. Estos aumentos de la tensión arterial, el gasto cardíaco y el volumen sanguíneo incrementan el trabajo cardíaco y el consumo total de oxígeno. El trastorno metabólico lipídico y el sedentarismo contribuyen, entre otros factores de riesgo, a la progresión de la aterosclerosis y a la oclusión de las arterias coronarias. Con esto, el aporte de oxígeno al corazón sobrecargado puede verse gravemente deteriorado. Cuando la demanda de oxígeno supera el aporte, pueden evidenciarse los signos clínicos de la coronariopatía.

Los pacientes obesos, y en particular sus efectos mórbidos (OM), forman un subgrupo de población con un riesgo elevado de desarrollar el síndrome de aspiración ácida (SAA). En el momento de la inducción anestésica, el 75% presentan un volumen gástrico residual aumentado con una gran acidez, al mismo tiempo que una posible regurgitación por un aumento de la presión intrabdominal y una elevada incidencia de hernia de hiato. Los antisecretores gástricos del tipo antihistamínico H-2, cimetidina y ranitidina, son eficaces para reducir la acidez y el volumen gástrico residual. La experiencia de los autores es que no se han hallado diferencias significativas entre la ranitidina y la famotidina; sin embargo, esta última, posiblemente por su mayor potencia, acción prolongada (dosis única) y ausencia de interacciones medicamentosas, podría ser una alternativa válida en la profilaxis del SAA.

Los pacientes obesos metabolizan los anestésicos halogenados de forma diferente a los no obesos. Su biotransformación en agentes tóxicos (ácido trifluoracético, iones Br- y F-) es el doble que en un sujeto no obeso. Se ha comprobado que las repercusiones sobre la función hepática –elevación de las transaminasas y la bilirrubina– se normalizan a partir de las 24 horas. La alta liposolubilidad de estos agentes ha sido invocada como la causante de un despertar prolongado. Varios estudios demuestran que no existen diferencias significativas en los tiempos de extubación al ser comparados con otras técnicas.

Muchas de las alteraciones producidas durante la anestesia se mantienen durante el período postoperatorio que, junto con el dolor y la inmovilización, limitan la función respiratoria, favorecen la retención de secreciones y aumentan la incidencia de complicaciones, perpetuando de esta forma la hipoxemia arterial. En una serie de 33 pacientes de OM intervenidos de GVA, el descenso de la PaO_2 que se cifró en el postoperatorio inmediato no había recuperado los valores preoperatorios al séptimo día del mismo.

Una correcta analgesia durante el período postoperatorio es de vital importancia en este tipo de pacientes. La morfina administrada por vía epidural ha demostrado tener ventajas respecto a la vía intramuscular. La analgesia controlada (PCA) vía epidural con anestésicos locales (AL), solos o asociados con narcóticos, está siendo objeto de estudio, sin alcanzar todavía resultados definitivos. No obstante, tienen algunos aspectos positivos: una menor incidencia de taquifilaxia a los AL, una disminución significativa de las dosis de mórficos, así como una atenuación de los efectos deletéreos del bloque simpático. La mayoría de los ensayos coinciden en los beneficios de un correcto tratamiento del dolor postoperatorio: facilita la espirometría incentivada, mejora la reexpansión pulmonar, moviliza las secreciones y previene las complicaciones respiratorias. También favorece una deambulación precoz y una reducción de la estancia hospitalaria. La OM y la cirugía abdominal alta constituyen un factor de riesgo para desarrollar este tipo de complicaciones. Sin embargo, se necesitan más estudios prospectivos que permitan mejorar el tratamiento perioperatorio de este tipo de pacientes.

Normas y cuidados en el período perioperatorio

Generales

Las maniobras precisas que se aconsejan en el postoperatorio ya han sido resumidas en otros capítulos. Se ha creído oportuno en este apartado ampliar distintos puntos que, con la experiencia adquirida durante 5 años, pueden confirmar los aspectos teóricos que se establecieron al inicio del protocolo bariátrico.

Durante este período, a todos los pacientes se les instaura una profilaxis antibiótica (cirugía mínimamente contaminada). Gracias a los estudios de bacteriogastria que se están realizando hoy día, se ha podido comprobar que la flora de estos enfermos es la habitual de cualquier individuo normal, incluso en aquellos que han sido sometidos en el período preoperatorio a rigurosas dietas severamente hipocalóricas. Basta, pues, una cefalosporina de primera o segunda generación, administrada 2 horas antes del acto quirúrgico y otra dosis posterior. También se administra una dosis de heparina de bajo peso, de forma profiláctica y por vía subcutánea, y se pauta hasta que el paciente deambula correctamente. En éstos ha sido demostrada la necesidad de disminuir la secreción gástrica con una doble finalidad: *a)* prevenir una posible broncoaspiración, cuya gravedad será proporcional al volumen gástrico residual, y *b)* realizar una profilaxis de la respuesta a la agresión quirúrgica.

Muchos pacientes requieren alguna maniobra quirúrgica adicional (colecistectomía, herniorrafia umbilical, ligadura tubárica). Actualmente, todos los enfermos con una ecografía supuestamente normal precisan un estudio de la bilis obtenida por sondaje nasoduodenal o punción transhepática para demostrar si existe realmente una bilis patológica, correlacionar el resultado final con el informe preoperatorio ecográfico y decidir si se extirpa la vesícula o se instaura un tratamiento colelitolítico en el período postoperatorio hasta que el paciente estabiliza su peso corporal. Opción que sólo será aconsejable en aquellos casos en que el sujeto pueda acudir a cada control y no posea un riesgo quirúrgico pues, en estos casos, con una bilis patológica será aconsejable una colecistectomía.

La mayoría de los autores aconsejan colocar una sonda nasogástrica durante las primeras 24 o 48 horas. Este período coincide con la oxigenoterapia obligada a través de una mascarilla para prevenir una desaturación de oxígeno muy característica de estos pacientes, y que es proporcional a su IMC. Los orificios de la sonda nasogástrica deben estar situados por encima y por debajo de la zona anillada; para esto es necesario alargar la zona de la sonda nasogástrica que aspira con nuevos orificios laterales. El volumen obtenido en la mayoría de los casos es muy bajo, pero el propósito principal se centra en descomprimir la cavidad gástrica y favorecer los movimientos diafragmáticos. Naturalmente, en todos los casos se instaura un programa de rehabilitación y fisioterapia respiratoria que, por su importancia, se ha creído oportuno que tenga su propio apartado en este capítulo.

Rehabilitación pulmonar en cirugía bariátrica

Está bien documentado que la cirugía abdominal alta, practicada con anestesia general, comporta un descenso de casi el 60% de los valores previos de la capacidad residual pulmonar (CRP) y de la capacidad vital (CV). La reducción de la CRP conlleva un cierre de la vía aérea periférica precoz y facilita la aparición de atelectasias pulmonares.

Existen otros factores independientes del tipo de cirugía que contribuyen al colapso pulmonar: *a)* comunes a todos los tipos de intervenciones: falta de suspiros y disminución de la frecuencia y fuerza de la tos; *b)* factores preexistentes: incremento de las secreciones bronquiales (bronquiectasias), volumen de cierre aumentado (fumadores, ancianos, enfermedad pulmonar obstructiva crónica) y disminución de la CRP (obesidad, distensión abdominal), y *c)* factores de orden general: hidratación, sedación, inmovilidad y dolor.

Se consideran complicaciones pulmonares postoperatorias la atelectasia, las microatelectasias (hipoxemia), la neumonía, la hipersecreción bronquial (bronquitis aguda), la hiperreactividad bronquial, el derrame pleural, el embolismo pulmonar y la insuficiencia respiratoria.

Las complicaciones pulmonares postoperatorias son debidas, básicamente, a una disminución de los volúmenes pulmonares. La disfunción diafragmática hallada en algunos pacientes colecistectomizados estaría más relacionada con una menor descarga del nervio frénico que con verdaderos cambios en la contractilidad del diafragma o por el dolor. Por estos motivos, se deben aplicar en el postoperatorio terapias que ayuden a normalizar las capacidades pulmonares reducidas.

La obesidad puede deteriorar la función pulmonar por varios mecanismos: incremento del trabajo respiratorio, ineficacia o disfunción de los músculos ventilatorios, disminución de la compliancia de la caja torácica y pulmonar, aumento de la relación CV/CRP, anormalidades en la relación ventilación/perfusión alveolar y por la hipoxemia secundaria al decúbito supino.

La incidencia de complicaciones pulmonares postoperatorias (CPP) oscila entre un 6% en sujetos con pruebas funcionales respiratorias normales y un 70% en pacientes con pruebas anormales. Esta amplia diferencia está condicionada, además de los criterios funcionales comentados, por las discrepancias en el momento de definir el concepto de CPP y por el protocolo utilizado para su detección.

Los objetivos de los planes terapéuticos son: inducir respiraciones profundas, evitar el colapso alveolar y conseguir expansiones pulmonares locales. Esto se logra mediante los siguientes tipos de terapia:

1. Ayudas mecánicas a la expansión torácica: *a)* espirómetro de incentivo; mediante esfuerzos inspiratorios sostenidos hacia la capacidad pulmonar total (CPT), intentando «insuflar» los alvéolos con un importante componente de motivación, ya que el paciente es partícipe en su esfuerzo a través de un aparato móvil. Se obtienen mejores resultados cuando el espirómetro de incentivo se utiliza bajo el control de personal sanitario más que cuando el paciente lo realiza solo; *b)* respiración a presión positiva intermitente (IPPB). Su utilidad en la prevención de una CPP está cuestionada y tampoco tiene ningún beneficio sobreañadido como vehículo para aerosolterapia si se compara con un aerosol mecánico o presurizado; *c)* presión positiva continua de la vía aérea (CPAP). Este dispositivo provoca un incremento de la CRP y corrige la hipoxemia, sin precisar la colaboración del paciente; *d)* técnicas de respiración contrarresistencia como puede ser soplar en botellas de agua, hinchar globos, bolsas de diuresis o guantes de goma. Estas maniobras pueden ser útiles siempre que la espiración necesaria para conseguirlo esté precedida de una inspiración profunda (situación que no se da habitualmente). Una espiración forzada comporta un aumento de la presión pleural que puede igualar o superar la presión intrabronquial y provocar una obstrucción al flujo aéreo.

2. Técnicas de terapia física pulmonar. Dentro de este apartado se engloban la fisioterapia respiratoria y el entrenamiento respiratorio. La primera incluye el drenaje bronquial, la percusión-vibración torácica y la técnica de tos eficaz. Todas pretenden mejorar la función de la vía aérea al incrementar el aclaramiento mucociliar y facilitar la eliminación de secreciones bronquiales. El segundo apartado (ejercicios diafragmáticos, respiración con los labios fruncidos, respiraciones lentas y profundas y de expansión costal) está dirigido a reducir la disnea, al mejorar la función diafragmática.

La cirugía bariátrica –cirugía abdominal alta– practicada en OM podría representar un riesgo incrementado para la presentación de CPP. Sin embargo, tras nuestra revisión sobre el tema se ha comprobado que muchos autores no hallan diferencias en la presentación de CPP entre pacientes obesos y no obesos sometidos a cirugía abdominal y, por consiguiente, recomiendan en cirugía bariátrica sólo medidas de ayuda mecánica a la expansión torácica y una sedestación precoz con el fin de evitar el incremento de la resistencia elástica del parénquima pulmonar y la mayor hipoxemia desarrollada. Se sabe que la obesidad comporta una menor eficacia de la tos. La reducción en el IMC en pacientes con OM mejora de forma significativa la función de los músculos ventilatorios, básicamente en la fuerza espiratoria.

Recientemente, también se ha demostrado en pacientes sometidos a cirugía abdominal que la espirometría incentiva es equivalente a la fisioterapia respiratoria en la prevención de CPP. Un OM, posible candidato a cualquier tipo de intervención bariátrica, debe ser escrupulosamente seleccionado. En el caso de que sea un hipersecretor bronquial y, por tanto, se beneficie de una fisioterapia respiratoria, en principio no es un buen candidato por un simple criterio de selección; además, con la percusión torácica en enfermos no hipersecretores se han descrito broncospasmos y agudizaciones de la hipoxemia.

Cuidados y normas en el período postoperatorio (6 meses): consejos dietéticos

Todo paciente intervenido de una GVA, un cortocircuito gástrico o cualquier técnica mixta en la que exista un neorreservorio mínimo, debe ser controlado y remitido en el mismo momento de su alta a los servicios de dietética y psicología clínica.

La dieta debe ser estricta y establecerse según un protocolo. Una vez realizado el tránsito de control, aconsejado al quinto día, se inicia una dieta líquida, progresiva, desde pequeñas ingestas de 30 ml/h hasta alcanzar unos 60 ml/h. Cuando el paciente los tolera correctamente y ha aprendido cómo funciona el diseño quirúrgico, se inicia una dieta líquida completa (productos lácteos, cereales con bajo residuo) hasta conseguir una dieta tipo puré (50 g/tres veces al día). Cuando se da de alta al paciente, debe seguir con la misma secuencia dietética e ir incorporando alimentos líquidos con bajo contenido calórico entre las comidas. Es muy necesario y aconsejable que el enfermo tenga un folleto informativo donde se le explique el tipo de dieta, cómo debe comer, los posibles problemas que le pueden acontecer y cómo resolverlos, así como la forma en que debe ir incorporando nuevos alimentos en sus hábitos alimentarios.

Un estricto control por los servicios de dietética y psicología clínica ha demostrado que su gran labor se centra sobre todo en los primeros 12 meses. En algunas series el mayor porcentaje de fallos de la sutura vertical acaece en este período. En la revisión de la serie de los 100 primeros casos intervenidos de GVA llevada a cabo en el Hospital Universitario «Germans Trias i Pujol», todos los fallos del grapado vertical han tenido lugar durante el primer año.

Los cambios en los hábitos alimentarios, como puede ser aprender a dejar de comer cuando se siente una saciedad manifiesta o seleccionar debidamente los alimentos o la forma de condimentarlos, son las bases para una evolución satisfactoria. El simple hecho de saber triturar y masticar extremadamente bien cada comida, hasta el punto que no exista la menor consistencia, puede precisar que el paciente invierta unos 30-45 minutos en ingerir una mínima cantidad. El propósito principal de una técnica restrictiva no es otro que modificar unos hábitos de forma controlada, a ser posible bajo la supervisión de un psicólogo clínico, para que se incorporen de forma permanente en las constumbres dietéticas de cada paciente.

Resultados en cirugía bariátrica (tablas 11.3 y 11.4). Resumen de la literatura médica

Difícilmente se puede conocer el número de intervenciones bariátricas que se realizan en cada país. En Estados Unidos, Renquist (en Iowa) resumió en 1989 un total de 5.178 intervenciones de las que un 64% eran restrictivas y un 36% tenía algún mecanismo parcialmente malabsortivo. Estas cifras demuestran que el auge de los YRBP aún es vigente pues en tan sólo 2 años y según datos actuales, se ha incrementado en un 30 a un 42%. Dentro de las técnicas restrictivas, la GVA es la más utilizada (80%), seguida del anillado simple (14%) y la banda gástrica (6-7%). Aunque la incidencia del simple anillado en Europa es más elevada, así como la práctica de otra técnica que anteriormente no se ha mencionado (el cortocircuito biliopancreático [BPBP], preconizado fundamentalmente en Italia, gracias a los trabajos de Scopinaro et al). Esta técnica –el circuito bibliopancreático– implica una gastrectomía y una derivación biliopancreática distal. Sus resultados son buenos, pero el riesgo quirúrgico (número de anastomosis), el tiempo operatorio y los resultados que dependen de una malabsorción, obliga a que sea realizada por equipos muy especializados. Los resultados que aporta el propio Scopinaro a los 15 años de seguimiento merecen una atención especial. Es honesto y expresa en su conjunto unos buenos resultados, pero aún no se han podido evitar posibles alteraciones metabólicas: la hepatopatía a largo plazo y el trastorno del metabolismo cálcico.

Las conclusiones de las distintas series difieren muchas veces en los datos finales. En 1989 Mason revisó 256 GVA (5 años) de las 1.200 realizadas en 8 años con una mortalidad de un 0,23%. Este trabajo es importante, puesto que dividió su serie en OM y en superobesos mórbidos; es decir, siguió la tendencia actual que se valora en cualquier trabajo. La pérdida de peso fue de un 62 y un 53% en cada grupo. La serie de Adelaida (Hall, 1990) realizó un estudio prospectivo comparando tres intervenciones bariátricas. El 91% de los pacientes fueron valorados a los 3 años y se definió como éxito si se conseguía una pérdida superior al 50% del exceso de peso. La gastro-gastrostomía fue la que obtuvo peores resultados; en cambio la GVA o el YRBP obtuvieron buenos resultados (48 y 67%, respectivamente). Sin embargo, no realizaron controles seriados radiológicos e ignoraron el porcentaje de fallos del grapado vertical que invalidaría los resultados directos de la GVA, si ésta si no funciona correctamente, como también sucedió en el trabajo de la Clínica Mayo, en que Nightengale et al (1991) ignoraron el porcentaje real de su serie y concluyeron afirmando que la GVA no era válida. MacLean et al (1990) en su magnífico trabajo en 201 pacientes, consiguieron una pérdida de peso de un 31% al año y de un 34% a los 5 años. Presentaron una alta incidencia de fallos de sutura vertical (48%) que contrastaba con la baja cifra aportada por Mason (0,9%).

Estos resultados tan dispares pueden originar problemas al valorar una técnica determinada pues, como también se ha observado en la serie de los autores de este capítulo, la incidencia es alta. Hasta el momento, se han verificado en la misma 20 fallos de la sutura vertical, de los que tan sólo el 50% han precisado una reintervención. Yale (1989) demostró que la circunferencia externa del anillo, mientras no fuera inferior a 4,5 cm y superior a 5, no influía en la tasa de fallos o complicaciones. Kuzmac (en 1991) desarrolló un concepto futurista que se basaba en el uso de la banda gástrica hinchable que se podía modificar en el curso evolutivo de un paciente a través de un reservorio subcutáneo. Sus ventajas son obvias pero precisa un mayor número de pacientes y un seguimiento más amplio. En las tablas 11.3 y 11.4 se han resumido los resultados antropométricos de las mejores series publicadas (GVA y YRBP). En las mismas se hace constar el número de pacientes que han completado el seguimiento (años), así como el porcentaje de exceso de peso perdido en el momento de la revisión. De forma global, se puede observar que ambas técnicas aportan unos resultados satisfactorios. Aunque como se muestra en la tabla 11.4, siempre que los resultados se refieran a un grupo seleccionado de pacientes sin fallos técnicos, los resultados son mejores, así como cuando se emplea una técnica mixta en los superobesos mórbidos, sobre todo en nuestra opinión, si se realiza la técnica de Salmon.

Resumen de los resultados obtenidos por los autores en los primeros 100 pacientes intervenidos por obesidad mórbida

La GVA es la técnica bariátrica que se realizó en 100 OM (setiembre de 1988-junio de 1993) con un mismo criterio clínico y psicológico. Todos los pacientes han sido valorados en el período preoperatorio (criterios de inclusión) y cada 6 meses, mediante una serie de parámetros antropométricos (peso/altura^2, pliegues de grasa, circunferencia braquial y áreas del brazo), un examen radiológico (tránsito gastrointestinal y ecografía) y un estudio psicológico (entrevista personal y tests). En la técnica estandarizada según el modelo original de Mason, se han utilizado instrumentos de autosutura para diseñar una bolsa de 20-25 ml y se ha colocado una bandeleta de un diámetro de 1 cm en su salida. Se presentan los resultados antropométricos del 98% de los pacientes. Un 47% han alcanzado los 2 años con unos resultados globales satisfactorios. Aunque al valorar los datos de aquellos pacientes superobesos (IMC > 50 o sobrepeso > 225%) se demuestra en ambos sexos que la GVA es efectiva, no cumple en todos estos casos los criterios internacionalmente aceptados. En esta serie las complicaciones técnicas fueron: 20 fallos del grapado vertical (2/16: 2 grapas) (18/82: 4 grapas = TEA-B 90). Un grupo de 10 pacientes han precisado una reintervención, así como en 2 casos en que se ha evidenciado una inclusión de la bandeleta y, en dos, redundancias de mucosa gástrica intraanillar. En todas las reintervenciones (el 65% se han observado en los primeros 6 meses) se ha seguido con el diseño de la GVA excepto en un caso en que se ha practicado otra técnica. Se presenta una fórmula para la valoración secuencial de los pacientes intervenidos y se enfatiza la importancia de un estricto control dietético y psicológico durante el primer año.

$$\% \text{ SPP} = \left(\frac{\text{Pi} - \text{Pa}}{\text{Pi} - \text{Pid}} \right) \times 100$$

% SPP = % sobrepeso perdido;
Pi = Peso inicial;
Pa = Peso actual;
Pid = Peso ideal ;

El seguimiento a largo plazo de cualquier paciente intervenido por OM es esencial para valorar los resultados de cualquier técnica aplicada. Muchos de los trabajos que se publican exponen sus resultados, en su mayoría excelentes o satisfactorios, sin adentrarse en los problemas perioperatorios o en los valores antropométricos reales a largo plazo, que en algunos pacientes no son positivos ni valorables. Difícilmente en una serie en la que se exponen los valores medios de pérdida de peso o en la que se incluyen pacientes superobesos se pueden extraer fielmente unas conclusiones. Por este motivo, en esta revisión se ha dividido la serie global de 100 pacientes, con un control del 98% en esta serie, en dos grupos (OM y superobesos) en ambos sexos, para estudiar si la GVA es efectiva en cada uno de ellos o bien se precisa una técnica o tratamiento adicional más agresivo. Se presenta el cómputo general de complicaciones técnicas que han existido y aquellas que han precisado una reintervención, así como también se revisan los criterios que existen para valorar los resultados a largo plazo de cualquier técnica bariátrica y se propone una fórmula que permite en cualquier momento del seguimiento, clínico y radiológico, conocer la efectividad del diseño bariátrico.

Pacientes y método. Técnica quirúrgica

La serie que se comenta se compone de 100 pacientes (setiembre de 1988) que fueron intervenidos por los mismos cirujanos, con unos idénticos criterios clínicos y técnica quirúrgica, y controlados por un mismo equipo multidisciplinario. La GVA ha sido realizada en todos como primera intención y en la mayoría de las reintervenciones se ha intentado proseguir con el mismo diseño, excepto en un caso en que se ha practicado otra técnica (Torres-Oca). Actualmente siguen en el programa bariátrico 98 pacientes (97 GVA), y por consiguiente, han sido valorados mediante antropometría, radiología y examen psicológico cada 6 meses. El reservorio gástrico ha sido diseñado en todos con un volumen aproximado de 15-20 ml y el orificio de salida donde se aplica la bandeleta de PTFE (1,5 x 5 cm), en 87 casos de 1 cm de diámetro y en el resto ligeramente inferior, valorado por radiología al quinto día (edema o problema técnico). En este grupo se hallan incluidos los 8 pacientes que han tenido problemas en la salida del neorreservorio. En 4 casos ha sido necesaria una reintervención (dos redundancias gástricas y dos inclusiones de bandeleta). Tan sólo en los seis primeros se aplicó un ISL (instrumento de sutura longitudinal) TEA 90 (2 grapas) pues no se disponía del TEA-B 90 (4 filas de grapas de 4,8 mm). Aunque a la mitad de la serie se ha aplicado de nuevo en algunos casos un TEA 90 (2 grapas) en otros 10 –que han formado parte de un estudio aleatorio comparativo con el TEAB (4 grapas)– se ha realizado una endoscopia a las 3 semanas para valorar si han existido diferencias en cuanto al fallo vertical precoz. En los 84 pacientes restantes se ha introducido un TEA-B 90 con 4 grapas, así como en todas las reintervenciones por fallo de la sutura vertical en que también se ha aplicado un nuevo TEA-B 90 en una localización más medial. En estos casos siempre se ha valorado un cambio completo del anillo si en el mismo acto operatorio se observó que no se podía pasar una sonda orogástrica de 1 cm de diámetro. En todas las intervenciones se ha dejado una sonda nasogástrica durante 48 horas para evitar una distensión gástrica. A partir del paciente 93 se incorporó como gesto quirúrgico protocolizado una sutura de refuerzo sobre el grapado vertical con un monofilamento (polipropileno). Los detalles técnicos y las maniobras específicas perioperatorias (estudio de la bilis intraoperatoria, biopsia hepática, bloqueo de la acidez gástrica para prevenir una broncoaspiración en el acto anestésico, desaturación precoz en la inducción anestésica, cierre de la herida, analgesia postoperatoria) ya han sido anteriormente objeto de estudio. Todos los pacientes han entrado en un programa específico de rehabilitación pulmonar perioperatoria con el fin de inducir respiraciones profundas, evitar el colapso pulmonar y conseguir expansiones pulmonares locales. Esto se logra mediante ayudas mecánicas a la expansión torácica (espirómetro de incentivo, respiración a presión positiva intermitente, presión continua de la vía aérea, técnicas de respiración contrarresistencia) y con técnicas de terapia física pulmonar (fisioterapia respiratoria y entrenamiento respiratorio).

Seguimiento

La mayoría de los pacientes han sido dados de alta entre los días 7 y 10. En todos los casos se ha seguido una sistemática que se inicia ya con un tránsito gastrointestinal mediante gastrografín al quinto día previo al inicio de la ingesta hídrica.

La cronología de las visitas clínicas (unidad de trastornos de la alimentación) por el psiquiatra-psicólogo clínico, por el radiólogo o bien por el grupo de terapia, han sido secuencialmente evaluadas. En cada visita se ha realizado un estudio antropométrico en que se han tomado los siguientes parámetros: IMC, cálculo del sobrepeso (% sobrepeso = peso x 100/peso teórico), pliegues de grasa (PG) (mm) (tricipital: PTD, subescapular: PSc) (lipocaliper Harpender), circunferencia braquial (CB) (cm), circunferencia muscular del brazo (cm) (CMB = CB cm – π TD cm), áreas del brazo: muscular = MAMA =([CB cm x π TD cm]^2/4π) (cm^2) y adiposa = MAFA = ([TD cm x CB/2) x π (TD)^2/4]) (cm^2) e índice de masa muscular (IAM) = MAMA /MAFA deducidas. El psicólogo clínico practica una entrevista personal y una serie de tests y retests (variables sensibles al cambio) con el fin de valorar los cambios socioambientales, laborales, sexuales e imagen corporal en el período postoperatorio, así como una encuesta sobre los nuevos hábitos alimentarios (conductas, posibilidades, tolerancia a distintos tipos de alimentos). Por su parte, el radiólogo realiza el seguimiento mediante un tránsito gastroduodenal y una ecografía de una forma protocolizada, coordinado con los controles clínicos cada 6 meses. El estudio radiológico se realiza en unas posiciones determinadas (anteroposterior y oblicua, en posición erecta y en decúbito) con el fin de detectar comunicaciones en la bolsa gástrica (disrupción) y medir de forma adecuada el tamaño del estoma y poder informar de cualquier anomalía que se detecte: edema, disminución del tamaño de la salida del reservorio, inclusión o disrupción a nivel del anillo, bezoar u otras. En la ecografía se valoran las características del hígado (normal, esteatosis, nódulos), así como la aparición de litiasis, barro biliar o cualquier anormalidad de la vesícula biliar. Tan sólo en caso de necesidad (criterio clínico) se practica una endoscopia, diagnóstica y/o terapéutica, excepto en 20 pacientes en que se ha realizado el estudio comparativo al aplicar 2 y 4 grapas en la sutura vertical a las 3 semanas para diagnosticar si existen diferencias entre estas dos formas de grapado vertical en cuanto a la existencia de un fallo precoz. También se realiza de forma inmediata un tránsito de control si el paciente deja de perder peso, no manifiesta dificultad al ingerir alimentos y en aquellos casos, como seguimiento, en que una vez conocida la existencia de una comunicación gastrogástrica, no se ha decidido una reintervención por el hecho de que el sujeto sigue perdiendo peso. En el resto de los pacientes se ha indicado una reoperación dentro del primer mes de diagnóstico.

Clasificación de los resultados

La serie se ha dividido de forma retrospectiva en dos subgrupos: *a)* aquellos pacientes con un IMC entre 40-49 kg/m^2, que corresponde aproximadamente a un sobrepeso entre 150 y 225% (OM), y *b)* aquellos con una superobesidad, es decir, con un IMC > 50 kg/m^2 o un sobrepeso > 225%. A partir de estos dos grupos se aportan los resultados de todo el ensayo antropométrico que se ha realizado durante estos 5 años de seguimiento del grupo global y de los dos subgrupos: OM y superobesos mórbidos. El número de pacientes que se han incluido son: en el grupo inicial, 98; a los 6 meses, 81; a los 12 meses, 70, y a los 24 meses, 47 casos.

Comentario de estos resultados

Las características clínicas, la valoración y los resultados antropométricos secuenciales (2 años), las complicaciones técnicas precoces y tardías, los resultados psicológicos y las alteraciones metabólicas ya han sido anteriormente descritas.

Reintervenciones

Una reoperación ha sido necesaria en un 15% (15/100), como se especifica en los siguientes apartados de una forma detallada: *a)* hay dos inclusiones de la bandeleta. En una también se ha observado una comunicación gástrica. En los 2 casos ha sido preciso extraer el anillo y colocar en uno una nueva bandeleta en una posición superior y excéntrica, y en el otro convertir la GVA en otra técnica bariátrica (Torres-Oca); *b)* también han habido dos redundancias de la pared gástrica intraanillar que ejercían un efecto de estenosis funcional. En los 2 casos se podían practicar dilataciones endoscópicas pero sin resultado, pues actuaban en realidad como un efecto oclusivo. En una se precisó la extracción de la bandeleta y, a continuación, un nuevo anillado; en la otra, se siguió el mismo procedimiento pero también una reducción de la bolsa dilatada por encima de la bandeleta mediante una nueva aplicación de un TEA más medial y una anastomosis del resto del antiguo reservorio al cuerpo gástrico; *c)* en un sólo caso (paciente 3 de la serie) ha existido un rechazo psicológico al diseño de la intervención que obligó a una retirada definitiva de la bandeleta y la exclusión del programa bariátrico; *d)* se han contabilizado un total de 20 comunicaciones gastro-gástricas por fallo del grapado vertical. Aunque sólo en 10 casos ha sido necesaria una reintervención (2/16: 2 grapas, 18/77: 4 grapas y 0/7 con 4 grapas más el refuerzo continuo con un material monofilado). En 3 pacientes reintervenidos en este grupo también ha sido necesario un recambio de la bandeleta (2 pacientes con 2 hileras de grapas y ocho de un total de 18 con 4 grapas) porque en el mismo acto operatorio se comprobó que poseía un diámetro inferior a 1 cm, y en otro caso, porque también tenía una inclusión de la bandeleta. Este paciente requirió un nuevo diseño bariátrico (fig. 11.2) como más adelante se especifica; *e)* en la serie sólo ha existido un caso de reintervención por un problema postoperatorio inmediato debido a un fallo de la sutura circular que precisó una operación a las 3 semanas en el mismo ingreso en la que se practicó una extracción de la bandeleta, una gastrostomía de descarga y un simple drenaje. Este caso es la única complicación grave (1%) de la serie, pues la paciente falleció de forma brusca debido a una rápida desaturación de oxígeno en la sala de reanimación, como consecuencia de un paro respiratorio del que no pudo ser recuperada. Los otros 2 casos con un fallo vertical precoz no presentaron ningún tipo de complicación y sólo uno tuvo que ser reintervenido. El otro sigue perdiendo peso como el resto de la serie en los que la GVA permanece intacta.

Todos los casos que han precisado una reoperación tardía han seguido la misma metodología, salvo el paciente mencionado, que requirió practicar otra técnica distinta a la GVA. Un total de 16 reintervenciones han sido necesarias en 15 pacientes (en un caso se ha tenido que retirar el anillo con una nueva colocación a los pocos meses; redundancia gástrica), para lograr que todos los pacientes siguieran en el programa bariátrico. Globalmente, los resultados finales han sido positivos, pues el intervalo de inoperancia del diseño técnico ha sido de 55 días/paciente. Tan sólo en un caso ha sido demasiado largo por no existir un diagnóstico definitivo, pues la paciente tenía una redundancia gástrica y, por consiguiente, una estenosis funcional que permitía el paso de las dilataciones endoscópicas. Además, a la exploración clínica evidenció la presencia de un callo vomitador que, junto a dilatación de la bolsa gástrica, obligó a descartar previamente un problema psiquiátrico (bulimia yatrogénica).

La media de pérdida de peso real y la valoración del exceso de peso (sobrepeso) de todo el grupo de pacientes (global: OM y superobesos) objetivado a los 2 años ha sido en cuanto al peso corporal de un valor inicial de 130,85 kg ± 27,8 (270-88,7) a 89,5 kg ± 20,5 (160-58,25). En cuanto al sobrepeso se observa que ha variado desde un valor incial de 201,6% ± 40,6 (371,5-139,47) en relación al peso teórico ideal de población española (Alastrué), con un IMC de 49,33 ± 9,5 (93,25-36,16) a unos valores de exceso de peso de 132,39 ± 31,23 (151-121,21) y un IMC de 32,15 ± 6,77 (49,50-21,78), respectivamente. Estos datos demuestran unos resultados más espectaculares en los OM que si se incluyen los pacientes con una superobesidad en el cómputo global en ambos sexos. El resto de parámetros antropométricos reflejan unas características muy evidentes como ya han sido debidamente detalladas en anteriores trabajos (2.º año). En el presente estudio se confirma que persisten esos mismos cambios con una tendencia a estabilizar el peso a partir de los 18 meses (OM) y que continúa siendo efectiva en la superobesidad. En esta revisión se demuestra que la GVA es efectiva para que el paciente pierda peso, grasa corporal total (centrífuga: PT y centrípeta: PSc) y se conserve la masa muscular. La preservación de este componente corporal queda demostrado al estudiar la circunferencia muscular del brazo (CMB) o el área muscular del brazo (MAMA), mejor que tomar simplemente la CB, pues este parámetro está influido por los cambios de la circunferencia adiposa (pliegues de grasa) que se producen como consecuencia de la drástica pérdida de peso.

Controles

En el 98% de los pacientes se ha conseguido una perfecta evaluación periódica, excepto en dos casos: una extracción definitiva del anillo y una muerte. Por este motivo, en la valoración de los resultados finales referentes a la presente revisión se puede hablar de porcentajes reales: *a)* al valorar la disrupción del grapado vertical se observa que en todas las series ha existido un número elevado de fallos (20 casos); en tres claramente relacionado con la evolución que sigue el estoma en los primeros meses (3 casos con un diámetro inferior a 0,6 cm). En su mayoría, al revisar la hoja operatoria en la que siempre consta cualquier eventualidad, se observa que ha habido una dificultad técnica en el cierre del instrumento en el acto operatorio, ya sea por el espesor de la pared gástrica o debido a la inclusión de la grasa retrogástrica en el grapado. Naturalmente, este último parámetro ha sido valorado de forma subjetiva siempre por los mismos cirujanos. Esta eventualidad técnica no ha podido ser correlacionada con el número de grapas aplicado, pues esta complicación tiene lugar en la evolución de un paciente con una GVA de una forma original (2 pacientes en el primer tránsito de control, un caso en los primeros 3 meses, 13 a los 6 meses y cuatro a los 12 meses). Ha sido necesaria una reoperación por esta causa en 10 pacientes/20 casos (10/98 casos: 10,2%) y tan sólo ha existido una nueva recurrencia. En los otros 10 pacientes, con un seguimiento de más de 16 meses en el primero y un completo control radiológico acumulado (140 meses/10 pacientes), han proseguido en el programa bariátrico con una media de pérdida de peso de 43 kg (27-55). La mayoría han alcanzado unos resultados satisfactorios en la valoración actual. Un total de 17/20 han sido diagnosticados por radiología y sólo en tres por la clínica de inoperancia en perder peso; aunque, posteriormente, 7 pacientes se han estabilizado y han vuelto a recuperar parte del peso perdido y, en consecuencia, han tenido que ser reintervenidos. En 10 pacientes (50%), no se han observado problemas ponderales pues siguen perdiendo peso y en los controles radiológicos el diámetro de la comunicación no ha aumentado. Actualmente, en las reintervenciones y en la actual cirugía programada, a partir del paciente 93 de la serie, se ha establecido además del grapado metálico (4 grapas) efectuar una sutura simple y continua, de monofilamento irreabsorbible (polipropileno OO). Con esta maniobra, se ha conseguido no tener ningún fallo precoz ni tardío ni ninguna recidiva en las reintervenciones; *b)* la valoración nutricional a los 2 años ha sido la siguiente: casi un 50% (47/98) de los pacientes que siguen en la serie han alcanzado los 2 años de seguimiento, momento en que ya han estabilizado su peso corporal, aunque se precisa que la verdadera valoración sea efectuada a los 5 años; *c)* han existido 3 casos de estenosis del anillo, como ya ha sido especificado en anteriores trabajos que no han precisado reintervención (edema). El seguimiento del resto de complicaciones como una estenosis orgánica del orificio de salida del neorreservorio ha sido satisfactorio, incluso en los 2 pacientes que precisaron dilataciones dirigidas por endoscopia. Todos han seguido con el principio bariátrico (GVA), excepto un caso que precisó una técnica especial para resolver el problema, pues finalmente creó una inclusión de la bandeleta con fístula periorificial extragástrica que impidió al ser reoperada una nueva GVA y obligó a trasformarla en una cavidad cerrada anastomosada a un asa desfuncionalizada muy larga que excluía un tercio del intestino delgado funcional. Los parámetros antropométricos en estos casos no tienen diferencias significativas con respecto al resto del grupo y todo el cuadro clínico previo a la reintervención (vómitos) se ha resuelto favorablemente. Este caso demuestra que existen otras técnicas efectivas que todo cirujano dedicado a esta especialidad debe conocer, aunque posiblemente sean más difíciles y están sujetas a una mayor morbilidad; *d)* superobesidad mórbida. En su definición se incluyen aquellos pacientes en que el peso corporal es superior al 225% del peso ideal o su IMC es mayor que 50. Es difícil que de éstos se desprendan unos resultados concluyentes a los 2 años si se utilizan los criterios internacionalmente aceptados en la valoración de la cirugía bariátrica. Si se define como resultado satisfactorio que un paciente intervenido reduzca el 25% de su exceso de peso en el primer año, ninguno de la serie de superobesos mórbidos lo ha conseguido; aunque si se valoran con el nuevo índice que se propone en la misma tabla (un 85%) ya son considerados OM (1.er año) y, a los 2 años, un 55% obtienen un buen resultado. Su peso inicial (grupo superobesos mórbidos) ha variado desde una media de 152,2 kg ± 28 (260-121,5) a 100 kg ± 20 (132,5-72). Su IMC ha descendido de 57,5 ± 9,2 (93,2-50) a 36,6 ± 7,6 (49,6-29,2) y el sobrepeso de 233,5 ± 41,6% (371,50-190,5) a 152,8 ± 17,5% (151-121,2). Como se observa, un gran número de pacientes siguen siendo OM o por lo menos obesos.

Valores que persisten en el seguimiento de alguno de estos pacientes en el tercer año

Tan sólo un 45% han logrado un criterio correcto de eficacia (índice de eficacia ≤ 1 [normal] o < 1,5 [obeso]) a pesar de la pérdida real de peso, que en algunos casos ha alcanzado más de 140 kg en 2 años. Si se subdivide este último subgrupo (IMC > 50) en ambos sexos, se observan los siguientes valores: *a)* en las mujeres el peso inicial de 148,3 kg ± 31,6 (260-121,5) se ha trasformado en 98,5 kg ± 24,9 a los 2 años. El IMC de 58,5 ± 10,5 (93,2-50,3) ha sido de 34 ± 3,5 (49,5-31,5) y el sobrepeso de 239,7 ± 46,7% (371-190,5) a 142 ± 13,45% (151-132); *b)* en los varones, desde un peso inicial de 163,6 kg ± 7,6

(180-156) a 103,2 ± 3,4 (106-100,7), con un IMC de 54,5 ± 3,5 (62-50) a 32,6 ± 1,9 (34,8-29,2) y el sobrepeso de 216,42 ± 14,39% (244,5-192) a 128,52 ± 8,66% (138-122). Estos valores demuestran que la GVA es efectiva en los superobesos mórbidos de ambos sexos sin que se obtengan diferencias significativas, aunque si lo que se pretende es conseguir unos valores dentro de los criterios internacionalmente aceptados, se precisa una técnica más agresiva o efectiva para conseguir unos mejores resultados. Un ejemplo de esto puede ser el diseño que más adelante se propone y que se ha incluido como técnica de elección en el futuro algoritmo de tratamiento frente a la GVA en este grupo de pacientes.

Resultados de los autores. Población española (figs. 11.6-11.9): serie global con diferentes técnicas

A continuación, se presenta de forma resumida la serie de pacientes intervenidos que reunían las condiciones que se establecieron al inicio del programa. A los 100 primeros sujetos se les practicó una GVA de primera elección y tan sólo 3 pacientes no siguen en el programa: uno ha sido reoperado y reconstruido mediante una técnica de cortocircuito gástrico (Torres-Oca), el segundo ha fallecido y al tercero se tuvo que extraer la bandeleta por intolerancia psíquica. En todos los casos se les ha practicado una biopsia hepática y una ecografía preoperatoria para valorar si existe una colelitiasis o la necesidad de realizar un estudio de la bilis obtenida mediante punción transhepática o sondaje duodenal intraoperatorio. Ya han sido objeto de otras publicaciones y se han intentado resolver de forma precoz el resto de maniobras que modifican la técnica original de Mason o bien los diversos estudios relacionados con la bilis o la nueva biopsia hepática mediante ecografía dirigida en aquellos casos en que existe una gran desestructuración en la primera biopsia, cuando el peso se estabiliza en unos valores normales o el control de las complicaciones intrínsecamente relacionadas con la técnica. En cuanto a este tema se ha podido apreciar que el grado de experiencia del equipo quirúrgico influye en los resultados finales, pues la gran mayoría se han obtenido en los primeros 50 pacientes. Actualmente incluso con algunas maniobras específicas –como es el refuerzo de la sutura vertical– se han conseguido minimizar estos fallos de sutura (0/23 casos: un año). La vagotomía sólo se realiza en aquellos casos en que exista una úlcera activa o en la técnica de Salmon.

Se presentan los resultados de la experiencia de 5 años con un grupo de pacientes obesos severos que de forma intencionada se ha subdividido en dos grandes grupos: OM y superobesos mórbidos. Los valores antropométricos (peso corporal, sobrepeso e IMC) han sido estudiados en el 98%, cuyas características son las propias de cualquier serie bariátrica (un varón frente a 4 mujeres). Los resultados del peso corporal, sobrepeso e IMC evaluados a los 2 años

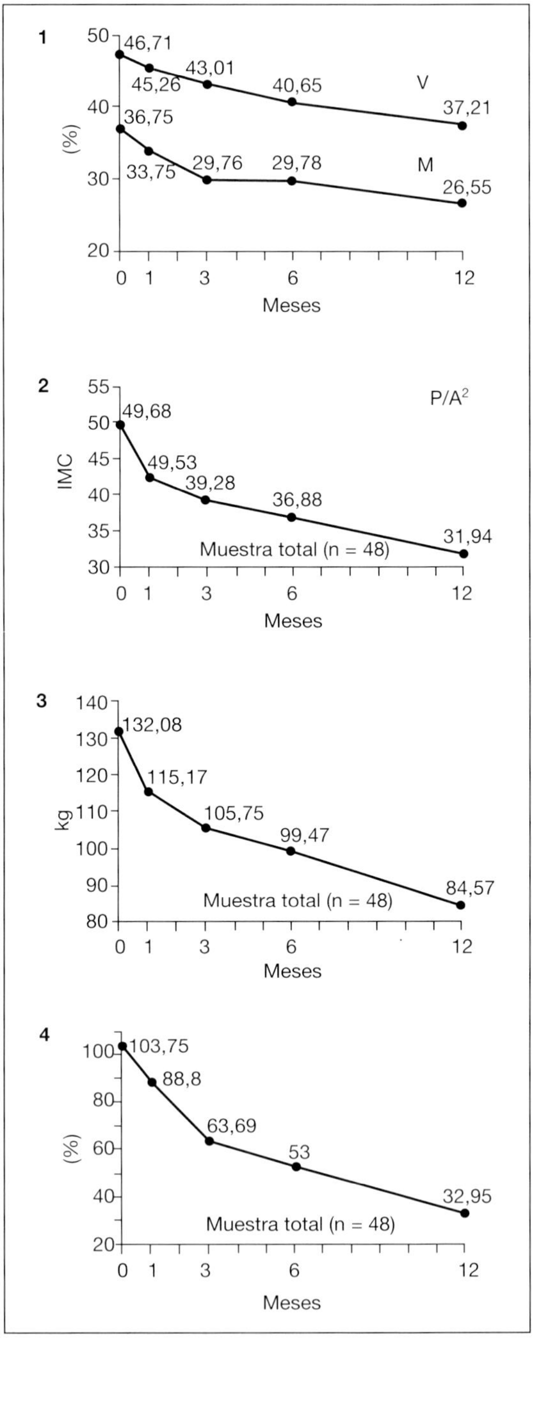

Figura 11.6. *Evolución del peso corporal (kg), sobrepeso y porcentaje de peso perdido de todos los pacientes intervenidos de GVA (100 pacientes en 2 años). Resultados de la GVA: evolución del porcentaje de grasa corporal deducido de los pliegues (1), evolución del IMC (2), del peso (3) y del sobrepeso (4). Se presentan los resultados actuariales de todos los pacientes intervenidos.*

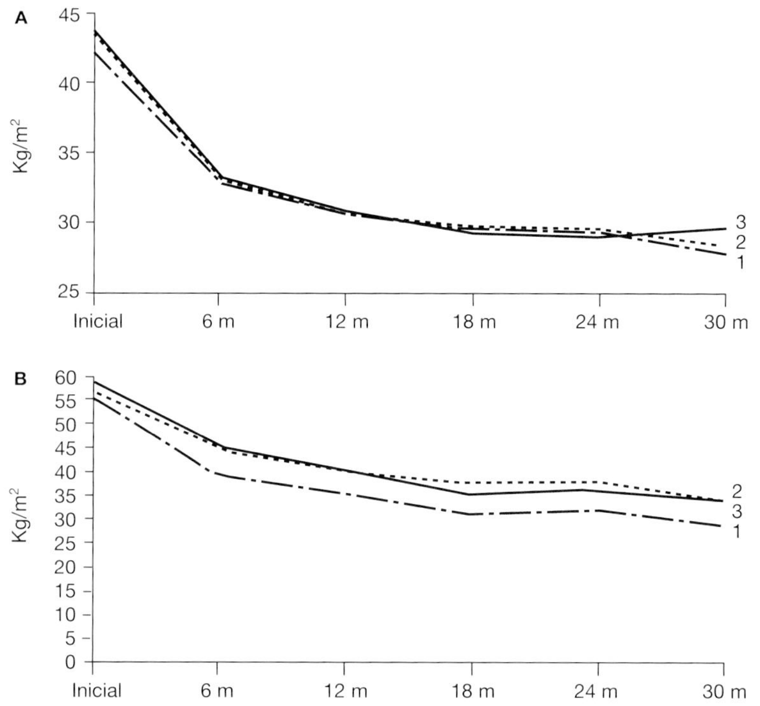

Figura 11.7. *Evolución del IMC (peso/altura²) de los pacientes intervenidos de GVA (100 p).*
1 = Varones, 2 = Mujeres y 3 = Global.
A: grupo de pacientes con un IMC < 50 kg/m².
B: grupo de pacientes con un IMC ≥ 50 kg/m².

están representados en las figuras 11.6-11.8. En la figura 11.7 se han representado los valores globales alcanzados y los observados al ser dividida la serie en dos grupos. En anteriores trabajos, los autores ya han demostrado que en el segundo grupo no siempre se consiguen resultados satisfactorios (IMC > 50) con una simple GVA. Por este motivo, se ha iniciado de forma prospectiva un nuevo enfoque terapéutico, tomando la GVA como patrón de referencia.

La hipertensión y la diabetes se han resuelto como ya ha sido demostrado en otras series y los pacientes con SAS han mejorado espectacularmente al perder peso de forma razonable sin alcanzar el teórico 25% del peso ideal que es lo deseado y valorado como satisfactorio.

Los vómitos son frecuentes, sobre todo hasta el momento en que el paciente se adapta al nuevo régimen alimentario. Sólo en casos especiales se realiza un estudio (endoscopia) para descartar un problema orgánico (este-

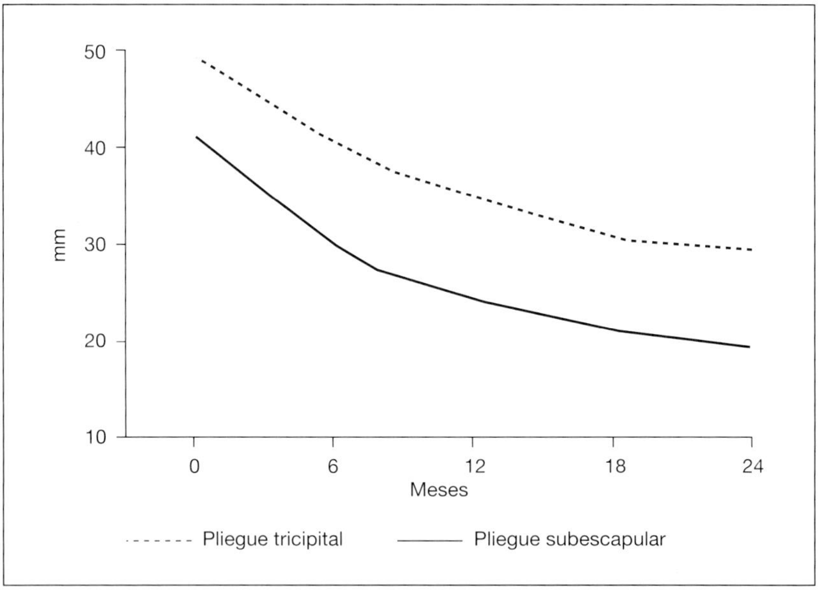

Figura 11.8. *Pliegue tricipital y subescapular (grasa centrípeta y centrífuga) (mm); lipocaliper Harpender (media de 3 mediciones) (Brazo no dominante). Evolución de los pliegues de grasa a los 2 años (GVA).*

nosis anillar, inclusión, edema); el resto siguen los controles habituales; a los 6 meses y, posteriormente, cada 12 meses. El seguimiento radiológico ha sido exhaustivo y ha demostrado todas las complicaciones reales que han existido en la serie. El 50% de los fallos del grapado vertical (20 casos) no hubieran sido diagnosticados, pues el paciente no ha dejado por el momento de perder peso si la comunicación es mínima o bien ya se ha adaptado definitivamente a sus nuevos hábitos. Estos sujetos no han sido reoperados.

La GVA es efectiva para que el paciente pierda peso, grasa corporal total (centrífuga [pliegue tricipital] y centrípeta [pliegue subescapular]) y conserve la masa muscular. (figs. 11.8 y 11.9).

En la figura 11.10 se han resumido los resultados obtenidos hasta ahora en un estudio prospectivo aleatorio, en el grupo de pacientes obesos en los que se comparan dos técnicas restrictivas (GVA frente a BGHS), así como en otro grupo de superobesos mórbidos, tomando la GVA como patrón de referencia con la técnica de Salmon.

Los resultados del primer grupo demuestra que ambas técnicas aportan resultados similares. Aunque en el grupo de la BGHS ha habido un mayor número de complicaciones –muchas por estenosis– lo que induce igualmente a una pérdida real de peso. Conclusión equívoca si sólo se valoran los pará-

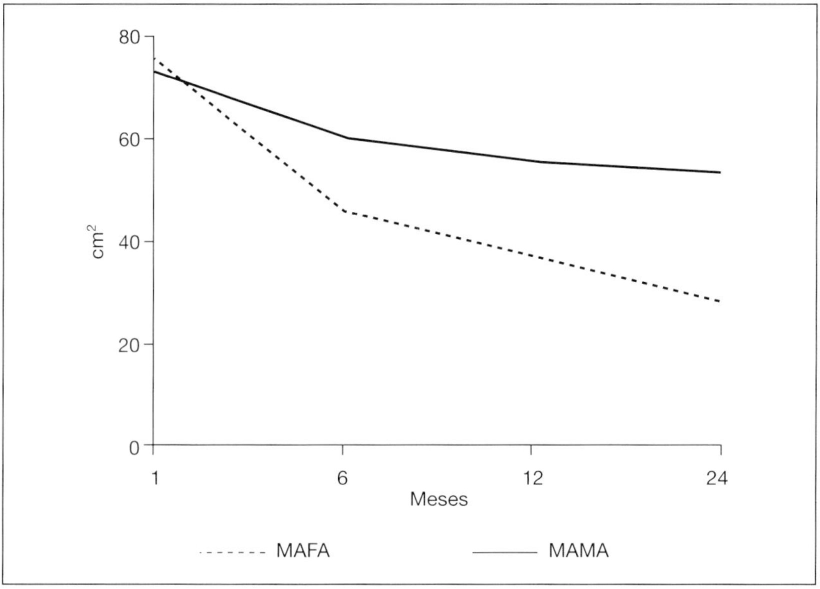

Figura 11.9. Evolución de la masa muscular. Área muscular del brazo (MAMA) y área adiposa (MAFA).

metros antropométricos y no la calidad de vida. En el segundo grupo se demuestra que la técnica de Salmon es más efectiva a largo plazo en este grupo seleccionado de superobesos mórbidos que la GVA convencional; hecho a tener en cuenta, pues nuestro grupo ya ha evidenciado que, aunque la GVA consigue una pérdida de peso, en los superobesos mórbidos no es suficiente en casos extremos.

Complicaciones y medidas de valoración global de los resultados a largo plazo

Desde que Alden en 1977 introdujo la aplicación de las máquinas de autosutura en cirugía bariátrica, el número de diseños bariátricos se ha incrementado, aunque también el de las complicaciones y fallos en su principio teleológico. Posteriormente, autores como Griffen modificaron el cortocircuito gástrico y se introdujo el asa en Y de Roux derivativa, con bipartición y gastroenteroanastomosis, reconvirtiéndose en 1978 hasta el definitivo diseño actual de cortocircuito horizontal. La gastroplastia vertical demuestra que no es necesario un cortocircuito gástrico y que lo más importante es un reservorio pequeño y adecuado, con una salida estable y acertada.

Obesidad severa

Grupo global
V/M

160 GVA
10 BGHS
12 Salmon

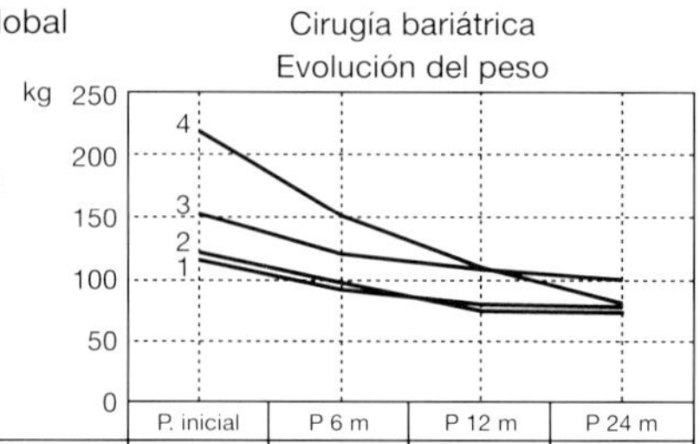

		P. inicial	P 6 m	P 12 m	P 24 m
1	OM: GVA —	114,7	91,5	79,6	76,5
2	OM: BGHS —	120	95	75,5	75,7
3	SOM: GVA —	152,2	120	107,2	100
4	SOM: Salmon —	220	150	110	78,3

A: 162,3 (OM: GVA) VS 164 (BGSH) VS 162,8 (SOM: GVA) VS 172 (Salmon)

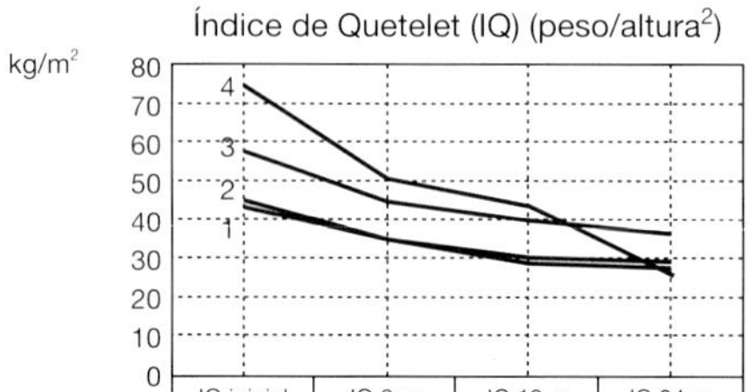

		IQ inicial	IQ 6 m	IQ 12 m	IQ 24 m
1	OM: GVA —	43,5	34,8	30,8	29,5
2	OM: BGHS —	44,7	35,4	30,3	30,1
3	SOM: GVA —	57,4	45,3	40,2	36,5
4	SOM: Salmon —	74,5	50,8	44	28,5

Cirugía bariátrica

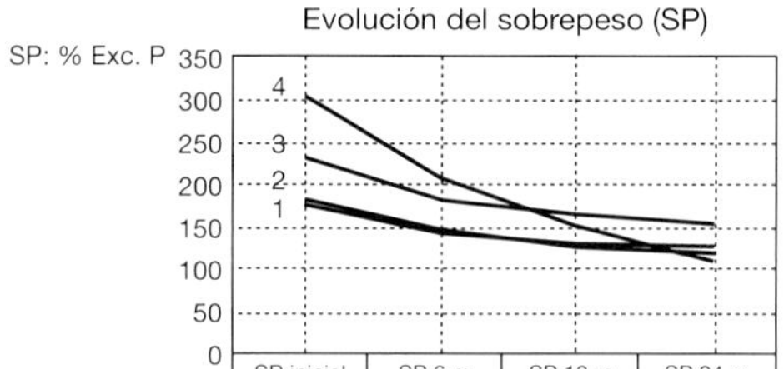

		SP inicial	SP 6 m	SP 12 m	SP 24 m
1	OM: GVA —	178,8	142,9	126,3	120,1
2	OM: BGHS —	184,6	146,1	129,2	121,3
3	SOM: GVA —	233,3	184,6	184,9	153,8
4	SOM: Salmon —	305,5	208,3	152,8	115,3

Cirugía bariátrica

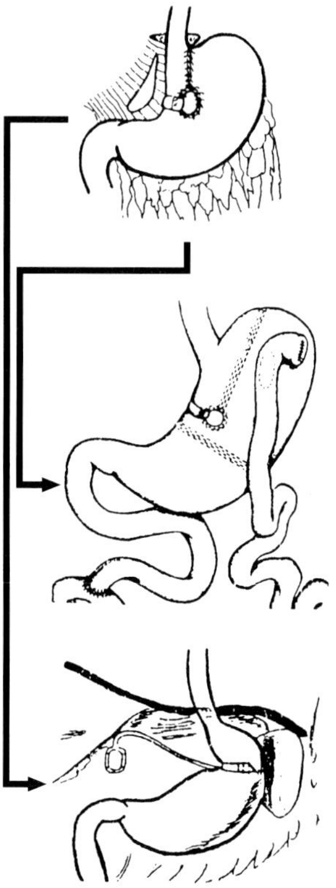

Figura 11.10. *Resultados de un estudio comparativo entre la GVA frente a Salmon en pacientes superobesos mórbidos. Resultados a los 2 años de seguimiento. (Las abreviaturas se encuentran desarrolladas en el texto).*

Durante muchos años, los cirujanos dedicados a esta especialidad han aprendido por qué fallan algunas de estas técnicas, cómo resolver las complicaciones y qué modelos son hoy día más efectivos. Éste es el motivo de que se tengan en cuenta en el momento de resolver las complicaciones o al modificar el modelo original. En España, en agosto de 1993, en una reunión de especialistas en cirugía bariátrica (Santander, Universidad de verano), se contabilizaron aproximadamente un total de unas 700 GVA (un 15% con anillo simple), unos 50 cortocircuitos gástricos en Y de Roux (CGYR), 10 bandeletas gástricas ajustables y 4 técnicas de Salmon. Actualmente el número es mucho mayor pues en aquel momento sólo se tuvieron en cuenta las series de los grandes grupos.

En la mayoría de las series, se publica el éxito de la intervención (evolución del peso), pero pocas veces se menciona el número real de complicaciones. Muchas no son fallos del diseño, si no técnico, pues, como en la serie de los autores, un 10% de fallos de sutura vertical que invalidaban la GVA han sido resueltos de una forma precoz y, por consiguiente, el paciente sigue en la serie.

En cirugía, hablar de complicaciones es referirse muchas veces a las reintervenciones y, por este motivo, se ha creído oportuno destacar un apartado de complicaciones y cirugía de reconversión.

No existen criterios estándar para juzgar realmente el éxito o el fracaso de un determinado paciente intervenido. Se acepta que una reducción ponderal del individuo que alcance el 50% de su peso ideal es correcta, pues en este nivel se solventan muchos de los problemas relacionados con la obesidad severa.

Reintervenciones, indicaciones, eficacia y resultados a largo plazo

Sea cual sea el tipo de diseño bariátrico, si el paciente tiene una complicación y no se controla de forma inmediata (problema malabsortivo severo al YRBP o cuadro crónico de vómitos como en la GVA), se pueden observar déficit de hierro, folatos, vitaminas (B_{12}, tiamina) u oligoelementos (selenio, cromo, cinc). Si no se asumen y resuelven, el enfermo puede desarrollar cuadros de polimialgias, polineuropatías o dermatitis periorificial. Las complicaciones existen en todas las series y la mayoría pueden ser resueltas de una forma determinada, en un breve período de tiempo desde su diagnóstico. La mortalidad global aproximada en todas es más alta de la que actualmente se observa con las nuevas técnicas, que se sitúa alrededor del 1%, con una morbilidad de un 15%. El problema más grande de un paciente obeso se centra en el riesgo anestésico, sobre todo debido a hipoventilación y la hipoxemia consecuente, con el riesgo de complicaciones pulmonares. Este hecho también influyó en los resultados iniciales, pues no existía la experiencia ni los medios actuales de monitorització peroperatoria. También se encontraron con una serie de problemas mecánicos que en la mayoría de las series con experiencia se han minimizado al tratarse de un tipo de cirugía muy estandarizada y que se lleva a cabo utilizando instrumentos de sutura mecánica que simplifican la intervención y disminuyen el tiempo quirúrgico (una gastroplastia anillada suele durar unos 80-90 minutos). Las complicaciones metabólicas descritas en la literatura médica sobre el tema (neuropatía periférica, encefalopatía de Wernicke, déficit de vitaminas A, E y otras del grupo de la vitamina B, así como de oligoelementos) actualmente casi no existen, porque la mayoría de problemas (estenosis, vómitos persistentes) se resuelven de forma precoz. También existe una alta incidencia de colelitiasis postoperatoria, lo que ha inducido a diversos autores a practicar una colecistectomía de rutina en todos los pacientes. Nuestro grupo actúa de una forma más sistemática. Si no existe patología evidente o ecográfica se realiza un estudio de la bilis intraoperatoria para verificar si existe bilis patológica. Sólo en caso positivo se realiza la colecistectomía.

Los cirujanos difieren algunas veces en el tipo de técnica habitual inicial al tener que intervenir a un paciente obeso severo. La mayoría de los grupos de trabajo utilizan como primera elección la GVA o el cortocircuito gástrico. Todavía es más complejo el momento y la forma y saber cómo actúan ante un paciente en que la intervención primaria ha fallado.

Una cirugía de revisión puede variar desde la corrección de un simple defecto técnico específico –como puede ser un fallo del grapaje en una GVA o CGYR– o bien si existe una bolsa demasiado amplia, un anillo muy estrecho, funcional y orgánico, una inclusión de la bandeleta o el anillo en la GVA, puede aportar una solución funcional y efectiva. También puede suceder que el paciente desarrolle un proceso como un *ulcus* en la anastomosis (CGYR) o bien no tolere la intervención por vómitos (GVA) o presente un problema metabólico. En estos casos se debe actuar realizando una nueva plastia de la GVA, transformar un cortocircuito gástrico en una GVA, o bien reconvertir la técnica existente en otro proceso bariátrico. Éste es el motivo de que se incluya en cualquier protocolo bariátrico un conjunto de técnicas y maniobras que todo grupo de trabajo debe conocer, pues en el caso concreto de una inclusión de la bandeleta, será difícil que se pueda recolocar otro anillo si existe un proceso inflamatorio yuxtaanillar. En la revisión de los 100 primeros casos de nuestra serie se observaron 16 intervenciones en 15 pacientes. En 10 casos se tuvo que regrapar de nuevo la bolsa por existir una comunicación que invalidaba el diseño inicial, pues el paciente ganaba peso de nuevo. Sólo un caso de regrapado vertical ha fallado de nuevo. Otros dos pacientes han presentado una redundancia de pared gástrica intraanillar que realizaba la función de una estenosis funcional y, en otros dos, una inclusión de la banda. En uno de estos casos, se realizó primero la extracción del anillo y, posteriormente, un regrapado más alto mediante un instrumento de sutura circular, aplicado de forma más proximal y medial, así como en los 2 casos en que existía una redundancia intraanillar, y en un paciente en que se reconvirtió a un CGYR verticalizado. En un solo caso se retiró la bandeleta por vómitos debido a una intolerancia psíquica, y es el único paciente excluido de la serie.

Por el momento, siempre que se ha podido, se ha intentado que el paciente siguiera con el diseño inicial, la GVA. Las directrices actuales tras la última revisión en la que se demuestra que los enfermos superobesos mórbidos no siempre alcanzan el peso deseado, también se incluye como motivo de revisión y transformación en una técnica de Salmon aquellos pacientes que, a pesar de pérdidas muy importantes de peso, persisten con su OM y presentan problemas médicos relacionados con su obesidad.

Cada vez más, la experiencia de un grupo hace que las complicaciones técnicas se minimicen (efectividad y baja morbilidad). La técnica elegida se adapta a cada paciente y con ello se evita una reintervención que, aunque parezca que cada acto de revisión/conversión pueda desarrollar más problemas en el postoperatorio, no se ha observado en nuestra serie. La mortalidad en el grupo de pacientes reintervenidos ha sido de un 0% y sólo ha existido un absceso de pared y un seroma importante.

La evolución natural y la curva de aprendizaje de esta subespecialidad se observa en cualquier serie que se revisa. La experiencia de un cirujano bariátrico implica saber adaptar maniobras que reduzcan el número de fallos de la sutura vertical (sutura de refuerzo vertical), bolsas gástricas demasiado amplias o anillos desajustados. En la mayoría de los casos se intenta que el diámetro de salida sea de 1 cm, reforzado con un material adecuado.

Aunque la morbimortalidad no es excesivamente más elevada en las reoperaciones, si el grupo posee la suficiente experiencia, no implica que se deba escoger como técnica primaria la más idónea para el paciente. Si a pesar de esto se precisa una revisión o una reconversión, es imprescindible un diseño previo de la técnica a realizar con todas sus posibilidades. En el caso de que el paciente pertenezca a una pequeña cohorte de sujetos en los que por una mala adaptación de sus hábitos alimentarios, bien sea porque son comedores continuos (picadores) o comen de forma continua hidratos de carbono (pastorean) (comidas de 300 kcal en forma de hidratos de carbono más de tres veces por semana), con su técnica bariátrica restrictiva intacta, en estos casos no se beneficiarán de una simple revisión y, por consiguiente, tras un intento conservador, como puede ser un período de reeducación dietética y psicológica de sus malos hábitos alimentarios, se les debe proponer una técnica parcialmente malabsortiva; esto es, una conversión de la GVA en un CGYR, tipo Torres-Oca, con un refuerzo mediante fascia de la gastroenteroanastomosis.

Los resultados de la cirugía bariátrica en aquellos pacientes en que el diseño funciona correctamente son espectaculares. Posiblemente, por el momento, es imposible elucidar el porcentaje de éxitos y la duración de estos efectos a largo plazo, y si realmente influirán en el curso de estos pacientes. Sin embargo, en la actualidad, los resultados son excelentes y aportan una solución a ese grupo de pacientes, rebeldes a cualquier tratamiento convencional.

Técnicas de reconversión

Cambio de técnica quirúrgica de una YRBG o CCG a una GVA

La mayoría de las técnicas reductoras gástricas previas a la innovadora GVA se realizaron mediante una transección gástrica horizontal. Lo mismo que en el CGYR, cuando se debe reintervenir, bien sea por un problema técnico (fallo del grapado), clínico (inefectividad de pérdida de peso) o metabólico, los autores son partidarios de transformarlos en una GVA. Es importante que la nueva anastomosis gastro-gástrica sea amplia y efectiva en el remanente gástrico para evitar obstrucciones, así como minuciosa en el neorreservorio. La intervención es fácil pero requiere una particular atención en no lesionar órganos vecinos (reintervención) y preservar la circulación gástrica ante el riesgo de necrosis de la bolsa. La GVA es la técnica más conocida en nuestro medio, es efectiva y evita áreas digestivas inaccesibles para posteriores exploraciones.

De una GVA a la técnica de Torres-Oca o CCG-YRGB

En aquellos casos en que exista una estenosis orgánica del anillo, o bien que el paciente no tolere la GVA (vómitos), se puede transformar en un cortocircuito gástrico vertical, cerrando el neorreservorio mediante una máquina de autosutura longitudinal y drenándolo mediante una Y de Roux, tal como la describieron los autores (Torres-Oca). Actualmente, se aconseja que cualquier derivación gástrica quede reforzada mediante una banda extraída de la propia aponeurosis, para asegurar el paso de salida.

Cirugía bariátrica por vía laparoscópica

Desde el momento en que se realizó la primera cirugía laparoscópica para extraer una vesícula biliar, posiblemente la mayoría de los cirujanos bariátricos intuyeron un futuro prometedor en su aplicación en este tipo de pacientes, cuyo mayor riesgo es la propia cirugía, con una incidencia de eventraciones y dificultades técnicas por todos ellos conocidas. Han transcurrido tan sólo 5 años de experiencia y ya existen varios grupos de trabajo que han realizado series quirúrgicas en OM, utilizando sobre todo dos técnicas: *a)* la GVA según técnica de Mason adaptada por vía laparoscópica, y *b)* la técnica de Kuzmak (bandeleta gástrica hinchable de silicona con reservorio).

La GVA tiene dificultades técnicas en cuanto a la disponibilidad de instrumentos laparoscópicos para grapar verticalmente el estómago; aunque muchos autores utilizan dos intrumentos de sutura longitudinal, con división completa del reservorio y cámara gástrica. Su complicación más importante sigue siendo el desgrapado vertical y en este nuevo tipo de acceso es difícil asegurar que no se lesione la pared gástrica al despegarla del ligamento gastrohepático, así como no lesionar el ángulo de Hiss al intentar colocar de una forma dificultosa el instrumento, con el fin de tener una seguridad completa de grapado y evitar futuras comunicaciones gastro-gástricas.

La técnica de Kuzmac se basa en el mismo principio que este autor describió para ser realizada por laparotomía. En este diseño bariátrico, la casa comercial que confecciona el sistema (Lap-Band, Inamed®) se ha asegurado de confeccionar todo un amplio instrumental que facilita la colocación de la banda. Por su aspecto técnico parece ser menos invasiva y, en principio, ser la más eficaz como técnica restrictiva por vía laparoscópica. En 1995 Belachew publicó en la revista *Obesity Surgery* uno de los primeros trabajos aplicando esta técnica, moderna e innovadora, en una corta serie de 37 pacientes. En la mayoría de los casos se intenta que el reservorio mida unos 25 ml y la banda de silicona posee un reservorio que se coloca subcutáneamente para manipulaciones posteriores. Aunque lo cierto es que casi todos los cirujanos la colocan deshinchada y luego la adaptan en función del resultado y necesidades.

Aspectos técnicos de la banda hinchable por vía laparoscópica (fig. 11.11)

En cuanto a la adecuada posición del paciente, se aconseja que esté en decúbito supino con las piernas en abducción y unos 30º anti-Trendelenburg. El cirujano se coloca entre las piernas del sujeto y los ayudantes se sitúan uno a cada lado.

El abdomen se insufla –una vez colocada la aguja de Verres en la zona periumbilical según preferencias o bien bajo visión directa– hasta una presión abdominal de 15 mmHg.

En la mayoría de los casos se necesitan 5 trócares:

– 10 mm para la óptica en una zona entre xifoombligo (2/3-1/3).

– 10 mm para introducir el retractor hepático en la zona subxifoidea.

– 10 mm, en el lado derecho, para introducir pinzas y el sistema de Lap-Band al final.

– 5 mm, en el lado izquierdo, para manejar el asa de cauterio, suturas y tracción.

– 10 mm, en el lado izquierdo en la línea axilar anterior, en la zona subcostal, para aplicar los Endo-Babcock (1º) y al final, introducir el trocar de 18 mm para facilitar la colocación de la banda y el reservorio.

Los pasos técnicos más importantes son los siguientes:

– Exposición y revisión del abdomen e hiato.

– Disección del ligamento gastrohepático, insuflar el balón de 25 ml intragástrico en la zona cardial.

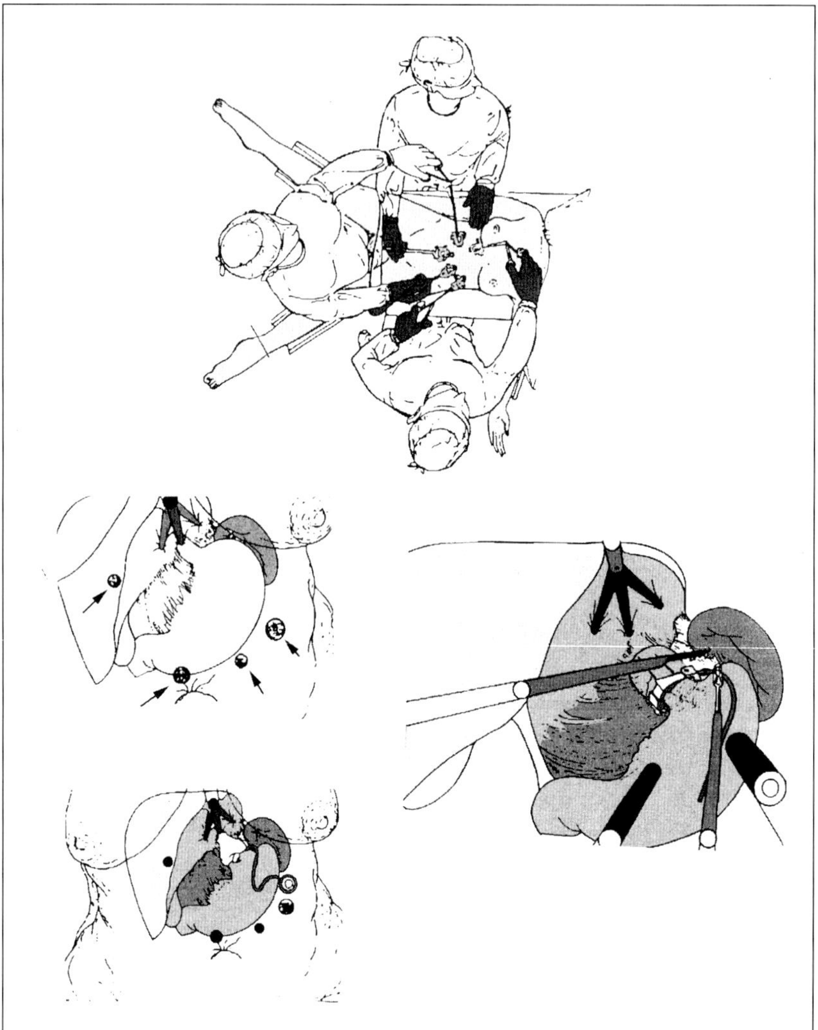

Figura 11.11. *Técnica laparoscópica en cirugía bariátrica. Bandeleta gástrica hinchable de silicona.*

– Disección de la pequeña curvatura gástrica hasta 2 cm del cardias, muy cerca de la pared, preservando el nervio de Laterjet. Realizar una ventana en el ligamento gastrohepático y reconocer la pared gástrica posterior, confeccionando un túnel del tamaño de la banda, siendo cuidadoso en que no se puedan provocar deslizamientos.

– Disección del ligamento frenogástrico realizando una tracción caudal del estómago, tensión del ligamento frenogástrico y confeccionar una ventana.

– Colocar la banda perigástrica así como la sonda y el balón intragástrico para calibrar.

– Trocar de 18 mm: Lap-Band (Inamed®) (Bioenterics ™) *(adjustable gastric banding system).*

– Cerrar hasta conseguir una presión deseada medible con un gastrostenómetro que ya aporta el mismo sistema. La cuarta luz corresponde a un diámetro de 12 mm. Lo deseable es que se coloque con 2-4 ml de SSF ya dentro del balón.

– Estabilización de la banda mediante sutura seroserosa para evitar deslizamientos, procurando que también se efectúen en la pared posterior.

– Colocación del reservorio al sistema y subcutáneo.

Resultados de la banda laparoscópica

En la mayoría de los autores el tiempo medio en la realización de esta técnica ha seguido una curva de aprendizaje evidente. Actualmente se sitúa en los 90 minutos. Al no existir suturas ni anastomosis, el paciente puede ingerir de forma precoz, beneficiándose también de las ventajas intrínsecas de la vía laparoscópica, por todos conocidas. La radiología de comprobación siempre es obligada y, en ese momento, así como dentro de los primeros 2 meses, se tiene que adaptar el calibre al resultado restrictivo deseado.

Las curvas de pérdidas de peso son superponibles a los de la GVA convencional. No queda tan claro si la calidad de vida de estos pacientes (vómitos excesivos, deslizamientos de la banda, inclusiones) puede ser tan favorables a los 5 años. Se tienen que esperar series prospectivas con resultados fiables. No sirve dejarse llevar por la popularidad y la innovación, intentar realizar de forma precoz una serie ni trabajar conjuntamente en un programa interdisciplinario, puesto que éstas son las causas que pueden hacer fracasar esta modalidad y perder lo novedoso –así como lo esencial– de este principio bariátrico que, por su diseño, parece futurista.

Nuestra experiencia personal con la banda hinchable de silicona se resume en 10 pacientes que fueron motivo de un trabajo prospectivo para valorarla frente al patrón estándar (la GVA), y en los que se practicaron estas dos técnicas mediante laparotomía convencional. Los resultados fueron publicados en *Cirugía Española* (Alastrué, 1996). Hasta la actualidad no ha sido introducida esta técnica en nuestra línea de trabajo porque consideramos que no está indicada en superobesos mórbidos (IMC > 50) y, en el resto de obesos, otras técnicas (GVA, Torres-Oca) han demostrado buenos resultados con tiempos operatorios de 50 minutos de promedio (GVA, vagotomía, colecistectomía). En cuanto a los aspectos económicos, el precio de la banda Lap-

Band es equiparable a los 2-3 días de estancia hospitalaria que se añaden con el empleo de la GVA convencional.

Definición de fracaso en un tratamiento quirúrgico bariátrico

En casi todos los trabajos existen fallos técnicos en el tratamiento quirúrgico de la OM. La mayoría valoran los resultados de forma global sin tener en cuenta este factor. En algunos se concluye que la técnica no es efectiva y, en otros, por el contrario, es muy efectiva si el diseño es el adecuado a pesar de que en algunos casos es obligada una reintervención. En los estudios más rigurosos, su minuciosidad en el seguimiento les permite demostrar la correlación entre el fracaso técnico y el fallo del diseño bariátrico.

Difícilmente se pueden valorar los resultados si no se enumeran cada uno de los problemas técnicos que han ocurrido y no se han resuelto, como pueden ser: *a)* el fallo del grapado vertical con repermeabilización del neorreservorio en la GVA que en algunas series alcanza el 48% y un 20% en la presente serie; *b)* la inclusión de la bandeleta; *c)* la redundancia de la pared gástrica intraanillar; *d)* un neorreservorio demasiado grande, y *e)* el anillo de un diámetro inadecuado. Aunque naturalmente no siempre estos problemas técnicos hacen fracasar el diseño bariátrico, como se ha podido observar en un 50% de los pacientes de la presente serie con un mínimo fallo del grapado vertical, efecto que también se confirma en la revisión que MacLean et al realizan a largo plazo.

El hecho que el paciente estabilice su peso no siempre se debe a un problema en el concepto técnico. Algunos autores lo relacionan con una dilatación del neorreservorio, pero este fenómeno realmente también acontece incluso en aquellos que alcanzan un peso dentro del 25% de su peso ideal. La capacidad del neorreservorio oscila entre 20 y 25 ml. A largo plazo, adopta una disposición homogénea con un mayor volumen (70-100 ml) o una imagen en «cacahuete». Los fallos del grapado vertical se manifiestan clínicamente porque el paciente puede ingerir más fácilmente, aunque en muchos casos, si el seguimiento ha sido el adecuado, ya tiene que haber sido diagnosticado radiológicamente (control radiológico cada 6 meses). Su etiología se desconoce y puede ser multivariada aunque, a juicio de los autores, los dos factores principales son: *a)* en muchos casos, la máquina de autosutura, debido al espesor gástrico y por el hecho de que deja sobresalir parte del estómago por encima de la hilera de grapas, no sutura correctamente toda la línea vertical, dejando una mínima comunicación alta, y *b)* el grosor de las dos paredes gástricas supera el espesor de la grapa (4,8 mm) y, aunque se consiga su cierre, la tensión sumada al efecto isquemiante permite la repermeabilización o el fallo precoz –que en la mayoría de estos casos se sitúa en la zona media o baja de la línea del grapado vertical–. Actualmente, estamos realizando otra sutura manual de refuerzo, transfixiante y continua con un material no reabsorbible (polipropileno) una vez finalizada la sutura vertical con un instrumento longitudinal (ISL: TEA-B 90, 4 grapas). De esta forma, se ha podido comprobar que, por el momento (un año de seguimiento: 15 casos), no ha habido ningún problema de repermeabilización.

Argumentar que el fracaso de una técnica quirúrgica se debe a que el paciente cambia sus hábitos alimentarios de nuevo y que ingiere mayor cantidad de comida enriquecida en contenido calórico –la mayoría de las veces en forma de líquidos o comida semisólida– debería ser tenida en cuenta, pues en todos los casos la ingesta podría ser ilimitada. Esta causa, que para algunos autores sería la más importante, no es un fracaso propiamente de la técnica sino más bien del equipo que controla y ha seleccionado al paciente.

Otro posible agente etiológico podría ser debido a que el enfermo, aunque tiene el mismo apetito, disminuye su dintel de saciedad. La explicación a este fenómeno podría ser demostrada si se cuantificaran las concentraciones de determinadas hormonas (colecistocinina, bombesina, serotonina u otras), causantes teóricas de la saciedad, y se correlacionaran con el tamaño y el poder de contracción de la bolsa gástrica que a su vez repercute en un vaciamiento más rápido.

Posiblemente, si todos los factores convergen en un paciente, el resultado final no será el deseado. Por todo esto, la selección de una determinada técnica bariátrica debe ser tenida muchas veces en cuenta al programar cualquier intervención. La GVA consigue pérdidas excelentes de peso si el diseño es el adecuado. En casos seleccionados se debe aplicar una técnica restrictiva y, en otros, estará más indicado sumarla a una parcialmente malabsortiva (técnica de Torres-Oca o de Salmon).

Un mal resultado en un determinado diseño debe ser atribuido hoy día a una incorrecta selección del paciente o del propio principio bariátrico y, finalmente, a un problema técnico. En casos particulares, descartada esta última posibilidad, debe consultarse al servicio de dietética y al psicólogo clínico del grupo de indicación y seguimiento, pues en estos casos puede resolverse una mala evolución o un defecto en la información-educación del paciente. Una vez más, se resalta la necesidad de tener un equipo informado y motivado por el tema que enseñe a cada paciente a «utilizar» el diseño bariátrico que se ha creado para él.

Aspectos psicológicos. La mayoría de las pruebas realizadas a los obesos, OM y sujetos normales concluyen en unos resultados parecidos. Naturalmente, al hacer esta afirmación, la mayoría de los autores se refieren a los pacientes obesos incluidos en un programa bariátrico y, por consiguiente, se han descartado aquellos que presentan contraindicaciones absolutas como son: alcoholismo, psicosis, retraso mental, bulimia nerviosa grave o un entorno familiar o social no favorable que, con toda seguridad, presentarían problemas en los controles postoperatorios.

En la mayoría de casos, los trastornos afectivos reactivos (ansiedad-depresión) que los pacientes evidencian antes de la intervención quirúrgica mejoran notablemente en el primer trimestre del período postoperatorio, que coincide con una rápida pérdida ponderal, y se mantienen dentro de unos valores normales a largo plazo según los datos de referencia de la misma población en estudio (como también ha sido observado por otros especialistas en el tema).

En anteriores revisiones nuestro grupo de trabajo ha expuesto la extensa y completa batería de tests y retests, así como las características de la entrevista personal que se realiza a cada paciente, en la selección, a los 3 meses y en cada control anual. Por el momento es difícil determinar el tipo de exploración más útil y simple en la valoración inicial y a largo plazo. En caso de identificar un «perfil» determinado de paciente que pueda hacer fracasar de una forma significativa una determinada técnica, sería conveniente su exclusión de un programa bariátrico. Actualmente, es difícil correlacionar un problema técnico con un tipo determinado de personalidad y todavía es más complicado prever qué paciente puede desarrollar una bulimia yatrogénica secundaria al diseño bariátrico (1%).

Queda mucho por investigar y éste es uno de los motivos importantes que incitan a recopilar mucha información, tanto en la entrevista semiestructurada como en la evolución de las conductas alimentarias.

Posiblemente, el éxito de la intervención o del propio programa bariátrico será proporcional a la forma cómo el paciente «aprende a utilizar correctamente» el tipo de intervención que se le ha efectuado.

Un diseño bariátrico restrictivo (GVA, bandeleta gástrica ajustable), desde el punto de vista de una técnica de modificación de conducta, funciona como una terapia aversiva (náuseas, vómitos, molestias) en una conducta adictiva. Su principal objetivo se centra en suprimir y cambiar unos hábitos alimentarios inadecuados. Actualmente, este tipo de intervenciones pueden ser indicadas en un paciente OM debidamente seleccionado.

Consentimiento informado: justificación en un protocolo

Desde siempre, el médico había actuado siguiendo un solo parámetro de decisión: el de la beneficencia, entendida como dedicación al bien de su enfermo, que sólo él (poseedor de la ciencia) conocía y que, por lo tanto, podía y debía imponer. Un buen médico debía saber persuadir con autoridad, y el buen enfermo lo aceptaba dócilmente. Por varios motivos esto ha cambiado mucho últimamente con la imposición en Sanidad (lo mismo que en otras esferas de la vida social) de la autonomía individual como valor fundamental coexistente. En los países occidentales (también España) se ha concretado en los Derechos del Enfermo y del Usuario. De éstos, el más evidente es el derecho *prima facie* al consentimiento informado por el que el enfermo tiene el derecho a una información clara y suficiente y a poder decidir después, sobre esta base, si acepta o no lo que se le propone. Los límites de este derecho pueden ser discutidos cuando el peligro de vida es inminente y/o la autonomía está mediatizada; pero en el caso de la OM estamos, por el contrario, ante una entidad nosológica que, al estar en los límites de la cirugía terapéutica/estética, debe cumplir sus requisitos de forma muy escrupulosa.

La cirugía bariátrica tiene una justificación científica nítida en la prevención de patología probable, y en lo que supone de ayuda (insustituible por ahora en estos casos) para abandonar un nivel de salud (con una calidad de vida objetiva y subjetiva) claramente insuficiente. Pero sólo tiene una justificación ética si además el enfermo es consciente de la aceptación del tratamiento después de conocer muy bien la realidad concreta de su balanza de riesgos/beneficios, y si manifiesta su voluntad en colaborar antes y después (!) en la preservación de la nueva condición a la que accederá a costa de abandonar hábitos apetecibles y adquirir nuevos servilismos. El cirujano debe explicitar lo mejor posible las consecuencias del tratamiento y cimentar una corresponsabilización en la valoración realista de la mejor calidad de vida deseada, que evidentemente nunca será absoluta ni fácil de mantener.

Es necesario que el consentimiento informado conste por escrito, pero nunca este paso legal necesario (Ley de Sanidad, art. 10) puede ser considerado suficiente por sí solo. La información debe ser muy completa, paciente e individualizada. Para medir su eficacia lo mejor es ver hasta qué punto el enfermo es capaz de responder después a un cuestionario sobre indicaciones, técnica propuesta, resultados esperados, complicaciones posibles y dieta, hábitos o problemas posteriores. Esta prueba podrá hacer replantear la indicación y, con la ayuda del equipo de apoyo psicológico, intentar una mayor adecuación de las expectativas a la realidad.

En definitiva, en la cirugía bariátrica deben conocerse y tenerse muy en cuenta las implicaciones ético-legales que comporta su finalidad no sólo terapéutica y el derecho del enfermo a un consentimiento informado que sea verdaderamente correcto.

Costes económicos de la cirugía bariátrica

Existen millones de individuos obesos. Basta recordar que unos 12,5 millones de personas en Estados Unidos tienen un importante sobrepeso y de éstos, unos 4 millones son portadores de una obesidad severa. La obesidad es el mayor factor de riesgo para muchas enfermedades crónicas, sobre todo cardiovasculares y la diabetes. Si a esto se le suma que el sobrepeso y la obesidad exacerban otras enfermedades crónicas como la hipertensión y los procesos osteoarticulares, se comprenderá que es muy difícil reconocer realmente qué coste-beneficio le corresponde a la mejoría del peso corporal en la evolución de un proceso. Una tercera parte de los obesos son mórbidos, no todos tributarios a cirugía pero sí con un riesgo de padecer una incapacidad parcial, una enfermedad o una muerte prematura. Los costes económicos implicados en la obesidad tienen un importante papel en cualquier decisión de una política sanitaria, ya sea en cuanto a profilaxis o tratamiento. Cualquier análisis de prevalencia debe enfocar sus perspectivas en la incidencia o costes atribuibles reales, directos (salud, hospitalización, medicamentos) e indirectos (productividad, bajas laborales) de un sujeto obeso. Realmente, el único estudio económico de la obesidad ha sido realido por Colditz (1992) que concluye que cerca del 5,5% del gasto sanitario en Estados Unidos se puede inferir a la obesidad. Cifra que alcanza el 8% cuando se suman las enfermedades musculosqueléticas. Los costes del tratamiento quirúrgico de la obesidad severa sólo serán evaluados cuando se compruebe su influencia directa en la salud en general y en la calidad de vida. Parámetros que han sido confirmados por Brolin en una reciente revisión en la que concluye que sólo la cirugía bariátrica es capaz de interferir en el curso de estos pacientes, pues el resto de tratamientos fracasan en casi el 100% de los casos. En 1988, Yates estimaba que una intervención quirúrgica y su seguimiento, como es el CGYR costaba unos 10.813 dólares. A estas cifras deben sumarse los costes indirectos de la mortalidad de un individuo (el 0,1% en la mayoría de las series) y reducir dicho balance con los beneficios aportados de forma inmediata y directa en la mejoría de la función cardíaca, respiratoria (SAS), perfiles lipídicos, tolerancia a la glucosa y medicación habitual por problemas osteoarticulares. En resumen, se trata de costes positivos si, además, se le suman los efectos psicosociales y de calidad real de vida que consiguen estos individuos cuando se obtiene una pérdida efectiva y permanente de peso corporal. Si al mismo tiempo se considera que las técnicas actuales y los medios son más efectivos, así como la experiencia alcanzada y la mejor selección (clínica y psicológica), se puede inferir que los buenos resultados deben ir en aumento.

Comentario final

Los resultados obtenidos con la cirugía bariátrica son ya incuestionables, pues tanto la diabetes como la hipertensión, la insuficiencia respiratoria o los problemas osteoartrósicos mejoran con la pérdida de peso y se mantienen a los 5 años. La supervivencia esperada será la misma que la de un individuo normal. Cada técnica es un «proyecto» y el paciente debe «aprender» su mecanismo y funcionamiento. El problema se centra en adecuar la técnica a cada paciente y comprender la fisiología del diseño bariátrico para que el enfermo lo utilice.

Cuando se realiza una técnica restrictiva, no se intenta estimular una aversión alimentaria ni que el sujeto tenga que provocarse el vómito en cada comida. En casi todos los casos, con el tiempo, pueden comer todo tipo de alimentos, si seleccionan el tipo y la forma, si prestan especial atención a la función de triturado y al tiempo que invierten en cada comida, que por término medio obligado debe ser de 30-40 minutos.

La mayoría de las técnicas restrictivas inducen una saciedad, que es lo que por principio teleológico se desea. Los pacientes intervenidos pierden peso rápidamente con la inmediata deprivación de la ingesta calórica. Sin embargo, también pueden modificar sus hábitos y dirigirlos hacia una exclusiva ingesta de líquidos concentrados de alto contenido calórico o bien provocarse el vómito y comer reiteradamente (bulimia yatrogénica). Éste es uno de los motivos de una selección adecuada del paciente en el período preoperatorio y en la elaborada información-supervisión en cada momento del seguimiento.

Las recientes recomendaciones del NIH (National Institute of Health) americano referente a la obesidad severa son concluyentes. Aconsejan iniciar siempre un tratamiento no quirúrgico supervisado por «un equipo integrado» en el que la dieta, el ejercicio y la modificación de la conducta alimentaria, así como el adecuado apoyo, sean las bases de un tratamiento consensuado. Consideran la cirugía bariátrica restrictiva en pacientes seleccionados con un riesgo aceptado. Incluso la indican como técnica de primera elección, sin esperar los teóricos 5 años de obesidad y fracasos, que hasta hace poco tiempo se exigían en los criterios de inclusión. La intervención debe ser realizada por un grupo de cirujanos y anestesistas con experiencia que valoren la técnica más apropiada en cada caso y estén habituados a resolver las complicaciones. El control postoperatorio se debe llevar a cabo por el equipo quirúrgico y radiológico, así como por el médico o endocrino que la ha indicado y por un psicólogo experimentado en el seguimiento o en cualquier trastorno que pueda presentarse.

La cirugía bariátrica puede ser considerada la técnica a realizar desde el inicio de un protocolo en un obeso severo si éste está informado y motivado y reúne los tres principios básicos sobre los que cualquier tratamiento de la obesidad debe apoyarse:

1. El paciente ingiere menos energía que la que precisa en relación a su masa corporal.

2. A largo plazo, presenta un estado nutricional correcto.

3. El paciente va aceptando de una forma evolutiva sus nuevos hábitos hasta un punto en que ya los asimila de forma definitiva.

Esta reeducación no innata precisa una estricta supervisión que debe ser desarrollada por un equipo interdisciplinario de tratamiento de la obesidad severa.

Una intervención bariátrica ha de ser realizada con seguridad. Los costes han de ser evaluados en su totalidad ya que, aunque todo parezca que una intervención es económicamente más cara, en un alto porcentaje de casos se resuelve de forma definitiva un proceso (la obesidad), una enfermedad (morbilidad: hipertensión, diabetes, artropatía, hiperlipimias, etc.) y unos problemas psicosociales que, a largo plazo y, con toda seguridad, supone un beneficio global para el individuo y la sociedad. Naturalmente, la efectividad de un proceso depende de la valoración individual, de la forma cómo se realiza y del equipo de control. La cirugía bariátrica es una excelente alternativa y una solución para un grupo determinado de pacientes en los que no se obtienen resultados con cualquier tratamiento médico.

Conclusiones de una experiencia en cirugía bariátrica. Grupo interdisciplinario de tratamiento de la obesidad. Hospital Universitario «Germans Trias i Pujol». Badalona

La obesidad disminuye la longevidad e incrementa el riesgo de enfermedades cardiovasculares, diabetes, hipertensión, cáncer hormonodependiente y una innumerable lista de trastornos osteoarticulares. No es un intento de categorizar, pero es un hecho indiscutible, ya que de una forma extensa y científica ha sido demostrado en la literatura médica sobre el tema que la pérdida de peso, fundamentalmente grasa, mejora cualquiera de estos aspectos.

En este punto nos adentramos en un problema ético cuando lo que exigimos de una forma férrea con un tratamiento médico no se corresponde con las actuales posibilidades de conseguir que un paciente pierda peso y no lo recupere.

¿Se puede hacer perder peso a un individuo hasta conseguir una normalidad ponderal? ¿Es correcto este empeño, a expensas de la salud del paciente y en algunos casos de su vida, sin unos resultados válidos? ¿Qué es más estresante para el paciente, su obesidad o intentar ser más delgado?

Si se cierran los ojos y se piensa en la respuesta, muchos de nosotros deberíamos dejar de tratar a todos los obesos. Éste es el motivo de que en este capítulo se intente discernir entre: obesidad y un tratamiento médico/dietético/conductual y, por otra parte, un grupo de obesos mórbidos seleccionados y cirugía bariátrica.

Concluimos diciendo que *no* existe una sola técnica quirúrgica ideal. Por consiguiente, un equipo de profesionales dedicados a este tema está obligado a conocer las posibilidades de los distintos diseños quirúrgicos, la fisiología de cada técnica-respuesta individual, sus indicaciones y contraindicaciones, sus problemas intrínsecos y complicaciones y, sobre todo, conseguir el perfil psicológico del candidato ideal para ser incluido en el programa.

La cirugía no es una respuesta global a un problema sin resolver como es la obesidad. La mayoría de los pacientes obesos que acuden a una unidad especializada ya han seguido algún tratamiento dietético, muchas veces por sí mismos, antes de decidirse a consultar a un especialista. Este momento es muy importante y, por consiguiente, se le deben dar los medios para que de una forma definitiva consiga sus propósitos, que no es más que una normalización de su peso corporal. Para esto, es importante que todos los profesionales dedicados a este tema conozcan las posibilidades de tratamiento, sus éxitos y fracasos, así como a qué grupo de pacientes se puede realizar un tratamiento quirúrgico, una técnica determinada y qué resultados o complicaciones acontecen en el seguimiento a largo plazo.

¿Qué se pretende con un programa de cirugía de la obesidad específicamente dirigido a un grupo seleccionado de pacientes obesos severos? Sencillamente, intentar modificar de forma permanente los hábitos alimentarios del paciente, al mismo tiempo que normaliza su peso corporal. Posiblemente este punto implica de forma inherente que el sujeto adopte un concepto realista de los fines a lograr, nunca una fácil quimera, y que exista una estrecha colaboración entre el equipo multidisciplinario de tratamiento (internista, cirujano, psicólogo, dietista) y el paciente que, en todo momento, antes y después de la intervención, debe estar firmemente motivado.

¿Qué se espera de esta modalidad de tratamiento? La obesidad no es una enfermedad única, por lo que exponer de forma generalizada unas normas de tratamiento no nos parece oportuno, pues consideramos que la obesidad es el resultado de un proceso crónico multifactorial. Los costes y beneficios de una pérdida ponderal están muy bien descritos en múltiples trabajos relacionados con el tema.

La cirugía bariátrica aporta una solución definitiva, eficaz y permanente, en un grupo seleccionado de pacientes. Sus resultados están en función de la correcta indicación y las complicaciones muchas veces guardan relación con la inexperiencia del grupo de trabajo. A medida que se reconozca a qué grupo de pacientes obesos se debe indicar la intervención en un momento determinado de su proceso, los resultados serán más significativos. Es importante precisar que, en estos individuos, la obesidad ha dejado de ser un problema estético y se ha transformado en una auténtica enfermedad, rebelde a cualquier enfoque convencional y, como tal, precisa de un tratamiento adecuado y, si es necesario, quirúrgico.

Agradecimientos

La experiencia que en este capítulo se expone, ha sido posible gracias al trabajo interdisciplinario con otras especialidades de nuestro centro. Por normativa editorial no pueden estar todos representados como cofirmantes del trabajo. Es nuestra obligación expresar nuestro agradecimiento a los distintos servicios del Hospital Universitario «Germans Trias i Pujol» que colaboran con el servicio de Cirugía: Servicio de Radiodiagnóstico (Dr. Casas), Anestesiología y Reanimación (Dres. Canet y Vila), Rehabilitación (Dr. Coll), Dietética (S. Johnson), Cirugía Plástica (Dr. González Mestre y equipo), Bioquímica (Dra. Granada), Endocrino, Digestivo (Dr. Humbert), Servicio de Psiquiatría (Dres. Sánchez Planell y Díez) y a la psicóloga clínica B. Martínez.

Bibliografía general

Alastrué A, Rull M, Formiguera J et al. Cirugía de la obesidad mórbida: Tratamiento quirúrgico (I). Criterios de obesidad, inclusión y valoración preoperatoria. Med Clin (Barc) 1991; 96: 581-589.

Alastrué A, Rull M, Formiguera J et al. Cirugía de la obesidad mórbida (II). Técnicas bariátricas actuales, eficacia e implicaciones legales. Med Clin (Barc) 1991; 96: 624-630.

Alastrué A, Rull M, Formiguera J, Casas D, Salvá JA. Bile peroperative study by direct transhepatic punction of the gallbladder in the vertical banded gastroplasty for morbid obesity. J Clin Nutr Gastroenterol 1990; 5: 107-111.

Alastrué A, Rull M, Casas D, Martínez B, Sánchez Planell L, Salvá JA. Gastroplastia vertical anillada. Experiencia de un grupo multidisciplinario en 65 pacientes. Metodología y técnica quirúrgica. Resultados antropométricos. Cir Esp 1991; 50: 50-58.

Alastrué A, Rull M, Casas D et al. Gastroplastia vertical anillada. Experiencia de un grupo multidisciplinario en 65 pacientes. Complicaciones generales intra y perioperatorias. Cir Esp 1991; 50: 99-105.

Alastrué A, Rull M, Formiguera J et al. Gastroplastia vertical anillada. Experiencia de un grupo multidisciplinario en 65 pacientes. Complicaciones postoperatorias inmediatas y/o técnicas tardías. Cir Esp 1991; 50: 278-284.

Alastrué A, Rull M, Formiguera J, Casas D, Salvá JA. Gastroplastia vertical anillada. Experiencia de un grupo multidisciplinario en 65 pacientes. Complicaciones metabólicas y resultados psicológicos. Cir Esp 1991; 50: 349-357.

Alastrué A, Formiguera J, Rull M et al. Cirugía bariátrica: gastroplastia vertical anillada. Obesidad mórbida y superobesidad. Resultados antropométricos. Complicaciones técnicas y reintervenciones a largo plazo. Endocrinología (Barc) 1992; 38: 365-375.

Alastrué A, Rull M, Formiguera J, Casas D, Fernández Llamazares J, Broggi MA. Obesidad severa; tratamiento quirúrgico en 120 pacientes. Resultados y enfoque prospectivo. Nutr Hospital 1993; 7: 411-423.

Alastrué A, Rull M, Casas D et al. Obesidad mórbida. Reflexiones sobre un protocolo quirúrgico (I). Protocolo clínico y perioperatorio. Nutr Hosp 1995; 6: 307-320.

Alastrué A, Rull M, Formiguera X et al. Obesidad mórbida. Reflexiones sobre un protocolo quirúrgico (II). Experiencia acumulada durante 5 años. Nutr Hosp 1995; 6: 321-330.

Alastrué A, Rull M, Casas D et al. Evaluación de 2 técnicas restrictivas en cirugía bariátrica: gastroplastia vertical anillada frente a bandeleta gástrica hinchable. Valoración a los 2 años. Cir Esp 1996; 60: 181-187.

Alastrué A, Rull M, Broggi MA. Indicaciones de la cirugía bariátrica. Terapéutica en APS. FMC 1996; 3: 122-128.

Alden JF. Gastric and jeujoilenal bypass: a comparison in the treatment of morbid obesity. Arch Surg 1977; 112: 799-803.

Belachew M, Legrand M, Vicent V et al. Laparoscopic Placement of adjustable gastric band in the treatment for morbid obesity: how to do it. Obesity Surg 1995; 5: 66-70.

Belachew M, Jacquet P, Lardinois F, Legrand M. Vertical banded Gastroplaty *vs* adjustable silicone gastric banding in the treatment of morbid obesity: a prelimilinary report. Obesity Surg 1993; 3: 275-278.

Brolin RE, Kenler HA, Gorman RC, Cody RP. The dilemma of outcome asessment after operation for morbid obesity. Surgery 1989; 105: 337-346.

Brolin RE. Critical analysis of results: weight loss and quality of data. Am J Clin Nutr 1992; 55: 577-581.

Broomfield PH, Chopra K, Sheinbann RC. Effects of ursodesoxycholic acid and aspirin on the formation of lithogenic bile and gallstones during loss of weight. N Engl J Med 1988; 319: 1.567-1.572.

Coldizt GA. Economics cost of obesity. Am J Clin Nutr 1992; 55: 503-507.

Chapin BL, LeMar JH, Knodel DH, Carter PL. Secondary hyperparathyroidism following biliopancreatic diversion. Arch Surg 1996; 131: 1.048- 1.053.

Deitel M, Jones BA, Petra I et al. Vertical banded gastroplaty –results in 233 patients. Can J Surg 1986; 29: 322-324.

Eckhout GV, Willbanks OL, Moore JT. Vertical ring gastroplasty for morbid obesity. Five year experience with 1463 patients. Am J Surg 1986; 152: 713-716.

Garrow JS. Treatment of obesity. Lancet 1992; 340: 409-413.

Garrow JS. Should obesity be treated? Treatment is necessary. Br Med J 1994; 309: 654-656.

Gortmaker SL, Must A, Perrin JM, Sobel AM, Dietz WH. Social and economic consequences of overweight in adolescence and young adulthood. N Engl J Med 1993; 329: 1.008-1.012.

Grace DM. Gastric restriction procedures for treating severe obesity. Am J Clin Nutr 1992; 55: 556-559.

Grimm IS, Schindler W, Haluszka O. Steatohepatitis and fatal hepatic failure after biliopancreatic diversion. Am J Gastroenterol 1992; 87: 775-779.

Griffen WO, Young VL, Stevenson CC. A prospective comparison of gastric and jejunoileal bypass procedures for morbid obesity. Ann Surg 1976; 186: 500-506.

Hall JC, Watts JMcK, O' Obrien PE, Walsh J, Elsmshe RG. Gastric surgery for morbid obesity: the Adelaide Study. Ann Surg 1990; 211: 419-427.

Howell LM. Intraoperative gallbladder examination with microscopic bile analysis. Iowa City: Presented at the 2nd Annual meeting of the American Society for Bariatric Surgery, 1985; 59.

Kuzmac LI. Stoma adjustable silicone gastric banding. Surgical Rounds 1991; 1: 19-28.

Kuzmac Ll. Gastric banding. En: Deitel M, editor. Surgery for morbidly obese patient. Filadelfia: Lea & Febiger, 1989; 225-259.

Makarewicz PA, Freeman JB, Burchett H. Vertical banded gastroplasty: assessment of efficacy. Surgery 1985; 98: 700-707.

MacLean LD, Rhode BM, Forse RA. Late results of vertical banded gastroplasty for morbid and super obesity. Surgery 1990; 107: 20-27.

Mason EE, Ito C. Gastric bypass in obesity. Surg Clin North Am 1967; 47: 1.345-1.350.

Mason EE. Vertical banded gastroplasty for obesity. Arch Surg 1982; 177: 701-706.

Mason EE. Morbid obesity: use of vertical banded gastroplasty. Surg Clin North Am 1987; 67: 521-537.

Mason EE, Doherty C, Scott DH, Naher JW, Rodríguez EM. Vertical Banded Gastroplasty (VBG) for treatment of obesity: an eight year review [resumen]. Int J Obes 1989; 13: 595.

Nightengale ML, Sarr MG, Kelly KE, Jensen HD, Palumbo PJ. Prospective evaluation of vertical banded gastroplasty as the primary operation for morbid obesity. Mayo Clin Proc 1991; 66: 773-782.

Owen ERTC, Abraham R Kark AE. Gastroplasty for morbid obesity: technique, complications and results in 60 cases. Br J Surg 1989, 76: 131-135.

Pi-Sunyer X. Health implications of obesity. Am J Clin Nutr 1991; 53: 516-523.

Ravitch MM, Brolin RE. The price of weight loss by jejunoileal shunt. Ann Surg 1979; 190: 382-391.

Rothblum E. I´ll die for the revolution but don´t ask me not to die: feminism and the continuing stigmatization of obesity. En: Fallon P, Katzman M, Wooley S, editores. Feminist perspectives on eating disorders. Nueva York: Guildford Press, 1994; 53-76.

Salmon PA. Gastroplasty with distal gastric bypass: a new and more successful weight loss operation for the morbidly obese. Can J Surg 1988; 31: 111-113.

Saunders RD, Cates JA, Abedin MZ et al. Lovastatin inhibits gallstone formation in the cholesterol-fed prairie dog. Ann Surg 1991; 214: 149-154.

Scopinaro N, Gianetta E, Civalleri D. Two years of clinical experience with biliopancreatic bypass for obesity. Am J Clin Nutr 1980; 33: 506-514.

Scopinaro N, Gianetta E, Adami F et al. Biliopancreatic diversion for obesity at eighteen years. Surg 1996; 119: 261-268.

Schwartz EW, Strodel WE, Simpson WS. Gastric bypass revision: Lessons learned from 920 cases. Surgery 1988; 104: 806-613.

Stunkard AJ, Sorensen TIA. Obesity and socioeconomic status– a complex relation. N Engl J Med 1993; 329: 1.036-1.037.

Sugerman HJ, Starkey JV, Birkenhauer R. A randomized prospective trial of gastric bypass versus vertical banded gastroplasty for morbid obesity and their effects on sweets versus non-sweets eaters. Ann Surg 1987; 205: 613-624.

Task Force of the American Society for Clinical Nutrition. Guidelines for surgery for morbid obesity. Am J Clin Nutr 1985; 42: 904-905.

Torres J Oca C. Gastric bypass lesser curvature with distal Roux-en Y. Bariatric Surgery 1987; 5: 10-15.

Van Itallie TB. Morbid obesity: a hazardous disorder that resist conservative treatment. Am J Clin Nutr 1980; 33: 358-363.

Wattchow DA, Hall JC, Whiting MJ. Prevalence and treatment of gallstones after gastric bypass surgery for morbid obesity. Br Med J 1983; 186: 763-767.

Yale CE. Gastric surgery for morbid obesity: complications and longterm weigth control. Arch Surg 1989; 124: 941-946.
Yale CE. Conversion surgery for morbid obesity: complications and long-term weight control. Surgery 1989; 106: 474-482.
Yates BT. Survey comparison of success, morbidity, mortality, fees and psychological benefits and costs of 3146 patients receiving jejunoileal or gastric bypass. Am J Surg 1988; 155: 720-726.

CAPÍTULO 12

Cirugía plástica y obesidad

V. González Mestre y M. González González

Introducción

En las pérdidas de peso importantes que se logran con dietas o métodos quirúrgicos, se produce una mejoría en la imagen corporal del individuo. A pesar de ello, la aparición de grandes pliegues dermograsos pueden contrarrestar en parte el beneficio psicológico que supone la pérdida ponderal y ser la causa de síntomas y signos como dolor (dorsalgias), irritaciones, infecciones cutáneas, etc., que ocasionan problemas secundarios y obligan a practicar intervenciones quirúrgicas.

Un porcentaje de estos pacientes presentará deformidades localizadas en mamas, abdomen, extremidades, cara y cuello, etc., tributarias de mejoría con las técnicas de que dispone la cirugía plástica. Todas estas intervenciones se realizan bajo anestesia general en la mayoría de casos, con pérdida significativa de sangre, días de hospitalización, etc., y conllevan riesgos superiores a otras técnicas que se llevan a cabo en la cirugía estética.

Cirugía mamaria

El tamaño de la mama está determinado por la cantidad de tejido mamario y adiposo y su forma está condicionada, además, por las características de la piel. Las variaciones del tamaño mamario dependen básicamente del tejido adiposo, siendo menos importante el tejido glandular. Strömbeck ha establecido una correlación promedio de un aumento de 20 g de tamaño de cada mama por cada kilogramo de aumento de peso corporal. Así, la macromastia puede tener un componente hereditario, gravídico o bien estar causada por un aumento de la adiposidad y, por lo tanto, del peso corporal.

Indicaciones

Tras la pérdida ponderal, las deformidades dependerán más del grado de ptosis mamaria y del exceso de piel, que de la macromastia. Por este motivo, la corrección quirúrgica obligará a una resección cutánea, con una reducción variable del tejido mamario.

Además de estas alteraciones en la morfología de la mama, hay una serie de síntomas relacionados directamente con el peso mamario que pueden hacer necesaria la cirugía, como sería la sensación de fatiga y dolor en la cintura escapular, columna dorsal y cervical, molestias y surcos en los hombros (tirantes del sujetador), así como la aparición de lesiones en el pliegue submamario en forma de intertrigo más o menos persistente.

Información preoperatoria a la paciente

La mamoplastia de reducción, mastopexia o dermopexia, debe plantearse cuando la paciente consiga estabilizar su peso, ya que modificaciones importantes del mismo pueden variar bastante el resultado de la intervención.

Se remarcarán aspectos importantes como las cicatrices, que al inicio pueden ser evidentes y estar enrojecidas en algunos casos, requiriendo de un período más o menos largo para mejorar y quedar disimuladas. Otras informaciones a destacar son la sensibilidad de la aréola-pezón, que puede quedar modificada durante semanas o en los meses posteriores a la intervención, así como las posibilidades de lactancia tras la cirugía (un 50% de las pacientes). Debe evitarse el consumo de ácido acetilsalicílico y de antinflamatorios no esteroides durante los 10 días previos y procurar dejar el tabaco al menos 2 semanas antes de la cirugía. Es importante que la paciente tenga un hematócrito y hemoglobina normales, siendo a veces preciso instaurar tratamiento con hierro oral 15 días antes de la intervención.

Este tipo de cirugía se suele realizar bajo anestesia general, siendo la estancia en clínica entre 24-72 horas. En el postoperatorio inmediato la paciente debe seguir unas indicaciones precisas. Durante la primera semana es aconsejable no mover las extremidades superiores (se les dice que actúen como si llevasen termómetros en las axilas). Suelen retirarse puntos a la semana o a los 10 días. Su actividad normal puede iniciarse entre 15 o 20 días después, y la deportiva al mes y medio. Durante el primer año es aconsejable cubrir las cicatrices con maquillaje antisolar.

En la obesidad mórbida, y debido a que se trabaja sobre tejidos mal vascularizados, se instaurará tratamiento antibiótico, iniciándolo durante el tiempo operatorio.

Se realizará un estudio preoperatorio convencional, analítica con pruebas de coagulación, urea y glucemia, radiografía de tórax y electrocardiograma, incluyendo una mamografía previa a la intervención en pacientes mayores de 35 años.

Tratamiento quirúrgico

Las técnicas quirúrgicas dirigidas a la remodelación mamaria pueden esquematizarse en tres tipos: *técnicas de reducción o amputación subtotal con injerto del complejo aréola-pezón (CAP), técnicas de reducción con transposición del CAP* y *técnicas de mastopexia-dermopexia.*

Las más utilizadas en las pacientes obesas son las que detallamos a continuación:

1. Reducción con injerto del CAP

El CAP se escinde como un injerto, se realiza la resección necesaria de piel y tejido mamario, adaptando los bordes de piel y situando el injerto del CAP sobre un área desepitelizada en el vértice del cono.

2. Técnicas de reducción con transposición del CAP

En todas estas técnicas se realiza de forma común un marcaje preoperatorio de las zonas de la mama que serán resecadas, así como la disposición del pedículo que garantizará la viabilidad y supervivencia del CAP. En función del pedículo utilizado, las técnicas (figs. 12.1-12.3) se realizan en:

- colgajos bipediculados:
  - Horizontal (Strömbeck).
  - Vertical (McKissock).
- colgajos monopediculados:
  - Superior (Pitanguy).
  - Inferior (Robbins-Georgiade).

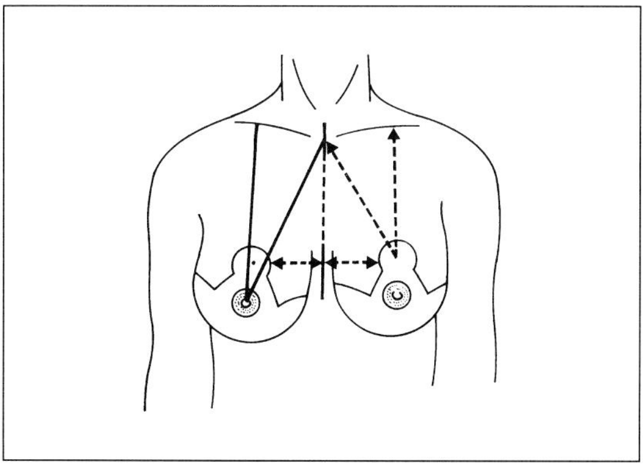

Figura 12.1. *El marcaje se realiza con la paciente sentada o de pie. La inspección de las mamas permite estimar la cantidad de tejido que debe resecarse y la técnica quirúrgica de elección. Se marcan unos puntos de referencia en la horquilla esternal, línea medioclavicular, línea media de la mama y el surco inframamario; la nueva posición del pezón se sitúa a 19-22 cm de la horquilla esternal, lo que equivale a la proyección del surco submamario y también a la zona media del húmero. A continuación se diseña la nueva aréola y la zona cutánea a resecar, ya sea con el patrón de Wise (con distintos ángulos según la configuración de la mama) o mediante puntos de referencia según las diferentes técnicas y autores.*

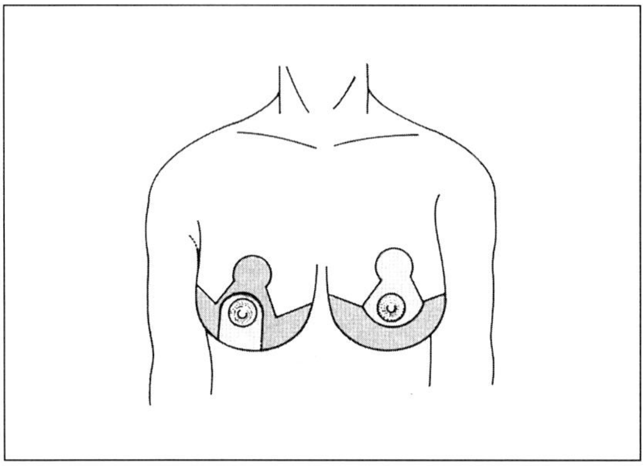

Figura 12.2. *De acuerdo con la técnica de elección se diseña el colgajo dermograso que incluye el complejo aréola-pezón (CAP) (pedículo superior, inferior o bipediculado), así como las zonas de resección de piel, tejido glandular y adiposo (zonas sombreadas). En el caso de realizarse un injerto del CAP, se desepidermiza la zona escogida como nueva ubicación.*

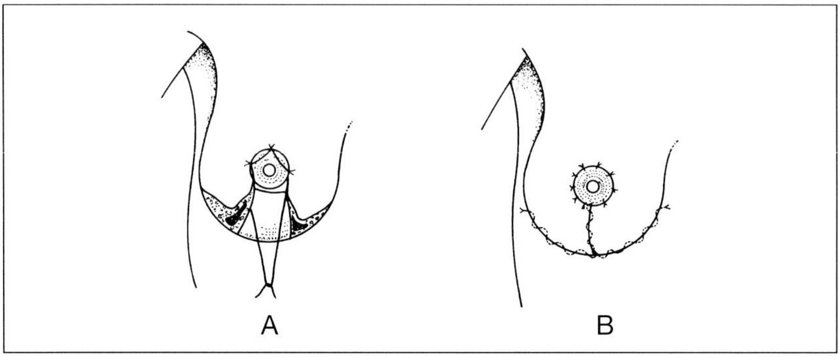

Figura 12.3. *A: se procede a la colocación de puntos de aproximación de la zona areolar o de los colgajos laterales; se suele colocar un sistema de drenaje aspirativo que se mantiene de 24 a 48 horas. B: las incisiones se cierran mediante puntos reabsorbibles de 3/0 y 4/0 a nivel dérmico y sutura continua de nailon 4/0 y 5/0 de los márgenes cutáneos, que al ser retiradas se sustituyen por bandas de papel adhesivo.*

Complicaciones

En cuanto a las complicaciones postoperatorias que pueden aparecer tras esta cirugía mamaria, el *hematoma* es la más frecuente, apareciendo en forma de hinchazón y con cambio en la coloración de la piel. En algunos casos puede obligar a la evacuación y revisión de la hemostasia.

Otras complicaciones se relacionan con *alteraciones circulatorias* en la mama, que pueden afectar al tejido glandular y adiposo en forma de esteatonecrosis, al complejo aréola-pezón que origine una necrosis parcial o total del mismo, o bien a los colgajos cutáneos laterales ocasionando necrosis localizadas y dehiscencias de las suturas. Todas estas complicaciones pueden acompañarse de una *infección* favorecida por la presencia de tejido desvitalizado. Habitualmente, el índice de complicaciones guarda relación con el grado de obesidad y con la cantidad de tejido mamario eliminado.

Cirugía de la pared abdominal

Las alteraciones localizadas en la pared abdominal pueden valorarse en función de las características y modificaciones que presentan los distintos elementos que la componen: piel distendida, estriada o arrugada, cicatrices, tejido graso subcutáneo aumentado de espesor, con variaciones en la localización supra o infraumbilical y plano musculoaponeurótico con diástasis de rectos, hernias y/o debilidad muscular debida a la edad, eventraciones o evisceraciones.

Indicaciones

En el grupo de obesos que han presentado una pérdida ponderal importante, estas alteraciones de la pared abdominal dependerán de la edad, elasticidad cutánea y grado de distensión-ptosis secundaria a la pérdida de la grasa subcutánea, que llevan a la aparición de abdomen péndulo o los denominados «delantales abdominales» (elongación de la distancia omblio-región suprapúbica), que se hace más evidente durante la bipedestación.

Todo esto puede hacer que se produzcan alteraciones a nivel *psicológico* (por la modificación del esquema corporal) *funcional* (por ser pesados y molestos) y *patológico* (por las lesiones cutáneas que aparecen en los surcos de estas zonas). En estos casos, la plastia abdominal se considera necesaria y justificada, representando la etapa final del tratamiento de este tipo de pacientes obesos.

En contraposición a este grupo, se situarían aquellos obesos que reclaman desde el principio la cirugía para solucionar definitivamente sus problemas de sobrepeso. Sin embargo, estas dermolipectomías deben evitarse, puesto que se incluyen en la cirugía de alto riesgo, que en ningún caso puede sustituir una pérdida ponderal controlada por un servicio médico especializado.

Un grupo intermedio estaría constituido por los obesos que, a pesar de seguir un régimen controlado, tienen un *stop* en la pérdida de grasa abdominal. En estos casos, la cirugía puede ser coadyuvante para reducir la hipertrofia abdominal residual.

Tratamiento quirúrgico

Las técnicas de abdominoplastia se pueden clasificar en función del tipo de incisión que se realizan. Se distinguen tres métodos:

– *Transversales, horizontales bajas*, que a su vez pueden ser anteriores, 3/4 y circulares.

– *Verticales o longitudinales* de localización media.

– *Mixtas*, que asocian los dos tipos anteriores de incisión.

Las opciones del tratamiento quirúrgico de las deformidades de la pared abdominal estarán en función de la combinación de las alteraciones de los distintos elementos que la forman, como sería la existencia o no de exceso de piel, acúmulos de grasa infra o supraumbilical, así como el estado de la pared musculoaponeurótica. Se disponen para ello de técnicas como la liposucción, sola o asociada a abdominoplastia completa, que a su vez puede ser con o sin transposición umbilical.

Este tipo de cirugía no se debe realizar si la paciente desea futuros embarazos, si existe inestabilidad psicológica o si no es realista en cuanto a los resultados. La presencia de cicatrices abdominales previas puede hacer peligrar la vascularización del colgajo abdominal, por lo que siempre deben tenerse en cuenta.

En el estudio preoperatorio la paciente debe estar desnuda y de pie; para valorar la cantidad de tejido a resecar, se pinzarán con ambas manos las áreas supra e infraumbilical y los flancos. Se tendrán en cuenta, además, las características de la piel y el estado de la pared musculoaponeurótica (figs. 12.4-12.8).

Cuidados postoperatorios

El paciente debe permanecer en cama con el tronco flexionado sobre las extremidades inferiores. La actividad estará limitada durante las primeras 48 horas porque el riesgo de hematoma es elevado. Los drenajes se retirarán a las 24-48 horas.

Antes de que el paciente se levante le colocaremos una faja elástica que llevará durante 2-3 semanas puesto que le proporcionará un soporte al abdomen, seguridad al paciente y le será de ayuda en la aplicación del colgajo abdominal sobre la fascia, impidiendo la formación de seromas.

Las suturas son retiradas el día 14.º y la actividad podrá ser completa a las 6-8 semanas.

Complicaciones

La abdominoplastia, como toda intervención quirúrgica, tiene una tasa de mortalidad que en este caso se sitúa en el 1,6/1.000.

Las complicaciones que pueden aparecer en este tipo de cirugía son las siguientes:

– *Seroma*. Es la complicación más frecuente. Se produce durante la segunda semana postoperatoria. Podemos disminuir el riesgo de formación si realizamos hemostasia cuidadosa, manipulamos de forma correcta el colgajo,

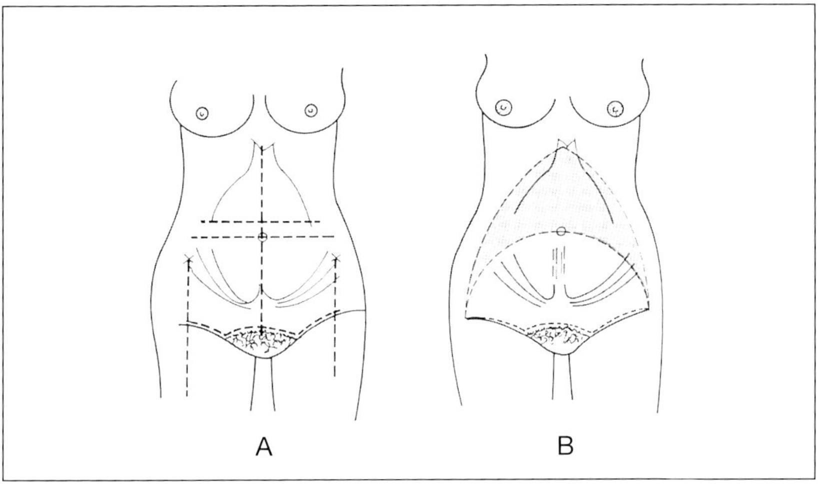

Figura 12.4. *Marcaje. A: se realiza con la paciente en pie. Se marca una línea vertical xifoides-ombligo-pubis. Marcaje de las espinas ilíacas anterosuperiores y de sus proyecciones verticales hacia abajo. Se traza una línea horizontal a través del ombligo y otra paralela 3 cm por encima. La incisión transversal se sitúa justo por encima del vello púbico y se extiende lateralmente según la deformidad y la técnica elegida. B: la extensión de la disección dermograsa superficial a la aponeurosis abdominal es variable. En pacientes con gran exceso cutáneo se ha de resecar todo el tejido comprendido entre la incisión transversal y el ombligo. El colgajo se despega del plano aponeurótico hasta el xifoides y los márgenes costales inferiores y hasta la línea axilar anterior lateralmente. El ombligo se libera en forma de elipse conservando su pedículo vascular. Es imprescindible una hemostasia cuidadosa y la ligadura de las arterias perforantes.*

mantenemos los drenajes hasta que no sean productivos y no abusamos de la electrocoagulación (ligaduras). El tratamiento del seroma sería el drenaje mediante punción y aspiración y presoterapia.

– *Hematoma.* Es la segunda complicación en frecuencia, apareciendo durante las primeras 24 horas. El tratamiento puede ir desde el simple drenaje hasta la revisión quirúrgica. Más raramente puede aparecer hematoma en la vaina de los rectos por sangrado de los vasos perforantes.

– *Necrosis cutánea.* Debido a la tracción excesiva en el cierre provocada cuando la posición original del ombligo estaba a más de 15 cm del pubis y el colgajo se suturó con tensión, o en otros casos por la colocación de una sutura entre tejido subcutáneo del colgajo, pubis y fascia muscular, con la intención de evitar la elevación del pubis.

Otras causas serían hematomas que provoquen una alteración vascular, extensión prematura del tronco o por excesivo despegamiento del colgajo en el abdomen superior, desgarrando los vasos epigástricos superiores. En los

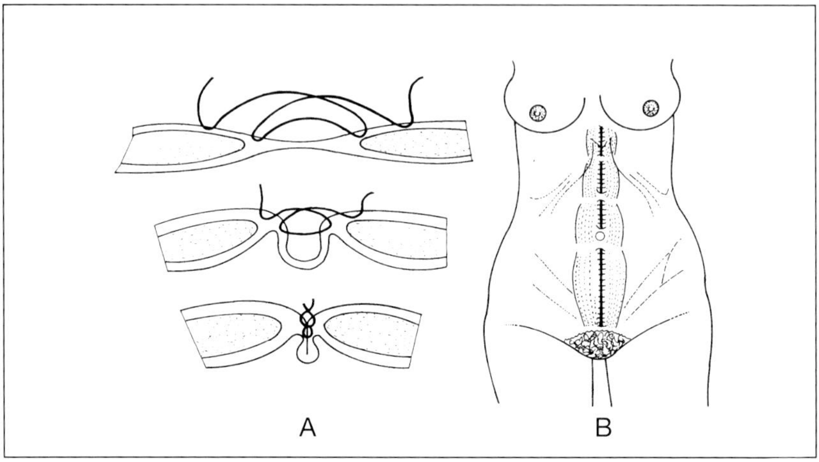

Figura 12.5. A y B. *Corrección de las alteraciones musculoaponeuróticas en caso de que existan (hernias, eventraciones, etc.) con plicatura de la fascia de los rectos desde el xifoides al pubis en caso de laxitud. Esta plicatura se realiza con suturas resistentes, reabsorbibles y discontinuas.*

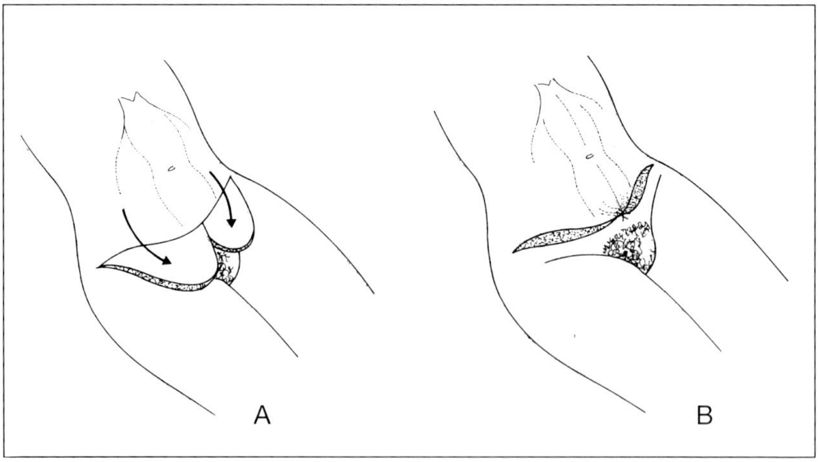

Figura 12.6. *Resección dermograsa. A: se coloca a la paciente con el tronco flexionado con respecto a las extremidades inferiores, se secciona por la línea media y se tracciona del colgajo hacia abajo y adentro. B: se coloca un punto central de referencia y se delimita el exceso dermograso que debe resecarse. Una vez hecha la resección se adelgaza el margen inferior del colgajo para hacer congruente su grosor con el margen inferior.*

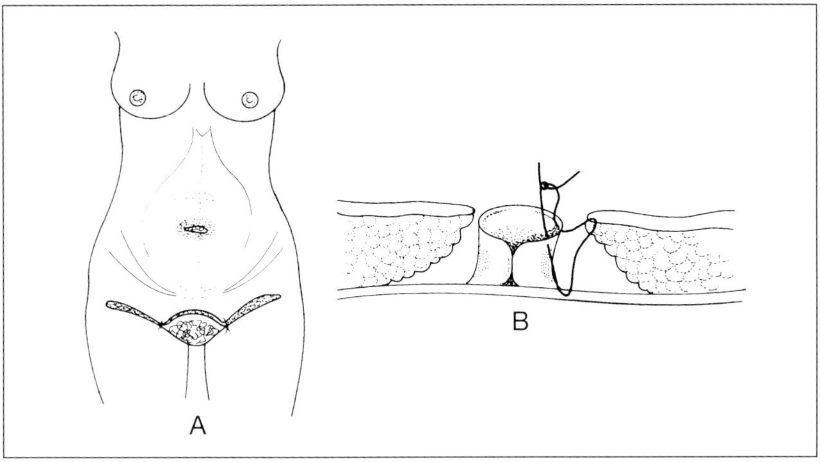

Figura 12.7. *A: una vez colocado el colgajo abdominal en su nueva posición, se determina la situación del ombligo y se realiza una incisión transversal de 1,5 cm. B: si hay un exceso de grasa en esta zona se puede resecar para crear una depresión que configure un aspecto más natural cuando se suture el ombligo.*

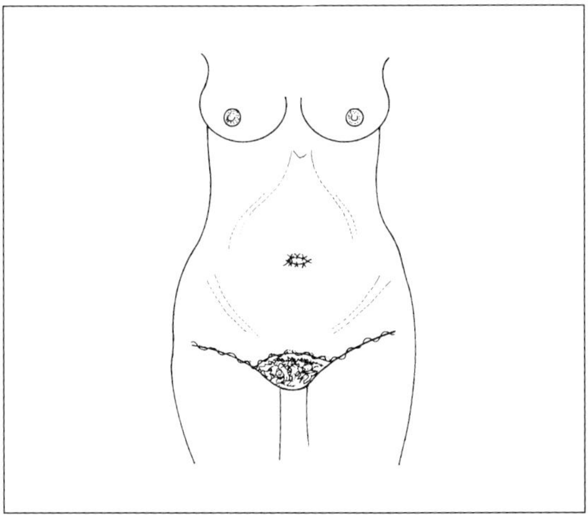

Figura 12.8. *La incisión transversal se cierra por planos con puntos reabsorbibles de 2/0 y 3/0 y una sutura continua a nivel intradérmico para afrontar correctamente los márgenes cutáneos. Alrededor del ombligo se colocan puntos de sutura de 4 y 5/0. Se mantiene un drenaje aspirativo durante 24-48 horas.*

márgenes libres del colgajo también puede aparecer por el excesivo trauma del electrocauterio.

– *Dehiscencia.* En relación a la tensión de la sutura o a infecciones.

– *Infección.* Aparece aproximadamente en un 7% de los pacientes. Los gérmenes más frecuentes son: estafilococos, estreptococos, *E. coli* y pseudomonas.

– *Cicatrices hipertróficas y queloides.* Debido a que la sutura se realiza a tensión, no sorprende que aparezcan cicatrices anchas o hipertróficas en algunos casos. Los queloides son más infrecuentes. Siempre debe plantearse el retoque posterior (bajo anestesia local) de la cicatriz.

– *Necrosis umbilical.* Puede ocurrir si se desgrasa en exceso el pedículo, con la consiguiente lesión vascular, o por compresión durante la plicatura de los rectos.

– *Malposición umbilical.*

– *Cicatrices asimétricas.*

– *Tromboembolismo pulmonar.*

– *Elevación del pubis con estrechamiento de la vulva.*

– *Cambios sensoriales.* Se localizan entre el ombligo y la sutura suprapúbica, recuperándose en la mayoría de los casos la sensibilidad antes de los 6 meses.

Liposucción y obesidad

Las deformidades provocadas por la acumulación excesiva de grasa son frecuentes en la mujer, localizándose predominantemente en las caderas, situadas por encima de las crestas ilíacas; la región trocantérea, correspondiente a las zonas laterales de los muslos; así como en la región glútea, nalgas y cara interna de muslos. En el varón, la región afectada con más frecuencia es la de los flancos, situados en la región superoposterior de las crestas ilíacas.

En estas áreas anatómicas se diferencian dos zonas de depósitos grasos, uno superficial, con grasa amarilla y muy estructurada, y otro profundo, con grasa más oscura y menos estructurada, separados por un sistema fascial superficial que envuelve a la grasa superficial y que envía conexiones fasciales a la grasa profunda muscular, determinando zonas de adherencias.

Clásicamente, el tratamiento de estas lipodistrofias se ha basado en dermolipectomías (Lewis, Pitanguy, Baroudi, etc.), pero desde que Illouz hiciera una descripción de la liposucción en 1978, éste ha sido el método que ha permitido tratar estas zonas, evitando las secuelas inherentes a las técnicas quirúrgicas más agresivas.

Técnica

La liposucción se basa en la utilización de cánulas atraumáticas con punta roma y orificios en su extremo que, por medio de túneles que respetan los vasos y nervios que llegan hasta la dermis, extraen la grasa localizada en estas zonas gracias a un sistema de aspiración continua, ya sea de la grasa profunda o de reserva y que provoca la deformidad y/o de la grasa superficial para, basándose en la capacidad elástica y de retracción de la piel, conseguir una buena adaptación de la misma y, por tanto, la corrección del defecto.

Esta técnica puede aplicarse en múltiples zonas del cuerpo: cara y cuello, brazos, mamas, abdomen, caderas, flancos, glúteos, muslos, rodillas y piernas; ya sea de forma aislada para tratar las lipodistrofias localizadas o en combinación con otras técnicas para mejorar el resultado final.

De forma general, debemos realizar una exploración y evaluación del paciente, estudiando el contorno corporal, la estructura ósea, la cantidad y distribución de la grasa, estimando el volumen a aspirar, el tono y la elasticidad de la piel, la presencia de pliegues, arrugas, estrías o cicatrices, la existencia de celulitis y otras anomalías.

Existen dudas sobre la cantidad de tejido graso que puede ser extraído sin que aparezcan alteraciones hemodinámicas que podrían obligar a la transfusión sanguínea.

En diferentes estudios se ha observado que la proporción de sangre aislada de todo el tejido extraído oscila entre el 15 y el 35%. Este porcentaje varía según diversos factores. Sexo (> varones), zona tratada (> abdomen), tipo de anestesia (> raquídea), infiltración vasoconstrictores (< sangría), medicaciones antiagregantes (> aspirina), etc.

Para calcular la extracción máxima segura (EMS) de tejido graso utilizamos como dato base la pérdida hemática máxima segura (PHMS) del paciente y la multiplicaremos por dos. Es decir:

PHMS = 25% de volemia
Volemia = 70 ml x kg de peso en varones
65 ml x kg de peso en mujeres
EMS = PHMS x 2

Ejemplo: Mujer de 60 kg de peso
PHMS = 975 ml
(Volemia = 65 x 60 = 3.900 ml)
(25% de 3.900 = PHMS = 975 ml)
Extracción máxima segura = 975 x 2 = 1.950 ml

El marcaje se realiza con la paciente de pie, resaltando las zonas donde vamos a liposuccionar, así como las zonas de interfase de despegamiento. Marcaremos las incisiones en zonas poco visibles y que permitan abordar las áreas adyacentes.

En función de las áreas a tratar y del volumen de grasa que se debe aspirar, se podrá realizar con *anestesia local más sedación* si son zonas pequeñas y de poco volumen o bien con *anestesia regional o general* si son mayores. La zona a tratar puede infiltrarse con una solución salina asociada a un vasoconstrictor como la epinefrina para conseguir una distensión y despegamiento de los tejidos, favoreciendo la penetración de la cánula y disminuyendo el sangrado de la zona; es lo que se conoce como *técnica húmeda o tumescente*. Sin embargo, tiene el inconveniente de provocar cierta deformidad que dificulta la estimación de la cantidad aspirada, por lo que en ocasiones se utiliza la *técnica seca*, es decir, sin infiltrar.

Durante la realización de la liposucción se controla la cantidad del aspirado, cambiando de zona cuando aparece un componente hemático y valorando mediante tests manuales la corrección del defecto. En general, es preferible un cierto grado de hipocorrección que será compensado por la lipodestrución y la fibrosis cicatricial retráctil. Deben reponerse durante el acto quirúrgico las pérdidas de líquidos y sangre con el empleo de cristaloides. En algunos casos, si se prevé la necesidad de transfusión por el volumen que se va a aspirar (más de 2.000-2.500 ml), se programa la autotransfusión con anterioridad que se administra durante la misma intervención.

En la *cara medial o interna de los muslos*, cuando el acúmulo de grasa se asocia a una laxitud importante de la piel, se puede realizar una liposucción del exceso graso, pero acompañándose de una resección de la piel sobrante en forma de elipse, avanzando la porción inferior del colgajo hasta realizar un anclaje que mantenga los tejidos en su nueva posición *(lifting)*. Las cicatrices en estos casos quedan disimuladas en los pliegues inguinales y en la región perineal.

Si el exceso de grasa se localiza en la *cara lateral del muslo o nalgas*, se realizará la liposucción incluso cuando haya cierta laxitud cutánea, en espera de que se produzca una retracción de la piel. Sin embargo, en ocasiones, tras una pérdida ponderal importante, puede predominar el exceso de piel con un gran componente de laxitud, que obligará a plantear la necesidad de corregirla realizando una exéresis de los tejidos sobrantes.

Complicaciones

La liposucción no debe considerarse un acto quirúrgico menor, pudiendo aparecer complicaciones, aunque poco frecuentes, en relación a una mala indicación quirúrgica, por aplicarla a pacientes de alto riesgo, si se realizan aspiraciones de volúmenes de grasa muy importantes (más de 3.000 ml), o bien por un defecto de la técnica. Estas complicaciones son: la aparición de hematomas, seromas, infecciones, hemorragias locales, perforación de estructuras subyacentes, necrosis cutáneas, disestesias, embolia grasa, tromboflebitis, etc.

Otro tipo de complicaciones serían las estéticas, más frecuentes que las anteriores y que pueden aparecer en forma de irregularidades o defectos de contorno (depresiones, surcos, deformidad en ola), asimetrías, etc., consecuencia de una liposucción no homogénea o por una mala valoración preoperatoria de la capacidad de retracción de la piel. Estas complicaciones menores pueden ser corregidas de forma ambulatoria al cabo de unos meses.

Bibliografía general

Aston SJ, Rees TD. Body contouring. En: Rees TD, editor. Aesthetic plastic surgery. Filadelfia: W.B. Saunders, 1980; 903-1.073.

Bozola AR, Psillakis JM. Abdominoplasty: a new concept and classification for treatment. Plast Reconstr Surg 1988; 82: 983-993.

Dillerud E. Suction lipoplasty. A report on complications, undesired results, and patient satisfaction based on 3511 procedures. Plast Reconstr Surg 1991; 88: 239-245.

Elbaz JS, Flageul G. Liposucción y cirugía plástica del abdomen. Barcelona: Masson, 1991.

Georgiade N, Georgiade G, Riefkohl R. Aesthetic surgery of the breast. Filadelfia: W.B. Saunders, 1990.

Georgiade N, Georgiade G, Riefkohl R. Esthetic breast surgery. En: McCarthy J, editor. Plastic surgery. Vol 6. The trunk and lower extremity. Filadelfia: W.B. Saunders, 1990; 3.839-3.896.

Grazer F, Klingbeil J. Body image: a surgical perspective. St. Louis: C.V. Mosby Company, 1980.

Grazer F. Abdominoplasty. En: McCarthy J, editor. Plastic surgery. Vol 6. The trunk and lower extremity. Filadelfia: W.B. Saunders, 1990; 3.929-3.964.

Grazer F. Body contouring. En: McCarthy J, editor. Plastic surgery. Vol 6. The trunk and lower extremity. Filadelfia: W.B. Saunders, 1990; 3.964-4.028.

Otteni FM. La technique française de lipo-aspiration. Bilan après 10 ans de pratique. En: Chirurgie esthétique. París: Maloine Ed., 1992; 345-362.

Pitman G. Liposuction and aesthetic surgery. St. Louis: Q.M.P., 1993.

Portalier B. Liposuction: technique et indications. En: Chirurgie esthétique. París: Maloine Ed., 1992; 327-332.

Shons AR. Reconstrucción plástica después de cirugía por derivación y pérdida pondeal masiva. Clínicas quirúrgicas de Norteamérica: obesidad morbosa. Buenos Aires: Interamericana, 1979, 6: 1.137-1.150.

Strömbeck JO. Mamoplastia de reducción. En: Cirugía de la mama. Barcelona: Salvat Ed., 1990; 284-315.

Anexo

Tabla de composición de los alimentos

Agradecimientos

Queremos expresar nuestro agradecimiento a los autores de la tabla A. Jiménez Cruz, M. Bacardí y P. Cervera por el permiso para la reproducción parcial de sus tablas de composición de alimentos.

Contenido de nutrientes y valor calórico por 100 g de porción comestible

Nombre de los alimentos	Factor porción comestible (4)	Energía	Principios energéticos: Proteínas	Principios energéticos: Lípidos	Principios energéticos: Hidratos de carbono	Fibra (8)	Alcohol (7)	Colesterol (7)	Minerales: Fósforo	Minerales: Magnesio (3) (4)	Minerales: Calcio	Minerales: Hierro	Minerales: Cinc (4) (2)	Minerales: Sodio (3)	Minerales: Potasio (3)	Minerales: Yodo
		kcal	g	g	g	g	g	mg	mg	mg	mg	mg	mg	mg	mg	mg
Cereales y derivados																
Arroz blanco	100	354	7,6	1,7	77	0,3	0	0	180	28	10	0,80	0,20	4	120	2
Arroz integral	100	350	8	1,1	77	1,2	0	0	300	106	50	–	0,20	–	275	–
Biscotte	100	362	10	2,5	75	–	0	0	–	28 [2]	26	–	2	–	–	–
Cereales desayuno	100	386	7,9	0,4	85,3	1,4	0	0	24	16	12	1	18,70	0,20	88	–
Corn Flakes (maíz)	100	350	7,9	0,3	84,4	1,4	0	–	44,3	14 [2]	14,8	6,70	18,70	1.110	102	–
Chocokrispis	–	358	5,3	1	87,4	0,8	0	–	142	50 [2]	34,5	6,70	18,70	880	186	–
Frospis	–	355	5,3	0,2	88,6	1	0	–	31,3	50 [2]	11,1	6,70	18,70	740	63,4	–
Harina de trigo	100	353	9,5	1,2	75	4	0	0	120	20	16	1,20	1,70	3	135	1
Krispis	100	351	6,2	0,4	86,1	0,9	0	–	133	50 [2]	20,3	6,70	18,70	1.270	154	–
Pan blanco	100	255	7	0,8	55	4	0	0	90	30 [4]	100 [2]	1	2	500	100	0,8
Pan integral	100	239	8	1,2	49	9	0	0	200	90	100 [2]	2,20	5	650	224	1
Sémola (trigo)	100	375	12,8	1,4	76,5	–	0	0	165	57 [4]	22	1,50	1	–	–	–
Pasta	100	469	6,4	22	65,5	2,5	0	0	84	86 [2]	82	1,50	2	266	222	–
Pastelería																
Cruasán chocolate y similares	100	469	6,4	22	65,6	2,5	0	130	84	–	82	1,5	2	266	222	–
Donuts, croissants	100	456	5,6	15,2	79,1	2,5	0	130	87	–	82	4	2	60	110	–
Galletas dulces	100	436	7	14,5	74	5,5	0	130	87 [2]	32	115	2	0,6	110	170	–
Galletas saladas	100	440	10,8	12,5	75,8	5,5	0	130	87	–	82	1,6	0,6	266	222	–
Magdalenas	100	469	6,4	22	65,5	2,5	0	130	84	–	82	1,5	2	60	110	–
Bizcocho/coca/ torta	100	440	10,8	12,5	75,8	2,5	0	130	87	–	82	1,6	2	60	110	–
Pastel de manzana	100	311	3,6	15,1	40,1	2,5	0	130	87	35	82	4	2	110	170	–
Repostería	100	387	5,2	20,2	49,2	2,5	0	225	84	16	48	1,2	0,4	266	215	–
Azúcares y dulces																
Azúcar	100	380	0	0	99,5	0	0	0	0	15 [2]	5 a 40	0	–	–	–	–
Caramelos	100	378	0,80	0,1	94	0	0	–	–	2 [2]	–	–	–	–	–	–

–: No disponible.

(Continúa)

Contenido de nutrientes y valor calórico por 100 g de porción comestible

Vitaminas											Ácidos grasos												
Ácido ascórbico (C)	Tiamina (B_1)	Riboflavina (B_2)	Ácido nicotínico	Piridoxina (B_6) (2)	Vitamina A	Vitamina D	Tocoferol (E)	Ácido fólico libre (2)	Ácido fólico total (2)	Cianocobalamina (B_{12}) (2)	Polinsaturados (7)	Monoinsaturados (7)	Saturados (7)	C 14:0 (7)	C 16:0 (7)	C 18:0 (7)	Otros saturados (7)	Insaturados (7)	C 16:1 (7)	C 18:1 (7)	C 18:2 (7)	C 18:3 (7)	Otros insaturados (7)
mg	mg	mg	mg	mg	mg	mg	mg	µg	µg	µg	g	g	g	g	g	g	g	g	g	g	g	g	g
0	0,06	0,03	3,80	0,30(2)	–	–	–	3	6	0	–	–	–	–	–	–	–	–	–	–	–	–	–
0	0,30	0,06	4,60	0,30(2)	–	–	–	–	–	–	–	–	–	–	–	–	–	–	–	–	–	–	–
–	0,10	0,08	0,5	–	–	–	–	21	36	0	1,80	0,30	0,70	0	0,65	0,03	0	5,10	0	0,30	1,7	0,10	–
0	0,41	0,04	1,90	1,80	0	–	–	6	7	0	0	0	–	–	–	–	–	–	–	–	–	–	–
–	1	1,50	16	1,80	–	0,00028	18,7	–	–	0,17	–	–	–	–	–	–	–	–	–	–	–	–	–
–	1	1,50	16	1,80	–	0,00028	18,7	–	–	0,17	–	–	–	–	–	–	–	–	–	–	–	–	–
–	1	1,50	16	1,80	–	0,00028	18,7	–	–	0,17	–	–	–	–	–	–	–	–	–	–	–	–	–
0	0,10	0,08	0,60	0,20	–	–	1	14	31	0	0,75	0,20	0,25	0	0,20	0	0	0,95	0	0,20	0,7	0,05	–
–	1	1,50	16	1,80	–	0,00028	18,7	–	–	0,17	–	–	–	–	–	–	–	–	–	–	–	–	–
0	0,06	0,06	0,50	–	–	–	0,2	6	27	0	0,20	0,04	0,10	–	0,09	0,06	0	0,30	–	0,04	0,2	0,01	–
0	0,30	0,15	3	–	–	–	1,3	22	39	0	0,55	0,15	0,20	–	0,15	0,01	–	·0,70	0,01	0,10	0,5	0,03	–
0	0,09	0,06	2	–	–	–	–	20	25	0	0,35	0,10	0,16	–	0,15	0,007	–	0,40	0,01	0,10	0,3	0,02	–
0	0,14	0,06	1	0,07	0,24	0,002	–	5	7	0	1,30	17,30	–	–	–	–	–	–	–	–	–	–	–
0	0,14	0,06	1	0,07	0,24	0,002	–	5	7	0	6	17,3	–	–	–	–	–	–	–	–	–	–	–
0	0,10	0,03	0,90	0,07	0	0	–	8	0	0	0,65	5	11,45	1,85	4,85	2,2	–	6	0,40	0,60	0,40	0,20	–
0	0,13	0,08	2	0,04(2)	–	–	–	6	7	–	0,60	5,1	10,15	2,65	5,30	1,5	0,65	5,7	0,85	4,20	0,20	0,20	0,20
0	0,11	0,03	0,90	0,06	0	0	–	6	7	0	0,60	5,1	10,15	2,65	0,30	1,5	0,65	5,7	0,85	4,20	0,20	0,20	0,30
0	0,14	0,06	1	0,07	0,24	0,002	–	6	7	0	6	17,3	–	–	–	–	–	–	–	–	–	–	–
0	0,11	0,03	0,90	0,06	0	0	–	6	7	0	6	17,3	–	–	–	–	–	–	–	–	–	–	–
0	0,10	0,03	0,90	0,07	0	0	–	6	7	0	1,20	5,4	6,10	0,70	3,90	1,3	0,20	6,6	0,80	3,80	1,10	0,10	0,80
0	0,03	0,08	1,50	0,07	1,90	0,01	–	5	7	0	–	–	–	–	–	–	–	–	–	–	–	–	–
0	0	0	0	–	–	–	–	–	–	0	0	–	–	–	–	–	–	–	–	–	–	–	–
–	–	–	–	–	–	–	–	–	–	–	–	–	–	–	–	–	–	–	–	–	–	–	–

–: No disponible.

(Continúa)

Contenido de nutrientes y valor calórico por 100 g de porción comestible

Nombre de los alimentos	Factor porción comestible (4)	Energía kcal	Principios energéticos: Proteínas g	Principios energéticos: Lípidos g	Principios energéticos: Hidratos de carbono g	Fibra (8) g	Alcohol (7) g	Minerales: Colesterol (7) mg	Minerales: Fósforo mg	Minerales: Magnesio (3) (4) mg	Minerales: Calcio mg	Minerales: Hierro mg	Minerales: Cinc (4) (2) mg	Minerales: Sodio (3) mg	Minerales: Potasio (3) mg	Minerales: Yodo mg
Azúcares y dulces																
Chocolate amargo con azúcar	100	530	2	30	63	0	0	74	–	107	63	2,80	0,02	19	327	–
Chocolate con leche y azúcar	100	550	6	34	56	0,5	0	74	283	58	216	4	0,02	–	418	–
Compota	100	66	0,30	TR	17,3	0	0	0	13	–	3	0,20	–	–	–	–
Mermeladas con azúcar	100	280	0,50	0,1	70	0	0	0	12	–	12	0,20	–	12	12	–
Mermeladas sin azúcar	100	145	0,40	0,3	35	0	0	–	–	–	–	–	–	18	44	–
Miel	100	300	0,50	0,2	75	0	0	0	16	16	5	0,50	–	3	20	–
Verduras y hortalizas																
Acelgas	67	33	2	0,6	5	–	0	0	40	71	150	3,50	0,02	86	320	35
Ajos	77	139	6,7	0,1	28	1	0	0	–	–	–	–	1	–	–	94
Alcachofas	36	64	3,4	0,3	12	1,5	0	0	94	–	40	–	0,1	15 (2)	330 (2)	1
Apio	73	20	1,3	0,2	3,7	2	0	0	40	25	60	0,50	0,1	100	290	–
Berenjena	85	29	1,3	0,2	5,5	2	0	0	15	12	10	0,50	0,28	5	220	1,8
Calabacín	74	31	1,3	0,2	6	1,3	0	0	30	10	21	0,80	0,2	3	400	–
Cebolla	90	47	1,4	0,2	10	1	0	0	44	16	32	0,50	0,08	7	180	20
Cebolla tierna	85	39	0,9	0,2	8,4	1	0	0	30	32	80	–	0,1	15	132	–
Champiñones y otros hongos	76	28	2,4	0,3	4	3	0	0	115	16	10	1	0,1	7	500	–
Col	68	28	1,4	0,2	4,3	2	0	0	72	34	429	0,50	1,5	18	402	2
Col de Bruselas	82	54	4	0,7	8	3	0	–	60	30	30	1,30	–	10	375	–
Coliflor	63	30	2,4	0,2	4,9	2	0	0	72	18	22	1,10	0,3	24	300	–
Endibias	81	22	1,5	0,1	4	2	0	0	40	13	80	2	0,3	10	400	–
Escarola	64	37	1,5	0,3	4	2	0	0	40	13	79	–	0,3	10	387	–
Espárragos	61	26	2,2	0,2	3,9	1	0	0	70	11	21	0,90	0,32	3	200	1,7
Espinacas	82	32	3,1	0,6	3,6	6	0	0	33	–	60	2	0,5	120 (2)	490 (2)	–
Espinacas congeladas	82	25	2,3	0,3	3,2	6	0	0	55	–	81	3	0,5	120 (2)	490 (2)	–
Guisantes congelados	100	71	5	0,3	12	–	0	0	94	–	17	1,50	0,7	4	315	–

–: No disponible. TR: trazas.

(Continúa)

Contenido de nutrientes y valor calórico por 100 g de porción comestible

Vitaminas											Ácidos grasos												
Ácido ascórbico (C) mg	Tiamina (B_1) mg	Riboflavina (B_2) mg	Ácido nicotínico mg	Piridoxina (B_6) (2) mg	Vitamina A mg	Vitamina D mg	Tocoferol (E) mg	Ácido fólico libre (2) µg	Ácido fólico total (2) µg	Cianocobalamina (B_{12}) (2) µg	Polinsaturados (7) g	Monoinsaturados (7) g	Saturados (7) g	C 14:0 (7) g	C 16:0 (7) g	C 18:0 (7) g	Otros saturados (7) g	Insaturados (7) g	C 16:1 (7) g	C 18:1 (7) g	C 18:2 (7) g	C 18:3 (7) g	Otros insaturados (7) g
0	0,03	0,15	0,60	-	-	-	-	9	10	0	1	11	19,85	0,04	8,5	11,05	0,3	12	0,1	10,9	0,95	0,06	-
0	0,10	0,38	0,80	-	-	-	-	9	10	0	0,9	10,1	18,30	0,04	7,8	10,20	0,3	11,05	0,1	10	0,90	0,06	-
11	0,03	0,02	0,10	0,02	-	-	-	TR	2	0	0	0	0	-	-	-	-	-	-	-	-	-	-
5	0,02	0,02	0,02	-	-	-	-	5	5	0	0	0	-	-	-	-	-	-	-	-	-	-	-
-	-	-	-	-	-	-	-	-	-	-	-	-	-	-	-	-	-	-	-	-	-	-	-
2	0,007	0,06	0,50	0,30	-	-	-	-	-	-	0	0	-	-	-	-	-	-	-	-	-	-	-
20	0,08	0,20	0,60	-	-	-	-	70	90	0	-	-	-	-	-	-	-	-	-	-	-	-	-
18	0,18	-	-	-	-	-	-	-	-	0	0	0	0	0	-	-	-	-	-	-	-	-	-
10	0,15	-	0,60	0,07[2]	-	-	-	0	30	0	0	0	0	0	-	-	-	-	-	-	-	-	-
7	0,05	0,04	0,40	-	0,08[3]	-	-	6	12	0	-	-	-	-	-	-	-	-	-	-	-	-	-
6	0,04	0,05	0,60	0,08[2]	-	-	-	8	20	0	-	-	-	-	-	-	-	-	-	-	-	-	-
10	0,05	0,05	0,50	0,11	0,13[3]	-	-	1	6	0	-	-	-	-	-	-	-	-	-	-	-	-	-
28	0,05	0,07	0,50	0,10[2]	-	-	-	15	16	0	0	0	0	-	-	-	-	-	-	-	-	-	-
40	0,13	0,10	0,40	0,10[2]	-	-	-	40	40	0	0	0	-	-	-	-	-	-	-	-	-	-	-
5	0,15	0,44	4,90	0,10[2]	-	-	-	20	23	0	-	-	-	-	-	-	-	-	-	-	-	-	-
200	0,06	0,05	0,30	0,1 a 0,3	-	-	2,5	60	90	0	0	0	-	-	-	-	-	-	-	-	-	-	-
20	0,08	0,16	0,70	0,10	-	-	-	60	90	-	-	-	-	-	-	-	-	-	-	-	-	-	-
50	0,15	0,12	0,60	0,20[2]	-	-	-	30	39	0	0	0	-	-	-	-	-	-	-	-	-	-	-
10	0,07	0,12	0,40	-	1,10[3]	-	-	62	330	0	0	0	0	-	-	-	-	-	-	-	-	-	-
6 a 20	0,10	0,20	0,30	-	1,10[3]	-	-	62	330	0	0	0	0	-	-	-	-	-	-	-	-	-	-
33	0,16	0,19	1,40	0,04[2]	0,30[3]	-	-	5	30	0	0	0	0	0	-	-	-	-	-	-	-	-	-
30	0,08	0,20	0,60	0,18[2]	2,70[3]	-	-	30	140	0	0	0	-	-	-	-	-	-	-	-	-	-	-
38	0,07	0,17	0,50	0,18[2]	-	-	-	30	140	0	0	0	-	-	-	-	-	-	-	-	-	-	-
18	0,10	0,11	0,80	0,18[2]	-	-	-	5	78	0	0	0	0	-	-	-	-	-	-	-	-	-	-

-: No disponible.

(Continúa)

Contenido de nutrientes y valor calórico por 100 g de porción comestible

Nombre de los alimentos	Factor porción comestible (4)	Energía	Principios energéticos			Fibra (8)	Alcohol (7)	Minerales								
			Proteínas	Lípidos	Hidratos de carbono			Colesterol (7)	Fósforo	Magnesio (3) (4)	Calcio	Hierro	Cinc (4) (2)	Sodio (3)	Potasio (3)	Yodo
		kcal	g	g	g	g	g	mg	mg	mg	mg	mg	mg	mg	mg	mg
Verduras y hortalizas																
Guisantes frescos	44	92	6	0,4	16	5	0	0	122	42	26	1,90	0,7	4	315	-
Haba fresca	60	64	5,4	0,3	10	4	0	0	-	-	26	2,30	0,7	20 (2)	230(2)	-
Judía tierna	92	39	2,4	0,2	7	3	0	0	44	25	65	0,90	0,08	2	260	32
Lechuga	66	18	1,2	0,2	2,9	9,6	0	0	30	13	62	0,65	0,5	15	300	5
Maíz cocido	100	50	1,1	0,20	10,7	4	0	0	14	7	1	0,20	2	110	16	1
Patata cocida	100	86	2	0,10	19	2	0	0	56	25	11	0,70	0,30	-	-	-
Patata frita	100	544	6,70	37	50	2	0	0	152	25	30	1,90	0,30	0,8	410	-
Puré de patata	100	357	7	0,70	80	2	0	0	-	25	-	4	0,30	-	-	-
Pepino	77	12	0,70	0,10	2	0,5	0	0	20	9	10	0,39	0,16	12	140	1,3
Pimiento	81	22	1,20	0,20	3,8	1	0	0	25	12	11	0,40	0,20	0,5	186	-
Puerros	65	42	2	0,40	7,5	3	0	0	50	18	60	1	0,23	50	300	10
Rábanos	61	20	1,20	0,10	4,2	1	0	0	31	12	37	1,30	0,16	14	280	16
Remolacha	82	40	1,60	0,10	8	3	0	0	31	-	21	0,70	0,40	-	-	-
Tomate	94	22	1	0,30	4	1,5	0	0	27	10	11	0,60	0,24	3	280	7
Trufa	100	92	9	0,50	13	-	0	-	62	28	24	3,50	-	77	431	-
Verduras (juliana)	100	29	0,86	0,51	5,1	-	0	0	-	7,9	23,1	-	-	200	200	-
Zanahoria	82	42	1,20	0,30	9	3	0	0	37	15	39	1,20	0,30	50	300	9
Zumo de tomate	100	21	1	0,20	4	3	0	0	15	10	7	0,40	-	399	426	-
Legumbres																
Garbanzos	100	361	18	5	61	6*	0	0	375	-	149	7,20	0,80	26	797	-
Habas secas	100	343	23	1,5	59	4*	0	0	437	159	148	8	0,01	35	1.005	14
Judías secas	100	330	19	1,5	60	7*	0	0	400	150	137	6,70	5,20	40	1.000	2
Lentejas	100	336	24	1,8	56	4*	0	0	400	8	60	7	2 a 9	30	790	1,5
Frutas																
Aguacate	38	207	2,10	16,40	4,7	2	0	0	46	45	10	0,70	0	4	680	-
Albaricoques	91	44	0,80	0,10	10	2	0	0	24	11	15	0,40	0,10	1	300	-

–: No disponible.

(Continúa)

Contenido de nutrientes y valor calórico por 100 g de porción comestible

Vitaminas											Ácidos grasos												
Ácido ascórbico (C)	Tiamina (B_1)	Riboflavina (B_2)	Ácido nicotínico	Piridoxina (B_6) (2)	Vitamina A	Vitamina D	Tocoferol (E)	Ácido fólico libre (2)	Ácido fólico total (2)	Cianocobalamina (B_{12}) (2)	Polinsaturados (7)	Monoinsaturados (7)	Saturados (7)	C 14:0 (7)	C 16:0 (7)	C 18:0 (7)	Otros saturados (7)	Insaturados (7)	C 16:1 (7)	C 18:1 (7)	C 18:2 (7)	C 18:3 (7)	Otros insaturados (7)
mg	mg	mg	mg	mg	mg	mg	mg	µg	µg	µg	g	g	g	g	g	g	g	g	g	g	g	g	g
25	0,30	0,25	0,80	0,18	0,10(3)	–	5	0	0	0	0	0	0	–	–	–	–	–	–	–	–	–	–
28	0,30	0,20	1,80	–	–	–	–	2	37	0	1,5	1,95	0,3	0,1	0,2	0,06	–	3,45	–	1,95	1,5	–	–
19	0,08	0,10	0,20	0,18	0,10(3)	–	–	3	28	0	0	0	–	–	–	–	–	–	–	–	–	–	–
10	0,08	0,12	0,50	0,20	–	–	0,6	19	34	0	0	0	0	–	–	–	–	–	–	–	–	–	–
4	0,20	0,01	1	0,70	0,02(3)	–	1,30	18	33	0	–	–	–	–	–	–	–	–	–	–	–	–	–
4	0,10	0,04	1,5	0,18(2)	–	–	–	3	10	0	0	0	0	–	–	–	–	–	–	–	–	–	–
2 a 10	0,18	0,11	1,5	0,18(3)	–	–	–	3	10	0	5,56	16,05	16,6	0,4	19,1	1,85	–	21,7	–	16,05	5,4	0,2	–
–	0,30	0,11	1,5	0,18(2)	–	–	–	3	10	0	0	–	–	–	–	–	–	–	–	–	–	–	–
8	0,03	0,04	0,20	0,04(2)	–	–	–	14	16	0	0	0	–	–	–	–	–	–	–	–	–	–	–
120	0,07	0,04	0,9	0,17(2)	0,76(3)	–	–	5	11	0	0	–	–	–	–	–	–	–	–	–	–	–	–
20	0,05	0,03	–	0,25(2)	–	–	–	7	–	0	0	0	0	–	–	–	–	–	–	–	–	–	–
18	0,08	0,25	0,18	0,10(2)	–	–	–	18	24	0	0	0	0	–	–	–	–	–	–	–	–	–	–
7	0,02	0,04	0,30	0,28(2)	–	–	–	20	50	0	–	–	–	–	–	–	–	–	–	–	–	–	–
38	0,09	0,04	0,50	0,25	0,30(3)	–	0	15	28	0	0	0	0	–	–	–	–	–	–	–	–	–	–
–	–	–	–	–	–	–	–	–	–	–	–	–	–	–	–	–	–	–	–	–	–	–	–
–	–	–	–	0,10(2)	–	–	–	–	–	–	–	–	–	–	–	–	–	–	–	–	–	–	–
9	0,06	0,06	0,50	0,20	0,60(3)	–	3	12	15	0	0	0	0	0	–	–	–	–	–	–	–	–	–
16	0,05	0,03	0,80	0,11(2)	0,53(3)	–	–	4	13	0	0	0	0	–	–	–	–	–	–	–	–	–	–
–	0,40	0,18	1,60	–	–	–	–	2	37	0	–	–	–	–	–	–	–	–	–	–	–	–	–
–	0,54	0,29	2,30	–	–	–	–	5	78	0	0	0	–	–	–	–	–	–	–	–	–	–	–
–	0,54	0,18	2,10	0,07(2)	–	–	–	3	28	0	0	0	0	–	–	–	–	–	–	–	–	–	–
3	0,50	0,20	1,80	0,60(2)	–	–	–	1	5	0	0	0	0	–	–	–	–	–	–	–	–	–	–
20	0,10	0,18	1	0,42(2)	0,25(3)	–	–	55	66	0	2,9	7,65	3,8	–	–	–	–	12,8	1	6,7	2,90	–	–
5 a 10	0,06	0,12	0,70	0,07(2)	0,90(3)	–	–	4	5	0	0	0	0	0	–	–	–	–	–	–	–	–	–

–: No disponible.

(Continúa)

Contenido de nutrientes y valor calórico por 100 g de porción comestible

Nombre de los alimentos			Principios energéticos					Minerales								
	Factor porción comestible (4)	Energía kcal	Proteínas g	Lípidos g	Hidratos de carbono g	Fibra (8) g	Alcohol (7) g	Colesterol (7) mg	Fósforo mg	Magnesio (3) (4) mg	Calcio mg	Hierro mg	Cinc (4) (2) mg	Sodio (3) mg	Potasio (3) mg	Yodo mg
Frutas																
Cerezas	86	77	1,20	0,50	17	2	0	0	21	12	18	0,40	0,15	3	250	2
Chirimoyas	60	78	1	0,20	18	1	0	0	20	–	25	0,70	–	–	–	–
Ciruelas	93	64	0,80	0,10	10	1	0	0	19	9	15	0,40	0,03	3	250	1,7
Ciruela seca	85	290	2,30	0,40	70	16	0	0	95	40	45	2,90	0,10	10	950	10
Coco	100	630	6	60	16	24	0	0	150	62	40	3,60	1,80	20	370	0
Dátil	87	279	2,20	0,40	71	8,7	0	0	–	59	68	2	0,30	5	750	–
Fresa	91	40	1	0,60	8	6	0	0	30	20	40	0,75	0,10	2	178	–
Fresones	92	40	0,70	0,60	7	2	0	0	26	13	30	0,75	0,09	2	150	8
Granada	97	32	0,30	0,10	–	–	0	0	105	–	11	0,60	–	–	–	–
Higos	90	80	1	0,10	18	3	0	0	30	21	38	1,50	0,25	5	285	–
Higos secos	100	275	4,20	1	62	19	0	0	116	72	170	3	0,86	17	983	–
Limón	64	39	0,30	0,20	9	–	0	0	10	8	12	0,14	0,17	3	135	3
Mandarina	71	40	0,80	0,10	9	2	0	0	12 a 17	11	41	0,50	0,08	2	155	0,8
Manzana	84	52	0,30	0,35	12	2	0	0	11	5	6	0,40	0,10	2	120	2
Melocotón	86	52	0,50	0,10	12	1	0	0	22	10	8	0,40	0,02	3	230	2
Melocotón en almíbar	100	84	0,40	0	22	1	0	0	–	6	11	0,40	0,10	1	100	–
Melón	60	31	0,80	0,20	6,5	1	0	0	18	15	18	0,40	0,09	19	260	2
Membrillo	61	33	0,50	0,20	7,3	–	0	0	19	6	14	0,50	0	3	203	–
Carne de membrillo	100	215	0,02	0	57	3,2	0	0	–	3	7	0,20	0	–	–	–
Naranja	73	44	0,7 a 1,5	0,20	9	2	0	0	28	11	28	0,4 a 0,5	0,17	3	187	–
Nectarina	85	64	0,60	–	17,1	2	0	–	24	13	4	0,50	0,20	6	294	–
Nísperos	67	97	0,40	0,40	23	–	0	0	28	10,5	30	0,50	0,18	6	246	–
Olivas	82	200	0,70	15 a 25	8	–	0	0	15	2	100	2	–	128	1.526	1
Peras	88	61	0,4	0,4	14	2	0	0	9 a 26	7	9 a 15	0,40	0,16	3	130	2
Piña	57	51	0,5	0,2	12	1	0	0	11	11	8 a 16	0,40 a 1	0,25	2	250	30
Piña en almíbar	100	84	0,4	0	22	1	0	0	–	6	11	0,40	0,10	1	100	–

–: No disponible.

(Continúa)

Contenido de nutrientes y valor calórico por 100 g de porción comestible

Vitaminas											Ácidos grasos												
Ácido ascórbico (C)	Tiamina (B_1)	Riboflavina (B_2)	Ácido nicotínico	Piridoxina (B_6) (2)	Vitamina A	Vitamina D	Tocoferol (E)	Ácido fólico libre (2)	Ácido fólico total (2)	Cianocobalamina (B_{12}) (2)	Polinsaturados (7)	Monoinsaturados (7)	Saturados (7)	C 14:0 (7)	C 16:0 (7)	C 18:0 (7)	Otros saturados (7)	Insaturados (7)	C 16:1 (7)	C 18:1 (7)	C 18:2 (7)	C 18:3 (7)	Otros insaturados (7)
mg	mg	mg	mg	mg	mg	mg	mg	µg	µg	µg	g	g	g	g	g	g	g	g	g	g	g	g	g
17	0,05	0,06	0,30	0,05[2]	0,03[3]	-	-	-	-	-	0	0	0	0	-	-	-	-	-	-	-	-	-
20	0,06	0,06	1	-	-	-	-	-	-	-	0	0	0	0	-	-	-	-	-	-	-	-	-
1 a 6	0,10	0,05-0,10	0,30	0,20[2]	0,53[3]	-	-	1	3	0	0	0	0	-	-	-	-	-	-	-	-	-	-
0 a 3	0,20	0,30	1,70	0,24[2]	1,70[3]	-	-	1	4	0	0	0	-	-	-	-	-	-	-	-	-	-	-
2	0,10	0,01	0,20	-	-	-	-	9	26	0	1	4,10	53,2	9,2	5,3	1,4	37,3	5,10	0,20	3,9	1	0	0
-	0,08	0,04	2,90	0,11[2]	0,0014	-	-	14	21	0	0	0	0	-	-	-	-	-	-	-	-	-	-
15	0,025	0,06	0,40	0,06[2]	-	-	-	0	0	0	0	0	0	-	-	-	-	-	-	-	-	-	-
60	0,03	0,05	0,40	0,06[2]	0,02[3]	-	-	15	20	0	0	0	0	-	-	-	-	-	-	-	-	-	-
4	0,02	0,02	0,10	-	-	-	-	0	0	0	0	0	0	-	-	-	-	-	-	-	-	-	-
5	0,06	0,05	0,50	0,11[2]	-	-	-	0	0	0	0	0	0	-	-	-	-	-	-	-	-	-	-
-	0,16	0,12	1,70	0,20[2]	-	-	-	3	9	0	0	0	0	-	-	-	-	-	-	-	-	-	-
50	0,05	-	0,10	0,11[2]	-	-	-	7	7	0	0	0	-	-	-	-	-	-	-	-	-	-	-
30	0,08	0,02	0,50	0,02	0,14[3]	-	-	5	8	0	0	0	0	-	-	-	-	-	-	-	-	-	-
3	0,04	0,02	0,10	0,15	0,03[3]	-	0,72	2	4	0	0	0	0	-	-	-	-	-	-	-	-	-	-
5 a 8	0,03	0,05	0,90	0,02[2]	0,43[3]	-	-	2	3	0	0	0	0	-	-	-	-	-	-	-	-	-	-
4	0,02	0,02	0	0,03[2]	0,0084	-	-	2	-	0	0	0	0	-	-	-	-	-	-	-	-	-	-
10	0,02	0,05	0,20	0,07[2]	0,20[3]	-	-	2	3	0	0	0	0	-	-	-	-	-	-	-	-	-	-
12	0,02	0,02	0,20	-	-	-	-	0	0	0	0	0	0	-	-	-	-	-	-	-	-	-	-
-	0,01	0,01	0,10	-	-	-	-	-	-	-	0	0	0	-	-	-	-	-	-	-	-	-	-
50	0,10	0,03	0,20	0,12	0,06[3]	-	-	30	37	0	0	0	0	-	-	-	-	-	-	-	-	-	-
13	-	-	-	0,02[2]	0,53[3]	-	-	-	-	-	-	-	-	-	-	-	-	-	-	-	-	-	-
2	-	-	0,40	-	-	-	-	0	0	0	0	0	0	-	-	-	-	-	-	-	-	-	-
-	0,03	0,08	0,50	0,02[2]	0,10[3]	-	-	-	-	-	1,1	8,40	2	-	1,7	0,3	-	9,55	0,05	8,4	1,05	0,07	-
3	0,02	0,05	0,20	0,02[2]	0,20[3]	-	-	3	8	0	0	0	0	-	-	-	-	-	-	-	-	-	-
15 a 40	0,07	0,05	0,45	0,09[2]	0,02[3]	-	-	9	11	0	0	0	0	0	-	-	-	-	-	-	-	-	-
4	0,02	0,02	0	0,07[2]	0,0084	-	-	2	-	0	0	0	0	-	-	-	-	-	-	-	-	-	-

–: No disponible.

(Continúa)

Contenido de nutrientes y valor calórico por 100 g de porción comestible

Nombre de los alimentos	Factor porción comestible (4)	Energía kcal	Principios energéticos: Proteínas g	Lípidos g	Hidratos de carbono g	Fibra (8) g	Alcohol (7) g	Minerales: Colesterol (7) mg	Fósforo mg	Magnesio (3) (4) mg	Calcio mg	Hierro mg	Cinc (4) (2) mg	Sodio (3) mg	Potasio (3) mg	Yodo mg
Fruta																
Plátano	65	90	1,4	0,5	20	3	0	0	28	35	11	0,60	0,23	3	380	2
Pomelo	65	30	0,6	0,3	6	0,5	0	0	14	–	14	0,40	0,17	2	190	–
Sandía	52	30	0,4	0,2	6,7	0,6	0	0	3	3	11	0,20	0,10	8	73	–
Uva	93	81	1	1	17	0,5	0	0	20	10	20	0,30	0,10	2	198	2
Pasas	100	324	3	1,3	75	7	0	0	145	36	40	3,30	0,10	22	–	–
Zumo de fruta (gral)	100	45	0,4	0	11,5	0	0	0	–	10	9	0,50	–	0,2	1	–
Zumo de naranja	100	42	0,6	0,2	10	–	0	0	16	10	19	0,20	0,17	1	166	–
Frutos secos (grasos)																
Almendras (sin cáscara)	100	620	20	54	17	14	0	0	470	254	254	4,40	1,50	4	800	–
Avellanas (sin cáscara)	100	656	14	60	15	10	0	0	300	150	200	4,50	1,30	3	600	–
Cacahuetes (sin cáscara)	100	560	23	40	26	10	0	0	420	180 (2)	68	2,20	–	–	–	–
Castañas (sin cáscara)	84	199	4	2,6	40	7	0	0	93	40	34	0,80	–	7	530	–
Girasol (semillas)	72	535	27	43	20	2,7	0	–	–	–	–	–	–	–	–	–
Nueces y piñones (sin cáscara)	100	660	15	60	15	2,4	0	0	400	132	80	2,10	2	3	600	4
Lácteos y derivados																
Crema natillas y flan	100	116	3,8	4,2	16,8	0	0	100	44 (2)	14	140	0,10	0,40	78	170	–
Cuajada	100	96	13,6	4	1,4	0	0	25	44 (2)	6	60	0,10	0,50	450	54	–
Helados y *mousse*	100	204	4,5	10,1	25,4	0	0	21	44 (2)	13	150	0,20	0,40	64	22	–
Leche de vaca descremada en polvo	100	373	38	1	53	0	0	0	950	–	1.300	1	4,40	550 (2)	1.650 (2)	–
Leche de vaca fresca	100	68	3,5	3,9	4,6	0	0	14	90	11	125	0,10	0,30	40	150	90
Leche de vaca en polvo	100	500	25	26	37	0	0	31	680	87	950	0,70	2,30	380	1.140	–
Leche descremada	100	36	3,6	0,1	5	0	0	0	100 (2)	14	121	0,10	0,30	52	150	–

–: No disponible.

(Continúa)

Contenido de nutrientes y valor calórico por 100 g de porción comestible

Vitaminas											Ácidos grasos												
Ácido ascórbico (C)	Tiamina (B_1)	Riboflavina (B_2)	Ácido nicotínico	Piridoxina (B_6) (2)	Vitamina A	Vitamina D	Tocoferol (E)	Ácido fólico libre (2)	Ácido fólico total (2)	Cianocobalamina (B_{12}) (2)	Polinsaturados (7)	Monoinsaturados (7)	Saturados (7)	C 14:0 (7)	C 16:0 (7)	C 18:0 (7)	Otros saturados (7)	Insaturados (7)	C 16:1 (7)	C 18:1 (7)	C 18:2 (7)	C 18:3 (7)	Otros insaturados (7)
mg	mg	mg	mg	mg	mg	mg	mg	µg	µg	µg	g	g	g	g	g	g	g	g	g	g	g	g	g
2 a 12	0,16	0,08	0,50	0,50	0,60[2]	0,50	-	14	22	0	0	0	0	0	-	-	-	-	-	-	-	-	-
40	0,04	0,03	0,25	0,03[2]	0,26[3]	-	-	9	12	0	0	0	0	-	-	-	-	-	-	-	-	-	-
7	0,03	0,04	0,20	0,07[2]	0,20[3]	-	-	1	2	0	0	0	0	-	-	-	-	-	-	-	-	-	-
4	0,04	0,02	0,20	0,08	-	-	-	9	12	0	0	0	0	-	-	-	-	-	-	-	-	-	-
-	0,15	0,08	0,50	0,30[2]	-	-	-	9	13	0	0	0	0	-	-	-	-	-	-	-	-	-	-
18,5	0,40	0,01	0,30	0,04[2]	0,066	0	-	7	7	0	0	0	0	-	-	-	-	-	-	-	-	-	-
40	0,008	0,03	0,20	0,04[2]	-	-	-	30	37	0	-	-	-	-	-	-	-	-	-	-	-	-	-
TR	0,25	0,67	3 a 4,6	0,10[2]	-	-	-	33	96	0	9,9	35,4	4,1	0,05	3,1	0,85	0,1	45,3	0,3	35,1	9,5	0,25	0,2
1	0,60	0,06	0,97	0,55[2]	-	-	-	23	72	0	35,2	7,9	5,6	0,60	3,7	1	0,3	43,3	0,1	7,9	29,6	5,60	-
-	-	-	0,60	0,40[2]	-	-	-	16	53	-	13,9	23,3	9,2	0,20	5,1	1,20	-	37,2	-	22,7	13,4	0,40	-
23	0,20	0,20	0,40	0,33[2]	-	-	-	0	0	0	-	-	-	-	-	-	-	-	-	-	-	-	-
-	-	-	-	-	-	-	-	-	-	-	-	-	-	-	-	-	-	-	-	-	-	-	-
3	0,48	0,20	1,20	0,73[2]	-	-	-	48	66	0	35,2	7,9	5,6	0,60	3,7	1	0,3	43,3	0,1	7,9	29,6	5,60	-
0	0,50	0,21	1	0,03[2]	0,42	TR	-	5	6	TR	0,45	1,80	2,40	-	-	-	-	-	-	1,55	0,30	0,03	-
-	0,02	0,19	3,30	0,03[2]	0,38	0,0002	-	2	9	0,5	0,20	1,80	4,30	0,70	2	0,7	-	2	0,20	1,50	0,15	0,05	-
-	0,05	0,14	1	0,03[2]	0,48	-	-	2	2	TR	0,16	1,60	4,20	0,70	1,90	0,8	0,90	1,80	0,09	1,40	0,10	0,06	0,1
-	0,35	1,80	1	1,20	0,01	-	0,03	5	10	0,5	0,03	0,20	0,60	0,09	0,30	0,1	0,06	0,30	0,03	0,20	0,02	0,01	-
0,5 a 5	0,04	0,15	0,20	0,07	0,03	0,0002	0,10	4	5	0,3	0,10	0,95	2,10	0,30	0,90	0,4	0,50	1,05	0,75	0,80	0,75	0,05	-
4 a 10	0,30	1,30	0,70	1,30	0,1	-	-	5	10	0,5	0,30	2,60	5,50	0,90	2,30	1,1	-	2,90	0,20	2,20	0,20	0,10	-
0,5	0,04	0,15	0,20	0,07	-	-	-	4	5	0,3	-	-	-	-	-	-	-	-	-	-	-	-	-

–: No disponible.

(Continúa)

Contenido de nutrientes y valor calórico por 100 g de porción comestible

Nombre de los alimentos	Factor porción comestible (4)	Energía	Principios energéticos: Proteínas	Principios energéticos: Lípidos	Principios energéticos: Hidratos de carbono	Fibra (8)	Alcohol (7)	Colesterol (7)	Minerales: Fósforo	Minerales: Magnesio (3) (4)	Minerales: Calcio	Minerales: Hierro	Minerales: Cinc (4) (2)	Minerales: Sodio (3)	Minerales: Potasio (3)	Minerales: Yodo
		kcal	g	g	g	g	g	mg	mg	mg	mg	mg	mg	mg	mg	mg
Lácteos y derivados																
Leche semidescremada	100	49	3,5	1,7	5	0	0	9	100 [2]	13	125	0,10	0,30	47	150	–
Leche de vaca condensada azucarada	100	350	10	10,4	54	0	0	34	228	12	273	0,20	1	130 [2]	390 [2]	–
Petit Suisse natural	100	173	8,4	13,6	4,1	0	0	46	140 [2]	–	150	–	0,60	40	50	–
Petit Suisse sabores	100	164	7,8	8,8	13,5	0	0	25	140 [2]	–	110	–	0,60	40	50	–
Queso blanco desnatado	100	68	10,5	1,6	3,2	0	0	0	140 [2]	6 [2]	150	–	0,50	40	50	–
Queso Cammembert	83	312	20	24	4	0	0	92	139	–	154	–	0,50	1.410 [2]	110 [2]	–
Queso de bola	95	349	29	25	2	0	0	92	520 [2]	18	760	0,50	4	1.200	200	–
Queso dc Burgos	100	174	15	11	4	0	0	97	600 [2]	17	186	0,30	0,50	1.200	200	–
Queso Emmenthal	100	415	28	33	1,5	0	0	100	810	–	1.080	–	4	610 [2]	120 [2]	–
Queso en porciones	100	280	18	22	2,5	0	0	93	620	30	750	–	0,50	500 a 1.200	100 a 200	–
Queso Gruyère	100	391	29	30	1,5	0	0	100	600	–	1.010	–	4	610 [2]	120 [2]	–
Queso manchego	95	376	29	28,7	0,5	0	0	95	600 [2]	39	835	0,80	3,50	1.200	200	–
Queso parmesano	100	393	40	25	2	0	0	100	990	–	1.350	–	4	760 [2]	150 [2]	–
Queso Roquefort	95	405	23	35	2	0	0	87	360	30	700	0,50	–	500 a 1.200	100 a 200	–
Requesón	100	96	13,6	4	1,4	0	0	25	140 [2]	6 [2]	60	0,10	0,50	450	54	–
Speisequark	100	101	10,5	5	34	0	0	25	140 [2]	6 [2]	160	–	0,50	40	50	–
Sveltesse (queso)	100	136	16	5,5	5,5	0	0	25	140 [2]	6 [2]	162	–	0,50	1.170 [2]	150 [2]	–
Sveltesse (yogur natural)	100	50	4,6	0,4	7,1	0	0	8	140 [2]	6 [2]	140	–	0,50	76 [2]	240 [2]	–
Yogur de fruta	100	98	4	15	17	0	8	0	140 [2]	13	125	1,10	0,60	45	51	–
Yogur desnatado	100	42	4,60	0,48	5,39	0	0	0	140 [2]	–	176	–	0,60	65	240	–
Yogur natural	100	45	3,40	1,50	–	0	0	8	80	–	140	0,30	0,60	76 [2]	240 [2]	–
Carne, caza y embutidos																
Bacon	100	665	8,4	69,3	1	0	0	100	108	12	13	1,20	1,8 [2]	680	160	–

–: No disponible.

(Continúa)

Contenido de nutrientes y valor calórico por 100 g de porción comestible

Vitaminas											Ácidos grasos												
Ácido ascórbico (C)	Tiamina (B_1)	Riboflavina (B_2)	Ácido nicotínico	Piridoxina (B_6) (2)	Vitamina A	Vitamina D	Tocoferol (E)	Ácido fólico libre (2)	Ácido fólico total (2)	Cianocobalamina (B_{12}) (2)	Polinsaturados (7)	Monoinsaturados (7)	Saturados (7)	C 14:0 (7)	C 16:0 (7)	C 18:0 (7)	Otros saturados (7)	Insaturados (7)	C 16:1 (7)	C 18:1 (7)	C 18:2 (7)	C 18:3 (7)	Otros insaturados (7)
mg	mg	mg	mg	mg	mg	mg	mg	µg	µg	µg	g	g	g	g	g	g	g	g	g	g	g	g	g
0,5	0,04	0,15	0,20	0,07	-	-	-	4	5	0,3	0,02	0,50	1	0,20	0,50	0,3	TR	0,50	0,05	0,45	0,01	0,01	-
1	0,05	0,36	0,30	0,05	0,12	-	-	4	8	0,5	0,13	3,30	6,20	1,10	2,60	1,1	-	3,60	0,30	2,80	0,10	0,15	-
-	0,50	0,16	1	0,01[2]	0,07	-	-	1	2	0	0,60	4,95	10,55	-	-	-	-	5,55	-	4,30	0,40	0,25	-
-	0,50	0,16	1	0,1[2]	0,045	-	-	1	2	0	0,30	2,70	5,75	0,90	2,50	1,1	-	3	0,20	2,35	0,20	0,10	-
-	0,50	0,16	1	0,01[2]	0,012	-	-	2	9	0,5	0	0	-	-	-	-	-	-	-	-	-	-	-
-	-	-	3,6	0,20[2]	-	-	-	0	60	1,2	0,60	6,50	15,60	2,30	5,80	2,5	-	7,10	0,60	5,40	0,30	0,30	-
-	0,03	0,30	5,90	0,08[2]	3,05	0,0018	-	1	12	0	0,60	6,50	15,60	2,30	5,80	2,5	-	7,10	0,60	5,40	0,30	0,30	-
1,5	0,02	0,30	1,20	0,01[2]	0,32	0,0002	-	2	9	0,5	0,45	4,40	9,60	1,55	4,75	1,9	-	4,85	0,40	3,80	0,30	0,10	-
-	-	-	6	0,08[2]	-	-	-	-	20	1,5	1,65	9,50	13,50	2,35	5,45	2,35	2,90	7,65	0,55	5,85	0,30	0,30	0,6
-	0,03	0,30	0,80	0,01[2]	-	-	-	4	5	0,3	0,60	6,70	13,05	2,35	5,45	2,35	2,90	7,65	0,55	5,85	0,30	0,30	0,6
-	-	-	6	0,01[2]	-	-	-	-	20	1,5	1,65	9,50	17,60	3,15	7,60	2,2	-	11,10	0,70	8,10	1,20	0,40	-
-	0,03	0,30	6,70	0,08[2]	2,88	0,002	-	-	20	1,5	0,50	6,95	14,90	2,70	6,40	2,1	-	7,45	0,35	6,20	0,25	0,30	-
-	-	-	1	0,10[2]	-	-	-	-	20	1,5	1,65	9,50	17,60	31,5	7,60	2,2	-	11,10	0,70	8,10	1,20	0,40	-
-	0,03	0,70	0,1 a 0,7	0,1[2]	-	-	-	-	50	1,2	1,10	9,10	20,40	3,65	8,90	3,5	-	10,20	0,90	7,90	0,60	0,45	-
1,1	0,02	0,19	3,30	0,01[2]	0,38	0,0002	-	2	9	0,5	0,20	1,80	4,30	0,70	2,90	0,7	-	2	0,20	1,50	0,15	0,05	-
-	0,50	0,16	1	0,01[2]	0,02	-	-	1	2	0	0,20	1,80	4,30	0,70	2	0,7	-	2	0,20	1,50	0,15	0,05	-
-	0,02	0,30	0,10	0,01[2]	0,04	-	-	2	9	0,5	0,20	1,80	4,30	0,70	2	0,7	-	2	0,20	1,50	0,15	0,5	-
-	0,05	0,13	0,20	0,1[2]	0,01	-	-	1	2	0	0,03	0,35	0,90	0,15	0,40	0,1	-	0,40	0,03	0,30	0,10	0,01	-
1	0,03	0,16	0,10	0,04[2]	0,40	-	-	TR	3	0	0,03	0,35	0,9	0,15	0,4	0,1	-	0,4	0,03	0,3	0,03	0,01	0
-	0,58	0,21	1	0,04[2]	0,012	-	-	1	2	0	0	0	0	0	-	-	-	-	-	-	-	-	-
-	0,05	0,13	0,20	0,04[2]	0,01	-	-	1	2	TR	0,03	0,35	0,9	0,15	0,4	0,1	-	0,4	0,03	0,3	0,03	0,01	-
-	0,36	0,11	1,80	0,03[2]	-	-	-	1	2	-	5,25	19,75	20,60	0,55	9,85	10,20	-	25	1,30	18,40	4,20	0,60	0,50

-: No disponible. TR: trazas.

(Continúa)

Contenido de nutrientes y valor calórico por 100 g de porción comestible

Nombre de los alimentos	Factor porción comestible (4)	Energía kcal	Principios energéticos: Proteínas g	Lípidos g	Hidratos de carbono g	Fibra (8) g	Alcohol (7) g	Minerales: Colesterol (7) mg	Fósforo mg	Magnesio (3) (4) mg	Calcio mg	Hierro mg	Cinc (4) (2) mg	Sodio (3) mg	Potasio (3) mg	Yodo mg
Carne, caza y embutidos																
Buey (bistec) graso	83	303	17,4	25,3	–	0	0	65	160 [1]	20	10	2,60 [1]	1,4 [2]	65	300	–
Buey (semigraso)	83	176	20,2	10,6	–	0	0	65	190 [1]	18	8	2,90 [1]	3,3 [2]	72	300	–
Buey (filete)	90	111	20,4	3,3	–	0	0	91	164 [1]	20	11	2,50 [1]	4,3 [2]	60	300	–
Butifarra y salchicha fresca	97	326	13	30	1,2	0	0	100	116 [1]	11	12	1,60 [1]	–	935	160	–
Caballo	100	110	21	2	1	0	0	78	200 [1]	23	13	1,6 [2]	1,6	21	157	–
Cerdo (costilla)	72	330	15	30	–	0	0	72	170	20	8	2,50	1,6 [2]	72	300 [3]	–
Cerdo (hígado)	100	154	21	7	2	0	0	260	350 [1]	21	8	13 [1]	6,9 [2]	87	330 [1]	–
Cerdo (lomo)	92	290	16	25	–	0	0	72	170	20 [3]	10	2,50	1,8 [2]	70 [3]	300 [3]	–
Chorizo y sobrasada	97	468	17,6	44,2	–	0	0	100	160	20	13	2	1,6 [2]	78	160	–
Codorniz y perdiz	70	114	25	1,4	0,5	0	0	–	–	–	–	–	–	–	–	–
Conejo, liebre	65	162	22	8	–	0	0	65	220 [2]	20	20	1 [2]	1,4 [2]	43	360 [2]	–
Cordero (costillas)	50	215	18	17	–	0	0	78	190	24	10	2,70	2,9 [2]	80	300	–
Cordero (hígado)	100	132	21	4	3	0	0	300	360	–	8	10	3,90	–	–	–
Cordero (pierna)	70	248	17	19	–	0	0	78	180	24	10	2,70	4 [2]	80	300	–
Foie-gras, pâté	100	518	7	50	10	0	0	300	–	–	–	–	2,3	770 [2]	170 [2]	–
Frankfurt	100	315	20,4	25	0,6	0	0	100	160 [1]	9	12	2 [1]	1,4 [2]	980 [2]	98 [2]	–
Jamón del país	94	380	17	35	–	0	0	62	180	16	10	2,50	2,3 [2]	1.110	160	–
Jamón York	100	289	20,9	22,1	–	0	0	89	92	16	9	2,70	2,3 [2]	930	160	–
Lomo embuchado	97	380	17	35	–	0	0	62	180	16	10	2,50	2,3 [2]	1.110	160	–
Mortadela	100	265	19	21	–	0	0	100	160	9	12	2	2,3 [2]	1.850 [2]	160	–
Pato	89	200	22	14	0,5	0	0	75	200	15	10	2	2,70	80	280	–
Pavo	80	223	31,9	9,6	–	0	0	93	320 [1]	28	8 [2]	2 a 3 [1]	1,7 [2]	78	360	–
Pies de cerdo	39	290	16	25	0,5	0	0	6,2	190	30	10	2,50	2,60	60	300	–
Pollo sucio	100	85	14,3	3	–	0	0	60,9	140	17,5	7	0,7	1,1 [2]	56	245	–
Pollo limpio	100	121	20,5	4,3	–	0	0	87	200	25	10	1 [1]	1,1 [2]	81	350 [1]	–

–: No disponible.

(Continúa)

Contenido de nutrientes y valor calórico por 100 g de porción comestible

Vitaminas											Ácidos grasos													
Ácido ascórbico (C)	Tiamina (B_1)	Riboflavina (B_2)	Ácido nicotínico	Piridoxina (B_6) (2)	Vitamina A	Vitamina D	Tocoferol (E)	Ácido fólico libre (2)	Ácido fólico total (2)	Cianocobalamina (B_{12}) (2)	Polinsaturados (7)	Monoinsaturados (7)	Saturados (7)	C 14:0 (7)	C 16:0 (7)	C 18:0 (7)	Otros saturados (7)	Insaturados (7)	C 16:1 (7)	C 18:1 (7)	C 18:2 (7)	C 18:3 (7)	Otros insaturados (7)
mg	mg	mg	mg	mg	mg	mg	mg	µg	µg	µg	g	g	g	g	g	g	g	g	g	g	g	g	g
–	0,09[1]	0,17[1]	5[1]	0,23[2]	–	–	–	3	7	1	1,30	11,20	9,60	0,80	6,10	2,50	–	12,30	1,35	9,40	0,55	0,30	–
–	0,09[1]	0,16[1]	5[1]	0,32[2]	–	–	–	3	9	2	0,40	4,90	4,35	0,30	2,50	1,25	0	5,35	0,60	4,10	0,20	0,10	–
–	0,07[1]	0,15[1]	4,20[1]	0,23[2]	–	–	–	4	10	2	0,10	1,40	1,50	0,10	0,90	0,50	0	1,50	0,10	1,30	0,10	0,01	0,02
–	0,20[1]	0,15[1]	2,30[1]	0,07[2]	–	–	–	TR	1	1	3,20	13,90	10,90	0,40	6,70	3,60	–	17,10	1	12,80	2,60	0,25	0,40
3	0,05[1]	0,10[1]	5	0,29[2]	–	–	–	–	–	–	0,35	0,90	0,50	0,07	0,35	0,03	0,01	1,30	0,17	0,70	0,25	0,06	0,04
–	0,90	0,18	4	0,29[2]	–	–	–	TR	3	2	2,20	12,90	11,45	0,35	7,30	3,65	–	15,10	0,90	11,75	2	0,20	–
26[1]	0,40[1]	3,00[1]	15[1]	0,30[1]	5[1]	0,0005	–	59	110	25	1,85	1	2	–	0,90	1,20	–	2,90	0,10	0,95	0,75	0	1,10
–	1	0,20	4,50	0,45[2]	–	–	–	–	3	2	2,20	12,90	11,45	0,35	7,30	3,65	–	15,10	0,90	11,75	2	–	–
–	0,80	0,20	4	0,07[2]	–	–	–	2	3	1	5,25	19,75	20,60	0,55	9,85	10,20	–	25	1,30	18,40	4,20	0,60	0,50
–	–	–	–	–	–	–	–	–	–	–	–	–	–	–	–	–	–	–	–	–	–	–	–
4	0,05[1]	0,06[1]	10[1]	0,50[2]	–	–	–	4	5	10	1	3	2,60	0,25	1,90	0,25	–	4	0,45	2,43	0,80	0,10	–
1	0,20	0,25	5	0,30	–	–	–	TR	3	1	0,80	8,60	12,45	0,80	5,40	5,10	0	9,45	0,70	7,90	0,55	0,20	0,10
20 a 30	0,40	3	15	0,35	7,50[3]	–	–	150	220	84	0,10	1,10	1,50	0,10	0,70	0,60	0	1,20	0	1,10	0,06	0,02	0,07
1[1]	0,20	0,25	5	0,30	0,03	–	–	TR	4	2	0,55	5,85	8,45	0,50	3,70	3,45	0	6,40	0,50	5,40	0,40	0,13	0,05
–	–	–	–	–	–	–	–		–	–	0,50	27,50	18,50	0,45	11,70	6,30	–	28,10	1,79	25,70	0,50	–	–
–	0,20[1]	0,20[1]	2,50[1]	0,03[2]	–	–	–	TR	1	1	2	11,50	9,20	0,50	5,40	3,20	–	13,45	1,10	10,03	1,50	0,25	0,30
–	0,80	0,20	4	0,22[2]	–	–	0,44	TR	TR	2	4,15	15,60	11,70	0,50	7,50	3,50	–	19,80	1,20	14,40	2,15	0,30	0,70
–	1[1]	0,26[1]	5,10[1]	0,22[2]	–	–	–	TR	TR	TR	2,50	9,50	7,10	0,30	4,55	2,10	–	12	0,70	8,75	1,90	0,20	0,45
–	0,80	0,20	4	0,22[2]	–	–	0,44	TR	TR	2	4,15	15,60	11,70	0,50	7,50	3,50	–	19,80	1,20	14,40	3,15	0,30	0,70
–	0,20	0,20	2,50	0,22[2]	–	–	–	TR	1	1	2	11,50	9,20	0,50	5,40	3,20	–	13,45	1,10	0,30	1,50	0,25	0,30
3	0,10	0,30	6	0,31[2]	–	–	–	7	25	3	6	12	8,25	0,20	5,85	2,10	–	17,60	0,70	10,90	5,60	0,40	–
–	0,10[1]	0,20[1]	8[1]	0,46[2]	–	–	–	11	15	2	1,90	4	5,10	0,30	2,85	1,90	–	5,85	0	4	1,70	0,047	0,13
–	1	0,20	4	0,50	–	–	–	TR	3	1	3,05	11,40	8,50	0,40	5,50	2,50	–	14,40	0,90	10,50	2,30	0,20	0,50
2,8	0,07	0,14	4,9	0,42[2]	–	–	0,14	0,7	7,14	TR	1,6	3,5	2,55	0,07	1,96	0,05	–	5	–	3,5	1,4	0,07	0,03
4[1]	0,10[1]	0,20[1]	7[1]	0,42[2]	–	–	0,20	10	12	TR	2,25	4,95	3,65	0,10	2,80	0,80	–	7,2	0	4,95	2,05	0,10	0,05

–: No disponible. TR: trazas.

(Continúa)

Contenido de nutrientes y valor calórico por 100 g de porción comestible

Nombre de los alimentos	Factor porción comestible (4)	Energía kcal	Principios energéticos: Proteínas g	Lípidos g	Hidratos de carbono g	Fibra (8) g	Alcohol (7) g	Minerales: Colesterol (7) mg	Fósforo mg	Magnesio (3)(4) mg	Calcio mg	Hierro mg	Cinc (4)(2) mg	Sodio (3) mg	Potasio (3) mg	Yodo mg
Carne, caza y embutidos																
Pollo (hígado)	100	129	19,7	3,7	2,9	0	0	300	240	21 (2)	12	7,9	3,4(2)	70	172	–
Salchichón	100	294	14	26	1	0	0	100	116	9	11	2	1,4(2)	1.100	160	–
Ternera (bistec)	92	181	19	11	0,5	0	0	70	200	20	11	3	3,5	35	350	–
Ternera (costillas)	82	168	19	10	–	0	0	70	200	15 (2)	11	3	3,4(2)	48(2)	270 (2)	–
Ternera (cerebro)	100	111	10,4	8,6	0,8	0	0	2.000	350	20	11	1,50	1,7	125	300	–
Ternera (filete)	100	78	–	1,7	–	0	0	70	206	16 (2)	11	3	3,1(2)	90	160	–
Pescado, marisco y crustáceos																
Almejas, etc.	15	50	11	0,9	–	0	0	50	204	51	127	26	1,70	–	43	–
Anchoas	77	160	20	9	0,6	0	0	95	182	–	18	0,90	0,50	–	–	–
Arenque ahumado	61	224	23	12	–	0	0	70	428	50	60	1,80	0,50	–	520	100
Arenque seco	59	122	17	6	–	0	0	50	220	36	20	1	0,50	–	–	–
Atún	94	225	27	13	–	0	0	55	–	–	–	1,50	1,10	–	–	8
Atún en lata	100	280	25	20	–	0	0	55	292	–	28	1,40	1,10	–	240	–
Bacalao fresco	48	86	17	2	–	0	0	50	180	20	64	1	1	89	274	2
Bacalao salado remojado	100	107	26	0,4	–	0	0	50	157	–	–	–	1	3.120(1)	100 (3)	60
Bacalao seco	80	322	75	2,5	–	0	0	–	891	–	50	3,60	1	8.100(6)	160	100
Besugo	57	118	16	6	–	0	0	–	210	20	225 (3)	3	0,50	–	255	–
Calamares y similares	70	82	17	1,3	0,5	0	0	–	–	–	78	1,70	–	–	–	–
Caviar	100	233	29	13	–	0	0	–	176	22	137	–	–	814	422	–
Chanquete	100	79	11,4	3	1,8	0	0	–	–	56	80	1	0,60	117	250a400	–
Cigalas	38	70	15	–	–	0	0	150	200	30	30	0,50	3,60	–	250a390	20a40
Gambas	47	96	21	1,3	–	0	0	150	300	42	120	2	1,75	366	260	90
Langosta	38	70	15	–	–	0	0	150	200	30	30	0,50	2,3	–	250a390	20a40
Langostinos	47	96	21	1,3	–	0	0	150	300	42	120	2	1,75	1.600	366	90

–: No disponible.

(Continúa)

Contenido de nutrientes y valor calórico por 100 g de porción comestible

Vitaminas											Ácidos grasos												
Ácido ascórbico (C) mg	Tiamina (B_1) mg	Riboflavina (B_2) mg	Ácido nicotínico mg	Piridoxina (B_6) (2) mg	Vitamina A mg	Vitamina D mg	Tocoferol (E) mg	Ácido fólico libre (2) µg	Ácido fólico total (2) µg	Cianocobalamina (B_{12}) (2) µg	Polinsaturados (7) g	Monoinsaturados (7) g	Saturados (7) g	C 14:0 (7) g	C 16:0 (7) g	C 18:0 (7) g	Otros saturados (7) g	Insaturados (7) g	C 16:1 (7) g	C 18:1 (7) g	C 18:2 (7) g	C 18:3 (7) g	Otros insaturados (7) g
17	0,19	2,50	10,8	0,25[(2)]	4[(3)]	0,002	-	290	590	56	0,65	1,10	1	0,20	0,70	0,10	-	1,7	0,15	0,90	0,30	0,04	-
-	0,10	0,20	6	0,03[(2)]	-	-	-	-	1	1	2,25	12,30	9,80	0,40	6,15	13,20	-	14,5	0,95	11,30	1,80	0,15	0,30
1,50	0,16	0,26	6	0,3[(2)]	0,02	-	0,90	TR	5	1	0,20	5,55	3,40	0,40	1,90	0,60	0	5,8	0,50	4,90	0,10	0,09	-
-	0,18	0,26	6	0,23[(2)]	-	-	-	-	-	1	0,25	5,55	3,40	0,45	1,90	0,80	0	5,8	0,50	4,90	0,10	0,09	-
-	-	-	4	0,29[(2)]	-	-	-	2	6	9	0,28	3,27	4,20	0,29	2,01	1,9	0	3,55	0	3,27	0,18	0,07	0,03
-	0,17	0,27	6	0,23[(2)]	-	-	-	3	9	2	0,20	0,50	0,80	0,03	0,35	0,40	0	0,7	0,07	0,45	0,09	0	0,10
-	-	-	4,1	-	-	-	-	-	-	-	-	-	-	-	-	-	-	-	-	-	-	-	-
-	0,06	0,50	2,60	-	0,15	-	-	-	-	-	3,30	4,10	2,70	0,55	1,80	0,36	-	7,10	0,60	1,90	0,20	0,09	4,32
-	-	0,40	2a3	0,45	-	0,007a0,04	-	-	-	5	4,07	2,70	2,40	0,70	1,60	0,06	-	6,80	0,80	1,90	0,10	0,03	-
2,7	0,03	0,22	4	1,30	0,05	0,04	-	-	-	-	3	1,20	1,20	0,70	1	0,06	-	61	0,80	1,50	0,10	0,30	-
-	-	0,02	17,8	-	0,09	0,025	-	7	15	5	3,75	3,70	3,10	0,35	2	0,75	-	7,5	0,40	2,30	0,13	0,05	4,65
-	0,05	0,11	13,50	0,44	0,09	0,025	-	7	15	5	5,05	4,55	5,80	0,90	3,90	1	-	9,60	0,80	2,25	0,10	0,08	6,35
1	0,08	0,10	2	0,33	-	-	-	5	13	5	0,40	0,10	0,20	-	0,014	0,03	-	0,50	0,14	0,07	0,02	-	-
-	-	-	-	-	0,015	-	-	TR	TR	5	0,20	0,05	0,10	-	0,014	0,03	-	0,50	0,14	0,07	0,02	-	-
-	0,08	0,45	1,10	-	0,015	-	-	-	-	5	-	-	-	-	-	-	-	-	-	-	-	-	-
-	0,80	0,14	2,30	-	-	-	-	-	-	1	-	-	-	-	-	-	-	-	-	-	-	-	-
-	0,07	0,14	3,60	-	0,07	-	-	-	-	-	-	-	-	-	-	-	-	-	-	-	-	-	-
-	-	-	-	0,30	-	-	-	-	-	-	-	-	-	-	-	-	-	-	-	-	-	-	-
-	0,06	0,30	8,30	-	0,28	-	-	-	-	-	-	-	-	-	-	-	-	-	-	-	-	-	-
-	-	-	-	-	-	-	-	-	7	17	1	0,30	0,20	-	-	-	-	-	-	-	-	-	-
-	0,01	0,03	2	-	0,018	-	-	7	17	1	0,30	0,20	0,20	-	-	-	-	-	-	-	-	-	-
-	-	-	5,3	-	-	-	-	7	17	1	0,30	0,20	0,20	-	-	-	-	-	-	-	-	-	-
-	0,01	0,03	2	-	0,018	-	-	7	17	1	0,30	0,20	0,20	-	-	-	-	-	-	-	-	-	-

–: No disponible. TR: trazas.

(Continúa)

Contenido de nutrientes y valor calórico por 100 g de porción comestible

Nombre de los alimentos	Factor porción comestible (4)	Energía kcal	Principios energéticos: Proteínas g	Lípidos g	Hidratos de carbono g	Fibra (8) g	Alcohol (7) g	Minerales: Colesterol (7) mg	Fósforo mg	Magnesio (3) (4) mg	Calcio mg	Hiuerro mg	Cinc (4) (2) mg	Sodio (3) mg	Potasio (3) mg	Yodo mg
Pescado, marisco y crustáceos																
Lenguado	52	73	16	1	–	0	0	50	260	29	120	0,90	0,40	150	250	–
Lubina	66	118	16	6	–	0	0	–	210	20	14	0,90	0,80	80	255	–
Mejillón	34	72	12	1,7	2,2	0	0	50	250	23	100	24	2	290	315	35
Merluza	64	86	17	2	–	0	0	50	180	20	64	1	0,30	89	274	2
Mero	57	118	16	6	–	0	0	–	210	20	14	0,90	0,50	80	255	–
Ostras	17	80	10	1,8	6	0	0	50	171	45	70	–	60	200	175	18
Pulpo	70	57	10,6	11	1,5	0	0	–	–	–	144	1,70	–	–	–	–
Rape	54	86	17	2	–	0	0	50	180	20	64	1	0,50	89	274	2
Salmón	67	114	16	8	–	0	0	70	300	32	–	1	0,80	60	380	13
Salmón ahumado	90	170	20	10	–	0	0	90	285	30	66	1,30	0,80	–	–	20
Salmonete	74	97	14,1	3,7	2	0	0	70	–	–	30	0,70	0,50	80	255	–
Sardina en lata	100	192	21	12	–	0	0	120	320	–	50	–	0,50	–	250	–
Sardina fresca, boquerón	77	174	21	10	–	0	0	100	490	–	–	1,20	0,50	–	–	16
Trucha	52	94	18	3	–	0	0	57	250	25	20	1	0,80	70	380	3
Huevos																
Clara	100	48	11	0,20	0,70	0	0	0	12	10	14	0,10	–	150	150	–
Huevo entero	88	162	13	12	0,60	0	0	504	200	11	55	2,80	1,5	130	140	20
Yema	100	368	16	33	0,60	0	0	1.480	550	18	140	8	4	65	116	–
Aceites y grasas																
Aceite de girasol	100	900	0	100	–	0	0	0	–	–	–	–	–	–	–	–
Aceite de maíz	100	900	0	100	–	0	0	0	–	–	–	–	–	–	–	–
Aceite de oliva	100	900	0	100	–	0	0	0	–	–	–	–	–	–	–	–
Aceite de soja	100	900	0	100	–	0	0	0	–	–	–	–	–	–	–	–
Manteca	100	670	10	70	–	0	0	100	70	–	5	1,50	–	–	–	–
Mantequilla	100	752	0,7	83	0,6	0	0	250	15	1	12	0,18	0,002	22	12	6

–: No disponible.

(Continúa)

Contenido de nutrientes y valor calórico por 100 g de porción comestible

Vitaminas											Ácidos grasos												
Ácido ascórbico (C)	Tiamina (B_1)	Riboflavina (B_2)	Ácido nicotínico	Piridoxina (B_6) (2)	Vitamina A	Vitamina D	Tocoferol (E)	Ácido fólico libre (2)	Ácido fólico total (2)	Cianocobalamina (B_{12}) (2)	Polinsaturados (7)	Monoinsaturados (7)	Saturados (7)	C 14:0 (7)	C 16:0 (7)	C 18:0 (7)	Otros saturados (7)	Insaturados (7)	C 16:1 (7)	C 18:1 (7)	C 18:2 (7)	C 18:3 (7)	Otros insaturados (7)
mg	mg	mg	mg	mg	mg	mg	mg	µg	µg	µg	g	g	g	g	g	g	g	g	g	g	g	g	g
-	0,09	0,20	5,5	-	-	-	-	5	11	9	0,07	0,01	0,035	-	0,030	0,007	0,085	0	0,01	-	-	0,07	
-	0,80	0,14	12,30	-	-	-	-	-	-	-	-	-	-	-	-	-	-	-	-	-	-	-	-
17	-	-	3	-	-	-	-	-	-	-	0,20	0,08	0,33	0,01	0,200	0,040	-	0,250	0,04	0,04	0,01	01,07	-
1	0,08	0,10	2	-	-	-	-	5	13	1	0,40	0,10	0,20	-	0,014	0,03	-	0,50	0,14	0,07	0,03	-	-
-	0,80	0,14	2,30	-	-	-	-	-	-	-	-	-	-	-	-	-	-	-	-	-	-	-	-
3	0,25	0,35	1	-	0,10	0,0001	-	10	-	15	0	0,30	0,50	0,014	0,30	0,15	-	0,80	0,03	0,50	0,25	0,03	-
-	0,08	0,04	3,50	-	0,07	-	-	-	-	-	-	-	-	-	-	-	-	-	-	-	-	-	-
1	0,08	0,10	2	-	-	-	-	5	13	2	0,40	0,10	0,20	-	0,014	0,03	-	0,50	0,14	0,07	0,02	-	-
-	-	-	10,40	0,75	0,02	0,005	-	4	26	5	3	4,60	2	0,55	2,10	0,45	-	7,65	0,60	2,40	0,20	0,09	4,32
-	0,03	0,16	7,10	0,45	0,10	0,02	-	-	-	-	2,10	3,15	2	0,35	4,35	0,30	-	5,20	0,45	1,60	0,09	0,05	3
-	0,05	0,07	1,90	-	-	-	-	-	-	-	2,55	1,50	1,60	0,65	0,65	0,20	-	4	0,80	0,60	0,10	0,08	2,40
-	0,015	0,20	5	0,48	0,09	0,04	-	3	8	28	4,43	2,60	2,75	0,65	1,50	0,60	-	7,05	0,90	1,35	0,20	0,10	4,45
2,50	-	0,40	6,40	0,48	-	0,003	-	3	8	28	3,50	3,25	3,25	0,55	2,15	0,55	-	6,75	0,60	2,35	0,60	0,20	4
2	0,09	0,05	3,50	-	-	-	-	5	13	1	0,55	0,55	0,30	-	-	-	-	-	-	-	-	-	-
0	-	0,20	0,16	-	-	-	-	1	1	0,1	-	-	-	-	-	-	-	-	-	-	-	-	-
0	0,13	0,30	0,15	0,06	0,30	0,002	1	25	25	1,7	1,20	3,8	2,8	0,025	2,1	0,70	-	4,85	0,3	3,45	1,04	0,025	0,04
0	0,40	0,45	0,04	0,18	1	0,006	3	48	52	4,9	3,15	11,1	8,4	0,07	0,05	2,15	-	14,60	0,9	10,20	3,10	0,07	0,12
-	-	-	-	-	-	-	-	-	-	-	62,8	20	9	-	5,2	3,3	-	82,60	0,60	19	62,80	-	-
-	-	-	-	-	-	-	-	-	-	-	62,5	22,5	12,3	0,04	10	1,5	0,3	85	0,20	22,10	61,30	1,10	0,25
-	-	-	-	-	-	-	-	-	-	-	9,2	72	14	-	10,8	2,8	0,4	81	1,05	70,4	8,60	0,60	0,30
-	-	-	-	-	-	-	-	-	-	-	55	22	14,3	0,15	10,2	3,7	0,2	77	0,30	21,80	48,50	6,40	-
-	0,50	0,20	0,30	-	-	-	-	TR	TR	TR	10,2	29	24,6	1,35	16,4	6,8	-	39,25	2,10	26,95	9	1,20	-
-	-	0,01	0,10	0,15	-	0,003	1,50	TR	TR	TR	1,9	23,4	48,3	9,60	26	10	2,7	25,30	2,90	20,50	1,10	0,80	0

–: No disponible. TR: Trazas.

(Continúa)

Contenido de nutrientes y valor calórico por 100 g de porción comestible

Nombre de los alimentos	Factor porción comestible (4)	Energía	Principios energéticos			Fibra (8)	Alcohol (7)	Minerales								
			Proteínas	Lípidos	Hidratos de carbono			Colesterol (7)	Fósforo	Magnesio (3) (4)	Calcio	Hierro	Cinc (4) (2)	Sodio (3)	Potasio (3)	Yodo
		kcal	g	g	g	g	g	mg	mg	mg	mg	mg	mg	mg	mg	mg
Aceites y grasas																
Mantequilla vegetal	100	752	–	83,5	0,4	0	0	0	6	–	–	–	–	106	–	–
Mayonesa	100	718	1,8	78,9	0,1	0	0	260	–	7	16	0,10	0,40	360	24	–
Nata y crema de leche	100	298	3	30	4	0	0	106	77	–	97	0,10	–	18	60	–
Bebidas																
Aguardiente	100	280	–	–	–	0	50	–	–	–	–	–	–	–	–	–
Anís	100	312	–	–	30	0	35	–	–	–	–	–	–	–	–	–
Cacao	100	505	21	29	40	4	0	0	700	400	100	12	–	50	1.000	–
Cacaolat	100	100	3,8	4,6	10,90	0,1	0	14	114	–	119	0,40	–	–	–	–
Café	100	2	0,3	0,1	0,80	0	0	–	5	–	5	0,20	–	1 a 6	–	–
Cava	100	65	–	–	0,15	0	8	–	20	20	7	0,50	0,30	80	20	5
Cerveza	100	45	0,4	–	4	0	3,2	0	11	5	8	0,08	0,02	3	40	–
Coñac	100	243	–	–	–	0	35	–	–	–	–	–	–	–	–	–
Eko (malta)	100	374	6	0,1	87,40	0	0	–	–	–	–	–	–	–	–	–
Gaseosa	100	48	–	–	12	0	0	–	–	–	–	–	–	–	–	–
Ginebra	100	244	–	–	–	0	35	–	–	–	–	–	–	–	–	–
Leche de almendras	100	335	5	11	54	0	0	–	–	–	65	–	–	–	–	–
Ron	100	244	–	–	–	0	35	0	–	–	–	–	–	–	–	–
Sidra	100	40	–	–	0	0	3,7	–	7	4	5	0,20	–	6	150	–
Té	100	2	0,1	0	0,40	0	0	–	1 a 4	–	0,3	0,20	–	0 a 2	–	–
Vermut dulce	100	160	0,3	–	14	0	15	0	–	–	–	–	–	–	–	–
Vino de mesa	100	60	–	–	0,20	0	9	–	20	20	7	0,10	0,30	80	20	50
Vino (Jerez) dulce	100	160	0,3	–	14	0	15	0	–	–	–	–	–	–	–	–
Whisky (escocés)	100	244	–	–	–	0	35	–	–	–	–	–	–	–	–	–
Precocinados																
Canalones	100	127	11,9	6,9	4,4	–	0	130	–	12,3	13	–	–	480	175	–
Churros	100	348	4,6	20	40	1,20	0	–	–	14	7	0,6	0,40	700 a 1.200[3]	360 a 490[3]	–

–: No disponible. *(Continúa)*

Contenido de nutrientes y valor calórico por 100 g de porción comestible

Vitaminas											Ácidos grasos												
Ácido ascórbico (C)	Tiamina (B_1)	Riboflavina (B_2)	Ácido nicotínico	Piridoxina (B_6) (2)	Vitamina A	Vitamina D	Tocoferol (E)	Ácido fólico libre (2)	Ácido fólico total (2)	Cianocobalamina (B_{12}) (2)	Polinsaturados (7)	Monoinsaturados (7)	Saturados (7)	C 14:0 (7)	C 16:0 (7)	C 18:0 (7)	Otros saturados (7)	Insaturados (7)	C 16:1 (7)	C 18:1 (7)	C 18:2 (7)	C 18:3 (7)	Otros insaturados (7)
mg	mg	mg	mg	mg	mg	mg	mg	µg	µg	µg	g	g	g	g	g	g	g	g	g	g	g	g	g
–	–	–	–	–	0,60	–	20	–	–	–	39,3	25,3	14,3	0,08	7,4	5,9	0,9	64,60	–	25,20	39,20	0,08	–
–	0,06	0,11	1	–	0,80	0,01	–	14	14	1	14,4	48	12,5	–	7,8	3,4	–	62,40	3,80	44,20	14,05	0,40	–
1	0,03	0,14	0,10	–	–	0,001	–	3	4	0,2	0,8	8,5	17,6	3,10	8,3	3,2	–	9,30	0,95	7,20	0,60	0,25	–
–	–	–	–	–	–	–	–	–	–	–	–	–	–	–	–	–	–	–	–	–	–	–	–
–	–	–	–	–	–	–	–	–	–	–	–	–	–	–	–	–	–	–	–	–	–	–	–
0	0,12	0,38	2,30	–	–	0,0025	–	31	38	0	0,6	7,10	12,7	–	5,4	7,1	0,2	7,70	–	7,10	0,60	–	–
1	0,04	0,19	0,20	–	–	–	–	9	10	0	0,1	0,95	2,1	0,3	0,9	0,4	0,5	1,05	0,65	0,80	0,75	0,05	–
–	0,01	0,01	–	–	–	–	–	–	–	–	–	–	–	–	–	–	–	–	–	–	–	–	–
0,5	0,01	0,05	0,20	–	–	–	–	0,2	0,2	TR	–	–	–	–	–	–	–	–	–	–	–	–	–
–	0,0005	0,02	0,60	0,05	–	–	–	3,5	4,1	0,14	0	0	0	–	–	–	–	–	–	–	–	–	–
–	–	–	–	–	–	–	–	–	–	–	–	–	–	–	–	–	–	–	–	–	–	–	–
–	–	–	–	–	–	–	–	–	–	–	–	–	–	–	–	–	–	–	–	–	–	–	–
2 a 5	–	–	–	–	–	–	–	–	–	–	–	–	–	–	–	–	–	–	–	–	–	–	–
–	–	–	–	–	–	–	–	–	–	–	–	–	–	–	–	–	–	–	–	–	–	–	–
–	–	–	4,60	–	–	–	–	–	–	–	–	–	–	–	–	–	–	–	–	–	–	–	–
–	–	–	–	–	–	–	–	TR	TR	TR	0	0	–	–	–	–	–	–	–	–	–	–	–
–	–	–	–	–	–	–	–	–	–	–	–	–	–	–	–	–	–	–	–	–	–	–	–
–	0,14[2]	1,2[2]	7,5[2]	–	–	–	–	–	–	–	–	–	–	–	–	–	–	–	–	–	–	–	–
–	–	–	–	–	–	–	–	0	0	TR	0	0	0	–	–	–	–	–	–	–	–	–	–
0,5	0,01	0,05	0,20	–	–	–	–	0,2	0,2	TR	–	–	–	–	–	–	–	–	–	–	–	–	–
–	–	–	–	–	–	–	–	0,1	0,1	TR	0	0	–	–	–	–	–	–	–	–	–	–	–
–	–	–	–	–	–	–	–	–	–	–	–	–	–	–	–	–	–	–	–	–	–	–	–
–	–	–	–	–	–	–	–	–	–	–	2,40	10,35	13,95	1,80	6,90	2,25	2,55	12,7	1	9,3	2,10	0,30	–
–	0,04	0,03	1,6	–	–	–	–	10	–	0	–	–	–	–	–	–	–	–	–	–	–	–	–

–: No disponible.

(Continúa)

Contenido de nutrientes y valor calórico por 100 g de porción comestible

Nombre de los alimentos	Factor porción comestible (4)	Energía kcal	Principios energéticos: Proteínas g	Lípidos g	Hidratos de carbono g	Fibra (8) g	Alcohol (7) g	Minerales: Colesterol (7) mg	Fósforo mg	Magnesio (3) (4) mg	Calcio mg	Hierro mg	Cinc (4) (2) mg	Sodio (3) mg	Potasio (3) mg	Yodo mg
Precocinados																
Croquetas	100	123	8,1	7,3	6,3	0,14	0	130	-	14	84	0,5	0,51	480 [3]	175 [3]	-
Pizza	100	234	9,4	11,5	24,8	-	0	20	-	19	240	1,1	1,20	340 [3]	180 [3]	-
Rollitos de primavera	100	258	8,7	15,6	20,8	-	0	0	-	18,8	140	-	1,10	575	242	-
Sopas de sobre	100	49	1	2,6	5,7	0	0	2,5	-	7	20	0,5	0,30	1.300 [3]	459 [3]	-
Salsas																
Bechamel	100	115	4,2	6,7	9,2	0	0	-	-	13,8	132	-	-	214	180	-
Ketchup	100	98	2,1	-	24	0	0	-	-	19	25	1,20	0,40	1.120 [3]	590 [3]	-
Mostaza	100	15	4,7	4,4	6,4	0	0	0	73	48	84	2	-	1.252	130	-
Sofrito	100	116	1,6	8,5	8,8	1,9	0	0	37	14	11	1,10	-	590	-	-

-: No disponible.

(Continúa)

Bibliografía

1. Randoin L et al. «Tables de Composition des Aliments. París: Jacques Lanore Edition. 1976.
2. McCance, Widdowson. The composition of foods. Londres: Ministry of Agriculture, Fisheries and Food and Medical Research Council, 1978.
3. Watt BK, Merrill Al et al. Handbook of the nutritional contents of foods. U.S. Nueva York: Department of Agriculture. Dover Pub, 1975.
4. Varela G. Tablas de composición de Alimentos. Madrid: Instituto de Nutrición de CSIC, 1980.
5. Astier–Dumas M. Valeur nutritionnelle de quelques produits prêts à être consommés. Dosages du Centre de Recherches Foch. París: Graphic Roucet, 1983.
6. Casamitjana, Cucurella N. Taula de composició d'aliments per a ús clínic. Fundació Sardà Farriol, 1986.
7. Renaud MC, Attie; La composition des Aliments. INSERM. Unité 63, Le Laboratoire Municipal de Bordeaux et le Laboratoire Central de Recherches et d'analyses du Service de la Répression des Fraudes, Ministère de l'Agriculture, 1986.
8. Bender AE, Bender D. Food Tables. Oxford: Oxford Univ Press, 1986.

Contenido de nutrientes y valor calórico por 100 g de porción comestible

Vitaminas											Ácidos grasos												
Ácido ascórbico (C)	Tiamina (B_1)	Riboflavina (B_2)	Ácido nicotínico	Piridoxina (B_6) (2)	Vitamina A	Vitamina D	Tocoferol (E)	Ácido fólico libre (2)	Ácido fólico total (2)	Cianocobalamina (B_{12}) (2)	Polinsaturados (7)	Monoinsaturados (7)	Saturados (7)	C 14:0 (7)	C 16:0 (7)	C 18:0 (7)	Otros saturados (7)	Insaturados (7)	C 16:1 (7)	C 18:1 (7)	C 18:2 (7)	C 18:3 (7)	Otros insaturados (7)
mg	mg	mg	mg	mg	mg	mg	mg	µg	µg	µg	g	g	g	g	g	g	g	g	g	g	g	g	g
1,5	0,05	0,17	3,7	-	0,76	0,0022	-	8,9	0	0,35	2,40	10,35	13,95	1,80	6,90	2,65	2,55	12,7	1	9,3	2,10	0,30	-
74	0,11	0,14	3	-	0,03	0,0006	-	7	24	0,30	1,15	3,95	2,40	-	-	-	-	-	-	3,6	0,90	0,25	-
-	-	-	-	-	-	-	-	-	-	0	4,40	13,30	10,80	0,85	6,20	3	0,75	17,7	1,15	9,7	2,55	0,20	4,1
-	0,02	0,02	0,5	-	-	-	-	-	-	-	1,10	0,40	1,55	0,10	0,75	0,70	0	1,3	0,10	1	0,10	0,03	0
-	-	-	-	-	-	-	-	4	5	0,3	-	-	-	-	-	-	-	-	-	-	-	-	-
-	0,08	0,05	1	-	0,30	0,0027	-	-	-	-	-	-	-	-	-	-	-	-	-	-	-	-	-
5 a 100	0,10	0,20	0,80	-	0,80	0,01	-	14	14	1	14,4	48	12,5	-	7,8	3,4	-	62,4	3,8	44,2	14,05	0,4	-
28	0,09	0,07	1,80	-	-	-	-	11	25	0	2,65	3,54	2,1	0,2	1,4	0,5	-	6,2	-	3,5	2,4	0,1	0,1